CONFÉRENCES

SUR QUELQUES-UNS DES

PROGRÈS RÉCENTS

DE LA PHYSIQUE

Imprimé par Desclée, De Brouwer et Cie, LILLE.

CONFÉRENCES

SUR QUELQUES-UNS DES

PROGRÈS RÉCENTS

DE LA PHYSIQUE

PAR

P.-G. TAIT

PROFESSEUR DE PHYSIQUE A L'UNIVERSITÉ D'ÉDIMBOURG

Traduit de l'Anglais sur la Troisième Édition

PAR

M. KROUCHKOLL

LICENCIÉ ÈS SCIENCES PHYSIQUES ET MATHÉMATIQUES

PARIS

GAUTHIER-VILLARS, IMPRIMEUR-LIBRAIRE

DE L'ÉCOLE POLYTECHNIQUE, DU BUREAU DES LONGITUDES

QUAI DES GRANDS-AUGUSTINS, 55

1887

Préface de la troisième édition.

En préparant la publication de la troisième édition de ce livre, je me suis conformé à mon premier dessein de publier ces « Conférences » telles qu'elles avaient été prises par les sténographes. Toutefois, à certains endroits, j'ai changé quelques mots et, là où c'était nécessaire, j'ai ajouté une phrase d'explication. On a aussi publié quelques courtes additions portant principalement sur des faits découverts depuis la deuxième édition.

Je n'ai pas réimprimé la partie polémique de la préface de cette deuxième édition. Les attaques du professeur Zôllner, auxquelles il était répondu, ont été retirées par lui-même ; quant à celles du professeur Clausius, j'y ai fait une réponse complète dans le Philosophical Magazine *(Mai 1879), et la sienne, que je sache, n'est pas encore parue. Mes références au travail de M. Mohr ont été développées et incorporées dans le texte du livre.*

C'est ici que la préface aurait dû finir, si un nouveau critique n'était entré en scène, dans la personne du professeur du Bois-Raymond, qui, en sa qualité de Secrétaire de l'Académie Royale des Sciences *de Berlin, se crut en droit de s'exprimer comme il suit, à la séance solennelle de cette Académie, le 28 Mars 1878 :*

Des savants étrangers, dans leur ignorance de la langue allemande, découvrent, souvent pour la seconde fois, des faits que nous connaissons depuis longtemps.

Il n'est pas rare de voir même les mieux renseignés s'appuyer sur leur prétendu droit de découverte indépendante, pour ne citer leurs prédécesseurs allemands qu'en passant, ou pour ne pas les citer du tout. Les Allemands, au contraire, montrent une impartialité nationale irréprochable, ce qui a bien plus contribué à leur crédit scientifique que leur supériorité en matière de langues. En effet, ils n'ont jamais pu concevoir même la possibilité d'une jalousie nationale entre savants qui cherchent l'unique vérité ; ils se comportent, idéalement, avec les chercheurs de tous les pays comme avec leurs égaux, et ne s'imaginent même pas à quel point ce sentiment est peu réciproque, et cela surtout parce que les étrangers sont si peu au courant de nous.

Chez les autres nations on se donne beaucoup de peine pour retrouver chez soi les germes des nouvelles découvertes, et d'une manière ou d'une autre on y arrive presque toujours. Les savants allemands se sont toujours attachés à retrouver le vrai germe, que ce soit un compatriote ou un étranger, et ils n'ont jamais hésité à reconnaître un étranger pour l'auteur probable d'une découverte, s'il y avait la moindre raison à l'appui. Ils sont toujours bien plus heureux de faire justice historique qu'ils ne sont blessés quand on enlève à l'Allemagne une gloire douteuse.

De même il ne vient jamais à l'idée des savants allemands d'exagérer l'importance d'une première observation faite par hasard, dans le but d'augmenter le crédit scientifique de l'Allemagne.

Quelle importance d'autres n'auraient-ils pas attribuée à ce fait, que le premier phénomène galvanique, qui a donné à Volta la clef des recherches de Galvani, à été observé ici, à Berlin, par un de nos prédécesseurs ?

Le sentiment national n'aveugle pas les savants allemands au point de les rendre incapables de voir que la recherche de ce genre de priorité est une arme à deux tranchants. Car si un physicien irlandais habitant l'Angleterre et un physicien écossais avaient dans leurs poches l'analyse spectrale (leur célébrité est assez établie pour qu'ils puissent se passer de cette addition) dix ans avant Bunsen et Kirchhoff, pourquoi ne l'ont-ils pas produite comme Bunsen et Kirchhoff l'ont fait ?

Eh quoi! un savant écossais, dont le nom a été prononcé souvent ces derniers temps, s'exprime ainsi dans ses Conférences sur quelques-uns des progrès récents de la Physique : « *Le savant allemand sait tout ce qui se fait des progrès en science, ou, au moins, a sous la main quelqu'un qui le sait. Si une idée nouvelle vient à un Allemand, il peut voir immédiatement, ou s'informer, si un autre l'a déjà eue ou non, et dans ce dernier cas, il peut la publier et s'en assurer la priorité. Les pauvres anglais, au contraire, font les plus belles découvertes du monde sans même se douter qu'ils aient produit quelque chose de nouveau, comme le* Bourgeois Gentilhomme *fait de la prose sans le savoir; ils laissent la priorité leur échapper. Déloyaux Allemands! Au lieu de se contenter, comme d'autres peuples innocents, de leur langue maternelle, ils se glissent furtivement dans les langues étrangères pour épier les découvertes qu'on peut faire.* »

L'impression désagréable que produisent ces affirmations dictées par l'antipathie nationale, s'accentue encore davantage dans d'autres passages de ces Conférences. *L'auteur prend spécialement à tâche d'élucider l'historique de la loi de la conservation de l'énergie, et il fait remonter cette loi à la troisième loi du mouvement de Newton, à la loi de l'égalité de l'action et de la réaction. La deuxième explication que Newton donne de cette troisième loi est une expression presque complète de la conservation de l'énergie.*

Comme la mécanique rationnelle repose sur les lois du mouvement de Newton, on peut, d'une manière ou d'une autre, en faire sortir, ou mieux y lire, la conservation de l'énergie, et il n'est pas douteux qu'une intelligence comme celle de Newton devait embrasser tout ce qui pouvait être connu de son temps sur la conversation de l'énergie.

La question est toute autre, quand il s'agit de connaître ses propres idées relativement à cette question et à quel point de vue il s'est placé sur ce sujet, d'après ce que nous révèlent ses écrits. Celui qui est au courant de l'historique de cette doctrine connaît à l'origine les notions de Descartes, notions peu heureuses, puis la correction qu'en a donnée Leibnitz : chez Leibnitz la conception du monde matériel concorde en substance avec les idées actuellement admises. Il sait encore que Newton, dans son « Optique », a également réfuté l'opinion de Descartes, sans toutefois mentionner la correction de Leibnitz et sans se charger lui-même de cette correction; que le célèbre spéculateur en Cosmogonie fait appel à l'intervention divine pour remettre en bonne voie le système planétaire, quand il sera dérangé par les perturbations accumulées, ce qui s'accorde à peine avec la conservation de l'énergie. A qui connaît cette époque, il ne semblera pas impossible que, par suite des discussions entre Leibnitz et Newton, ce dernier ait été dégoûté de la question de la conservation de l'énergie, ce qui donnerait la raison pour laquelle la loi de la conservation a trouvé si peu d'adeptes en Angleterre. Il est certain que, sur le continent, pendant la première moitié du siècle dernier, cette loi, sous la forme que lui avait donnée Leibnitz, était la propriété commune de toutes les personnes ayant reçu une éducation scientifique, comme elle l'est de nos jours. Ceci n'est un mystère pour personne; il suffit, pour s'en assurer, de parcourir la bibliographie des dix dernières années. Celui qui a devant lui tous ces faits ne peut que hausser les épaules devant ces efforts tout artificiels pour mettre Newton à la tête de ceux qui nous ont donné la loi de la conservation de l'énergie. L'auteur des Conférences *n'est peut-être pas assez au courant de l'histoire sur laquelle il a voulu faire la lumière, et sur le développement ultérieur de laquelle il porte un jugement si rigoureux. Il s'expose ainsi au soupçon (qui n'est malheureusement pas atténué par ses autres écrits) que le sang bouillant de son pays celtique ne l'ait entraîné trop loin et n'ait fait de lui un chauvin scientifique.*

Le chauvinisme scientifique, dont les savants allemands ont su se préserver jusqu'à présent, est plus odieux que le chauvinisme politique, car il est plus naturel d'espérer une conduite raisonnable de la part de gens de sciences que de la part d'une masse excitée par des passions politiques. Puisse ce chauvinisme aussi rester bien loin de nous dans l'avenir ! Et puisse l'ébullition du sentiment national, qui agite actuellement toute l'Europe, ne pas nous égarer dans nos habitudes intellectuelles ! Malgré le ton d'irritation qui se fait jour, tantôt ici, tantôt là, puissions-nous garder intactes nos traditions de justice scientifique que nous exerçons avec impartialité, sans nous préoccuper de la nation, et les habitudes de travail littéraire sérieux qu'elle implique ! Puisse notre temple de muses rester le refuge inviolable du cosmopolitisme allemand, si les tempêtes des temps ne lui laissent pas d'autre place !

Tout ce qui précède n'est-il pas conçu dans le même esprit que le passage bien connu : « Ich danke dir Gott dass ich nicht bin wie andere Leute, Räuber, Ungerechte, Ehebrecher, oder auch wie dieser Zöllner ! » (Grâce à Dieu, je ne suis pas comme les autres hommes, brigands injustes, incestes, ou bien comme ce Zöllner !) Quiconque lira l'extrait précédent du discours du professeur du Bois-Raymond, verra certainement que le chauvinisme (pharisaïsme serait plus correct), dénoncé de si bon cœur chez d'autres à la fin du passage, est pratiqué d'aussi bon cœur par l'orateur lui-même, et dès le premier mot.

Mais cette forme spéciale d'accusation porte particulièrement à faux, quand elle est dirigée contre mon livre. En effet, le livre ne contient à proprement parler aucune tendance chauvi-

niste : les louanges ou les blâmes qu'il contient peuvent être mérités ou non, mais ils sont certainement dictés par des considérations tout-à-fait indépendantes des idées de nation ou de race. Toutes les appréciations contenues dans le livre doivent servir ce que je considère comme la vraie Science, *et elles sont dirigées contre le charlatanisme, la fourberie, le bigotisme et la superstition, partout où ils se rencontrent.*

Fresnel et Carnot, Gauss et Riemann, Young et Faraday sont des noms qui ont honoré leur temps, non parce qu'ils appartenaient à des Français, à des Allemands ou à des Anglais, mais parce qu'ils appartenaient à des hommes qui ont conduit, chacun à leur tour, l'avant-garde dans les luttes intellectuelles de leur génération.

Mais lorsqu'un faux prophète se lève ou lorsqu'il est désigné par d'autres à l'admiration de la foule, c'est un devoir (souvent même un devoir agréable) de mettre en lumière le mal-fondé de ses prétentions, et il faut le faire avec une impartialité rigoureuse, que ce soit un Français, un Allemand ou un Anglais. C'est de même un devoir de faire valoir les droits d'un vrai prophète, quelle que soit sa nationalité, lorsque ses droits souffrent par suite de sa modestie, de sa négligence ou de la malveillance des autres. Mon critique aurait dû songer que quelques-unes de ses phrases pourraient s'appliquer à lui-même. Et quel dénonciateur fervent du chauvinisme, lui qui s'excusait devant ses étudiants du son trop gaulois du nom qu'il porte! Quelle antipathie vraiment surprenante pour tout ce qui est gaulois a pu amener le professeur de Physiologie à parler du sang celtique bouillant d'un Normand?

*Le manuel le plus récent d'*Analyse spectrale *publié à Berlin, il y a un ou deux ans, manuel qui fait autorité, fournit un commentaire singulier de l'éloge qu'on a lu plus haut des savants allemands en général. Le livre contient un grand nombre de détails historiques, et cependant le nom de Balfour Stewart* n'est pas mentionné même une seule fois! *Je prends ce livre comme exemple, parce que c'est un livre sérieux. Mais rien que de mes propres lectures, qui se sont limitées (en ce qui concerne l'allemand) aux ouvrages choisis, je pourrais citer de nombreux exemples, également frappants, qui contredisent l'affirmation exprimée avec tant d'assu-*

*rance par mon critique. Ma connaissance des œuvres de Leibnitz n'est peut-être pas aussi profonde que celle du professeur du Bois-Raymond, mais telle qu'elle est, elle m'a amené à accepter l'opinion de Huyghens sur ses qualités d'*homme, *et celle de Gauss sur sa valeur comme* mathématicien. *Certes le professeur du Bois-Raymond voudra bien m'accorder que ces deux hommes étaient des juges compétents, d'autant plus qu'aucun n'était gaulois.*

P. G. TAIT.

Université d'Édimbourg.

29 Décembre 1884.

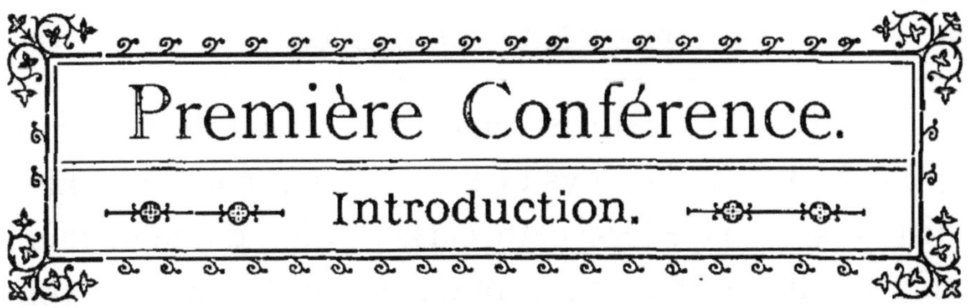

Première Conférence.

Introduction.

Classification des progrès récents de la Physique. — Définition générale de l'objet de la Physique. — Notions de Temps, d'Espace, de Matière, de Position, de Mouvement et de Force. — Digression sur les raisonnements *à priori :* Exemples d'erreurs modernes ou renouvelées des Anciens. — Uniformité de la rotation de la terre ; stabilité du système solaire. — Équivalence de la chaleur développée par la compression d'un gaz et du travail dépensé ; *Causa æquat effectum.* — Gilbert, véritable fondateur de la Science expérimentale. — Preuve de la réalité objective de la matière. — Absence de cette preuve pour la notion de Force, existence de cette preuve pour la Notion d'Énergie. — Conservation, transformation et dissipation de l'Énergie. — Ignorance et incapacité des Spiritualistes, ainsi que des Matérialistes.

LORSQU'ON passe en revue toutes les découvertes qui peuvent être désignées sous le nom de « Progrès récents de la Physique », il est bon de rappeler que la plupart des notions scientifiques, qui se sont presque universellement vulgarisées pendant ces vingt-cinq dernières années, étaient déjà familières aux grands savants des époques précédentes et qu'elles figurent dans leurs ouvrages. Nous ne pouvons pas les exposer d'une manière intelligible, sans nous reporter plus ou moins — quelquefois même entièrement — aux connaissances de nos devanciers : vous ne devrez donc pas vous étonner de m'entendre parler beaucoup de Davy, de Rumford et même de Newton.

Pour plus de clarté, je répartirai l'ensemble des « Progrès récents de la Physique » en cinq chapitres bien distincts ; mais je ferai cette classification d'une manière très succincte, me réservant de donner toutes les explications, et même la définition des termes scientifiques nouveaux, dans les chapitres mêmes où j'aurai à les employer.

Le *premier chapitre* — le plus important de tous — comprend tous les progrès qui sont liés à la notion moderne d'*Énergie*. De même que l'or, le plomb, l'oxygène, etc., sont des espèces différentes de matière, de même le son, la lumière, la chaleur, etc., sont des formes diverses d'énergie, celle-ci constituant, comme nous le verrons bientôt, une *réalité objective*, au même degré que la matière. Cette grande idée coordonne toutes les parties, qui semblaient si indépendantes, de ce vaste domaine de la Physique. Et non seulement elle nous a permis d'exposer cette science d'une manière aussi ordonnée que complète, mais elle nous a amenés, surtout par l'application des lois de la thermo-dynamique (auxquelles nous ferons une large place dans ce cours) à découvrir les points sur lesquels on pouvait faire les plus rapides progrès.

Le *second chapitre* comprend les progrès qui résultent, plus ou moins directement, des besoins ressentis dans les applications pratiques. Rappelez-vous — pour ne citer qu'un exemple — les immenses perfectionnements qui ont été réalisés dans la construction des instruments de mesure pour les courants et pour les charges électriques: ils ont tous été provoqués par l'extension récente de la télégraphie sous-marine. On peut affirmer sans exagération que les instruments actuels — réservés jadis aux usages de la télégraphie pratique — sont mille fois plus sensibles et précis, et, par suite, mille fois plus utiles dans les recherches de science pure — que les plus parfaits des instruments qu'on employait il y a trente ans. C'est ainsi que le développement de la science dans le sens des applications pratiques; conduit à la construction d'instruments qui ont, pour ainsi dire, une *action réflexe* sur le développement de la science pure.

Le *troisième chapitre* comprend les progrès provenant de l'appui que les diverses sciences, telle que l'astronomie, la chimie et la physiologie, se prêtent mutuellement. Un pas fait en avant dans l'une des branches a conduit, presque immédiatement, à d'importantes extensions dans les autres branches. Dans ce chapitre nous pouvons comprendre les grands progrès dus aux perfectionnements de nos méthodes mathématiques.

.Le *quatrième chapitre* embrasse les progrès que l'on pourrait appeler découvertes accidentelles, quoiqu'elles soient très fréquentes et d'une très grande importance; telle est, par exemple, la découverte de la fluorescence avec toutes ses conséquences, et l'invention des différents procédés de photographie. Les découvertes de ce genre, au lieu d'être, comme dans l'ancien temps, admirées et laissées isolées, sont actuellement attaquées de tous les côtés par un grand nombre d'expérimentateurs enthousiastes.

Le *cinquième chapitre* embrasse une autre catégorie de découvertes très nombreuses, mais bien plus difficiles à décrire exactement. Comme seul exemple de cette catégorie de progrès, je pourrai mentionner les méthodes statistiques modernes appliquées à certains problèmes de physique, à ceux, en particulier, qui se rapportent aux mouvements des particules gazeuses et liquides et sur lesquels j'ai l'intention de revenir longuement dans le cours de ces conférences.

J'ai maintenant à examiner quelle serait la meilleure manière de commencer l'étude de ces différents chapitres ; je crois que la meilleure méthode serait d'esquisser d'abord le sujet, comme lorsqu'on regarde un objet de loin ; d'indiquer quelques-uns des principaux sommets que nous aurons à atteindre et de signaler les abîmes les plus formidables que nous aurons à éviter. En même temps nous nous attacherons à introduire le plus tôt possible certains des nouveaux termes techniques, qui sont absolument indispensables à l'exactitude et à la précision, et dont il est bon d'acquérir la connaissance dès le début.

La Physique, d'après nos idées actuelles, s'occupe de l'univers physique en général ; elle embrasse également des quantités trop grandes pour être nettement conçues et des quantités trop petites pour être perçues avec les plus puissants microscopes. Telles sont, par exemple, les distances que la lumière des étoiles ou des nébuleuses met quelques années à parcourir, tout en marchant avec la vitesse de 300 000 kilomètres par seconde ; ou les dimensions des molécules d'eau, dont le nombre, dans une seule goutte, atteint, comme nous avons lieu de croire, le chiffre de 10^{26} ou

100. 000 000 000 000 000 000 000 000

environ.

Cependant nos recherches qui portent, non seulement sur la composition des atmosphères de ces étoiles éloignées, mais encore sur le nombre et les propriétés de ces particules d'eau, sont souvent couronnées de succès ; bien plus, nous poussons nos investigations même jusqu'aux lois de leurs actions mutuelles.

Les notions fondamentales, qui se présentent à nous dès le début de l'étude de la Physique, sont celles de *temps* et *d'espace.* On peut obtenir une mesure de temps par des méthodes physiques. Une méthode de ce genre est indiquée incidemment dans la première loi du mouvement de Newton, où il énonce qu'une masse laissée à elle-même se meut uniformément. Cela veut dire, que des temps égaux sont ceux pendant lesquels une masse, animée d'un mouvement uniforme, parcourt des espaces égaux.

Quant à l'espace, nous pouvons en indiquer les propriétés par l'observation. Mais il nous est impossible de pénétrer dans la vraie nature de l'espace ou du temps, nous ne pouvons faire à ce sujet que des spéculations purement métaphysiques, par suite, absolument stériles. Cependant, nous possédons des méthodes mathématiques spécialement adaptées à l'étude de ces deux idées abstraites. Ces méthodes forment l'Algèbre,qui a été appelée (par sir W. R. Hamilton) la science pure du temps, et la Géométrie, qu'on pourrait désigner comme la science pure de l'espace.

La mesure ordinaire du temps repose sur la rotation de la terre autour de son axe. Or,cette rotation, comme nous verrons plus loin, n'est d'aucune manière une quantité constante ; il faudrait donc prendre pour base de la mesure du temps une propriété physique de la matière, que toutes les raisons expérimentales nous feraient supposer invariable avec le temps et dans tout l'univers. Cette unité de temps constante, définitive, sera probablement trouvée dans la période de vibration des molécules d'un gaz, tel que l'hydrogène, chauffé dans des conditions données.

Les propriétés de l'espace, impliquant (nous ne savons pourquoi) essentiellement l'existence des trois dimensions, ont été soumises récemment à une analyse approfondie par des mathématiciens de premier ordre, comme Riemann et Helneholtz. Le résultat de leurs recherches laisse encore non résolue la question de savoir si l'espace doit avoir dans tout l'univers exactement les mêmes propriétés.

Pour donner une idée de ce que l'on entend par une

telle assertion, supposons qu'une feuille de papier représente l'espace à deux dimensions, et qu'en la plissant, nous ayons formé des portions planes et des portions cylindriques ou coniques. Un habitant d'une telle couche, tout en vivant dans un espace à deux dimensions seulement, et par suite — nous pouvons l'affirmer d'avance — incapable de se figurer une troisième dimension, éprouverait certainement quelque différence dans ses sensations, en passant des parties moins courbes de son espace aux parties plus courbes. De même, il est possible que, pendant la marche rapide du système solaire à travers l'espace, nous puissions arriver à des régions où l'espace n'a pas précisément les mêmes propriétés que nous lui trouvons ici, à des régions où il posséderait, au point de vue des trois dimensions, quelque chose d'analogue à la courbure de l'espace à deux dimensions, quelque chose qui impliquerait un changement de forme dans les portions de matière, par rapport à une quatrième dimension, en vue de l'adaptation à leur nouvelle place. Mais, pour discuter complètement une question de ce genre, il serait nécessaire d'introduire un raisonnement mathématique d'un caractère transcendant.

A côté de ces notions fondamentales de temps et d'espace, vinrent forcément, se placer dans l'univers physique, les quatre suivantes : les notions de matière, de position, de mouvement et de force. Comme avec ces idées commence l'étude de la physique proprement dite, je vais les laisser, pour examiner d'abord de quelle manière et dans quel esprit les problèmes de physique doivent être traités. Rappelez-vous que le sujet de mes leçons est *les progrès* de la physique. Il est donc bon de rechercher à quoi nous devons ces progrès. Celui qui a étudié attentivement l'histoire du progrès scientifique, a pu se convaincre que *notre science progressait aux époques où les savants ne perdaient pas de vue qu'elle doit être entièrement fondée sur l'expérience et sur des déductions mathématiques de l'expérience ; mais chaque fois qu'on oubliait ce principe, elle cessait sa marche en avant.*

En physique, il n'y a rien à apprendre *à priori.* Nous n'avons aucun droit d'affirmer une seule vérité physique sans lui donner une base expérimentale, à moins qu'elle ne soit une conséquence nécessaire d'autres vérités, déjà acquises par l'expérience ; dans ce cas un raisonnement mathématique seul suffit.

Voyons un peu à quelles conséquences absurdes on était conduit par oubli de ce principe—évident de lui-même — dans les temps passés et souvent même dans les temps modernes. Les anciens prétendaient que les planètes décrivaient des circonférences de cercle, parce que le mouvement circulaire est parfait ! On disait aussi au moyen âge que le soleil ne pouvait pas avoir de taches. On disait que la terre était immobile ; que la nature avait horreur du vide, etc...... Et tous ces dogmes étaient énoncées par des gens d'ailleurs très raisonnables. Durant les derniers cinquante ans, nous avons eu des philosophes, comme Hégel, qui prétendaient que les mouvements des corps célestes ne se produisaient pas sous l'effet des attractions mutuelles, mais que ces corps avançaient comme des *dieux bienheureux*, suivant l'expression des anciens.

Ils prétendaient aussi que la pression, l'attraction, etc., n'existaient que pour la matière terrestre et non pour la matière céleste. Hégel en vint à affirmer cette chose vraiment étonnante, que les deux espèces de matières ont cela de commun qu'elles sont de la matière, tout-à-fait comme une bonne et une mauvaise pensée sont toutes les deux des pensées ; mais la mauvaise n'est pas bonne parce que la bonne est une pensée (1).

Comme exemples d'erreurs encore plus récentes, même tout-à-fait modernes, j'en citerai seulement quatre, dont deux sont excusables par leur nature même, mais les deux autres sont tout-à-fait impardonnables.

La première est l'hypothèse de l'uniformité absolue de la rotation de la terre. Sans parler des effets du re-

(1) Natur philosophie, § 269 (Le passage est tellement absurde que je me crois obligé de le citer). Die Bewegung der Himmelskörper ist nicht ein solches Hinund Hergezogenseyn, sondern die freie Bewegung ; sie gehen wie die Alten sagten, als selige Götter einher. Die himmlische Körperlichkeit ist nicht eine solche welche das Princip der Ruhe oder Bewegung ausser ihr haette. Weil der Stein trage ist, die ganze Erde aber aus steinen besteht, und die andern himmlischen Koerper eben dergleichen sind, ist ein Schluss der die Eigenschaften des Ganzen denen des Theils gleichsetzt. Stoss, Druck, Widerstand, Reibung, Ziehen u nd dergleichen gelten nur von einer andern Existenz der Materie, als die Himmlische Körperlichkeit. Das Gemeinschaftliche Beider ist freilich die Materie, so wie ein guter Gedanke und ein schlechter beide Gedanken sind : aber der schlechte nicht darum gut, weil der gute ein Gedanke ist.

froidissement et du rétrécissement de la terre qui en résulte, sans parler des effets provenant des perturbations et soulèvements volcaniques, des effets de la dégradation des montagnes, effets qui devraient tous tendre à affecter plus ou moins la rotation de la terre (la contraction et la dégradation des montagnes tendraient à l'accélérer, les soulèvements au contraire la retarderaient, d'après un principe de mécanique compris dans la troisième loi du mouvement de Newton), on a récemment repris les recherches, indiquées pour la première fois par Kant, sur les effets retardateurs de la marée sur la longueur de la journée. La terre, ayant à sa surface l'onde de la marée dont le grand axe est dirigé très approximativement vers la lune, tourne virtuellement dans un frein à frottement, ou dans un collier, et ce frottement doit se faire sentir ; tant qu'elle se déplace par rapport à la marée, son mouvement doit s'effectuer avec une vitesse toujours décroissante.

Nous avions encore la conviction intime de la stabilité absolue du système solaire : de grands arguments avaient été imaginés par les théologiens pour soutenir que les excentricités, les inclinaisons, etc., des orbites planétaires, tout en variant constamment, oscillaient entre certaines limites définies, en général très étroites, et qu'après une série de siècles, pas trop longue, tous les corps du système solaire retournaient presque exactement à leurs configuration, position et vitesse primitives. Mais pour arriver à ces résultats, Laplace et Lagrange n'avaient employé, de leur propre aveu, que des méthodes approchées. Ils ont négligé ce qu'on appelle les carrés des forces perturbatrices; c'est-à-dire, que si on prend deux planètes, dont l'une trouble la position de l'autre, les effets de la première sur la seconde ont été calculés sans tenir compte de la perturbation produite dans la position de la première et *vice versâ*. Pour obtenir une meilleure approximation, sans être obligé de faire un travail énorme, il faudrait avoir des méthodes mathématiques bien plus perfectionnées que celles dont on dispose actuellement ; ce n'est donc pas de ce côté-là qu'on pourrait, dans l'état actuel de la science, attendre une meilleure solution ; nous ne pouvons pas non plus nous faire une idée exacte de la modification que subiraient les résultats obtenus par une méthode approchée. Mais ce que je viens de dire du frottement dû à la marée, dont on n'a pas encore tenu compte dans la solution de ces problèmes planétaires, montre clairement que, tant que les parties d'une portion intégrale mobile quelconque du système peuvent se déplacer les unes par rapport aux autres, et exécuter ainsi leurs mouvements relatifs avec frottement, il y aura là toujours une cause tendant constamment à altérer l'allure des mouvements dans tout le système, et partant, la stabilité du système solaire est impossible dans les conditions actuelles. Rappelez-vous que c'est dans l'intérêt imaginaire de la religion qu'on a nié le mouvement de la terre. La même histoire se répète ici. Un théologien ignorant, si bonnes que soient ses intentions, est bien plus dangereux pour la cause qu'il défend, que le plus terrible de ses ennemis déclarés.

Prenons maintenant la chaleur développée par la compression d'un gaz. Vous savez tous que l'on peut allumer un morceau d'amadou dans un cylindre clos, où l'on comprime brusquement l'air, en y enfonçant un piston entrant à frottement. Récemment certains savants voulaient glorifier, bien au-dessus de leur véritable mérite, deux philosophes spéculateurs, Séguin et Mayer, qui, indépendamment l'un de l'autre, ont émis l'hypothèse que la chaleur développée dans ces conditions est équivalente au travail dépensé pendant la compression du gaz, ou inversement, que la chaleur perdue pendant la détente est équivalente au travail effectué par le corps qui se détend. Faire de telles hypothèses sans mesures expérimentales préliminaires, c'est simplement tomber dans l'erreur fatale dont j'ai déjà parlé, — c'est énoncer des principes physiques *à priori*. Pour voir qu'il en est ainsi, nous n'avons qu'à considérer un gaz comme possédant les propriétés d'un ressort en spirale, (car nous pouvons tout admettre tant qu'on ne fait pas d'expériences). Supposons, en effet, que le cylindre, dont nous avons parlé plus haut, soit rempli, au lieu d'air, d'un certain nombre de ressorts en spirales disposés de manière à ne pas être gênés dans leurs mouvements. En comprimant un tel système de ressorts, on peut dépenser exactement la même quantité de travail que dans la compression de l'air, et cependant il peut arriver qu'on ne trouve pas trace de la chaleur dégagée. Il est donc évident que, jusqu'au jour où nous connaîtrons avec certitude les propriétés intimes des gaz, le seul moyen (indépendant de toute conjecture) de trouver la relation entre la chaleur développée par la compression et le travail dépensé à la produire, est l'expérience. Sans elle il est impossible d'établir une relation générale entre ces deux phénomènes. La théorie moderne de la constitution des gaz, où l'on suppose que toutes les particules volent avec une grande vitesse dans toutes les directions, en se heurtant constamment les unes contre les autres et contre les parois du vase, nous conduit presque directement à beaucoup de conséquences importantes : parmi celles-ci je citerai seulement les résultats connus sous le nom de loi de Boyle (loi de Mariotte), qui règle la compressibilité d'un gaz dont la température est maintenue constante. Supposons que les particules se déplacent avec une certaine vitesse dans toutes les directions, et que l'on puisse enfoncer le piston jusqu'au milieu du cylindre sans augmenter (1) la vitesse des molécules, le nombre des chocs par seconde contre la base du piston deviendrait deux fois plus grand, la longueur du cylindre étant devenue deux fois moindre.

(1) Ceci serait contraire au principe de la dissipation de l'énergie, comme le lecteur le verra dans la VIe conférence ; mais la valeur de cette hypothèse, pour notre argument actuel, n'en est pas amoindrie.

De même le nombre de chocs par minute et par centimètre carré contre les parois courbes du cylindre serait devenu deux fois plus grand, pour la même raison : le même nombre de molécules venant se heurter avec les mêmes vitesses que précédemment contre une surface deux fois moindre. Si nous pouvions nous arranger de manière à faire avancer le piston par poussées infiniment petites et à profiter à chaque déplacement de l'absence de pression moléculaire contre le piston, ou bien à faire avancer à chaque instant la partie du piston contre laquelle, au moment donné, aucun choc ne se produit, nous diminuerions ainsi le volume sans altérer les vitesses des particules gazeuses ; nous aurions donc, en vertu de la loi de Boyle et d'après notre hypothèse, un gaz, dont la pression serait doublée, occupant exactement la moitié de son volume primitif, et dont la température ne serait pas augmentée. Nous aurions ainsi une manière d'envisager la compression d'un gaz qui n'est accompagnée d'aucune production de chaleur.

Cette question est d'une grande importance, et j'ai l'intention de la traiter avec beaucoup de détails dans le cours de ces conférences.

La dernière erreur, que je vais encore citer, est celle qui consiste à fonder des principes physiques sur le vieux dogme, exprimé en latin de cuisine : *causa æquat effectum.* Il est difficile d'affirmer si c'est le latin ou le sens (demi-obscur) qui est le plus incorrect. Le fait est que nous ne sommes pas affranchis de la tendance vers la soi-disant métaphysique, qui, plus d'une fois, a complètement brisé la carrière pleine de promesses de nombreux physiciens. Je dis la « soi-disant » métaphysique, car il y a une science métaphysique; mais, par la nature même de la chose, les métaphysiciens de profession ne s'élèvent jamais à cette science. En effet, si nous nous mettions à discuter un dogme comme le précédent, nous serions tout naturellement amenés à examiner si la cause et l'effet arrivent simultanément ou successivement, et alors nous tomberions dans une telle mystification au sujet du mot *cause*, que nous serions bien près de rechercher (comme beaucoup l'ont déjà fait) la cause qui agit nécessairement toujours dans le mouvement uniforme d'un corps, quand celui-ci n'est soumis à aucune force.

Le fondateur de la véritable science expérimentale paraît avoir été Gilbert de Colchester ; son traité, justement célèbre, *De Magnete*, parut il y a 300 ans. Après lui, vinrent Galilée et Newton, chacun d'eux faisant des pas de géant dans la vraie direction scientifique. Grâce à eux, la voie pouvant conduire à la découverte des lois de la physique a été établie d'une manière définitive. Nous en avons la preuve dans ce fait, que pendant les derniers deux siècles et demi, il a été accompli, en physique pure, un million de fois autant que ce qui avait été fait jusque-là. Et certes, on ne peut pas dire que nous soyons de nos jours plus capables ou que nous ayons plus de loisirs.

C'est qu'une fois que la direction donnée aux recherches est bonne, les hommes avancent. Cette direction était bonne en Grande-Bretagne à certaines époques mémorables, quand Newton et Hooke étaient contemporains, au temps de Maclaurius et de Cotes et à celui de Cavendish et Watt. A certains intervalles cette bonne direction se trouvait complètement interrompue en physique mathématique et même en physique expérimentale, mais elle redevenait bonne après ces interruptions, et en voici les conséquences : depuis le temps, à jamais mémorable, de Young et Davy, nous avons eu Green et Hamilton, Faraday et Graham, et nous pouvons nous réjouir de posséder encore Stokes, Thomson et Adams, Joule et Andrews. Cette liste vaut celle de n'importe quelle autre nation et elle pourrait encore être considérablement augmentée. D'autres pays ont eu des fluctuations analogues, dues, je crois, à des causes semblables.

Le triste sort des successeurs de Newton devrait nous servir d'avertissement. Se fiant à ce qu'il avait fait, ils ont laissé les mathématiques dépérir presque complétement dans ce pays, au moins en comparaison des immenses progrès faits en France et en Allemagne. Il a fallu les efforts réunis de feu Sir J. Herschel et de beaucoup d'autres pour qu'un Boole ou un Hamilton fût possible sur cette île. Si les successeurs de Davy et de Faraday s'arrêtaient de même pour méditer sur leur œuvre, nous nous retrouverions bientôt dans le même état d'infériorité honteuse. Qui viendrait alors nous en sauver ?

Actuellement encore, quoique nous ayons parmi nous beaucoup de noms aussi illustres que ceux de nos rivaux, nous avons (même dans les classes cultivées) une quantité d'ignorance si énorme et, de là, tant de crédulité, qu'on est surpris de voir la vraie science exister chez nous. Des spiritualistes, des chercheurs de la quadrature du cercle, du mouvement perpétuel, des gens croyant que la terre est plate et que la lune n'a pas de rotation, fourmillent autour de nous. Ils se multiplient certainement bien plus vite que les savants de génie. C'est là le caractère des races inférieures, mais il est consolant de penser que, malgré tout, cette ignorance disparaîtra bientôt.

Revenons maintenant à notre seconde série d'idées élémentaires, aux notions de matière, de position, de mouvement et de force. La deuxième de ces notions (position) est une pure relation d'espace ou une conception géométrique, et doit nécessairement être relative ; à moins que quelque chose dans le genre de l'idée de Riemann, dont nous avons parlé, ait une existence réelle dans l'univers. La troisième notion (de mouvement) est simplement un changement de position, mais comme ce changement peut avoir lieu plus ou moins rapidement, elle implique l'idée de temps aussi bien que l'idée d'espace. Ces deux idées sont complètement indépendantes des deux autres (de matière et de force) ; et en effet, leur étude constitue l'objet d'une science mixte spéciale, la science du temps et de l'espace, que l'on appelle *Cinématique*. Elle prend sa place à côté des sciences plus anciennes, la géométrie et l'algèbre, qui sont, comme j'ai déjà dit, les sciences pures de l'espace et du temps.

La grande preuve de la réalité de ce que nous appelons matière, la preuve de son existence objective, est l'impossibilité de la détruire ou d'en créer, par aucun des procédés qui sont à la disposition de l'homme. L'importance de cette preuve pour la chimie moderne peut à peine être calculée. En effet, nous pouvons difficilement croire qu'il aurait pu exister une science exacte de chimie, si l'on n'avait pas reconnu de bonne heure cette propriété de la matière ; de même l'analyse chimique aurait été impossible, si, par des séries très étendues d'expériences préalables, nous n'avions pas acquis la certitude qu'aucune portion de matière, quelque petite qu'elle soit, ne peut ou cesser d'exister ou être créée par aucune opération. Si le chimiste n'était pas sûr qu'après avoir pris toutes les précautions pour ne rien laisser ni entrer, ni s'échapper, le contenu de ses vases, à la fin de ses opérations, doit être quantitativement tout à fait le même qu'au commencement de l'expérience, l'analyse chimique ne pourrait pas exister. Certaines substances auraient pu apparaître (1) tout

(1) Hegel croyait à de telles possibilités. Comme preuve on peut citer le passage

d'un coup, d'autres auraient pu disparaître et aucune déduction, par quel raisonnement que ce soit, n'aurait été possible avec les résultats d'expériences faites dans de telles conditions. Cette indestructibilité de la matière doit donc être considérée comme la preuve de sa réalité objective.

Il nous reste encore à parler de la force, la dernière des quatre idées fondamentales. Cette notion nous est suggérée directement par ce que l'on nomme « sens musculaire » : c'est lui qui nous donne la sensation de la pression, quand nous déplaçons un corps avec la main ou avec le pied. Mais nous devons être circonspects avec les données de nos sens dans ces matières. Prenez le son et la lumière, par exemple, qui sont de simples mouvements ondulatoires jusqu'au moment où ils affectent un organe spécial de sens. La sensation est, dans ces cas, aussi différente de la cause, que la contusion et la douleur produites par un bâton ou une boule de cricket diffèrent du mouvement de ces portions de matière, avant leur choc contre une partie du corps humain. La même chose s'applique à la force (à cela près que la sensation est probablement plus passagère) (1).

suivant qui contient la plus caractéristique de toutes les absurdités qu'on rencontre dans la Naturphilosophie. On lit § 332 : Ebenso werden die Kaustische Kali wieder milde ; man sagt dann, sie ziehen Kohlensaure aus der Luft ein. Das ist aber eine Hypothese; sie machen viel mehr aus der Luft erst Kohlensaure, um sich abzustumpfen. (De même la potasse caustique redevient douce ; on dit alors qu'elle absorbe de l'acide carbonique de l'air. Mais ceci n'est qu'une hypothèse ; il est plus probable qu'elle produit d'abord de l'acide carbonique avec l'air pour devenir douce.)

(1) Le sujet est traité dans une conférence spéciale à la fin du livre.

La définition de la force, telle qu'on l'entend en physique, est comprise implicitement dans la première loi du mouvement de Newton : elle peut s'énoncer ainsi : *On appelle force, la cause qui modifie ou tend à modifier l'état naturel de repos d'un corps ou son mouvement rectiligne et uniforme.* La seule difficulté sérieuse que nous sentons ici, provient du mot *cause* : ce mot, dans les choses matérielles, implique ordinairement une existence objective. Mais nous n'avons absolument aucune preuve de l'existence objective de la force, dans le sens que nous venons d'expliquer. Ce que nous observons réellement, dans chaque cas où l'on dit qu'une force agit, en dehors du sens musculaire (dont les indications, comme celles du sens du toucher, concernant la température des corps, sont susceptibles d'être excessivement trompeuses), c'est un transport, ou une tendance à un transport, de ce qu'on appelle énergie, d'une portion de matière sur une autre. Chaque fois qu'un tel transport a lieu, il y a mouvement relatif des portions de matières correspondantes, et ce que l'on nomme valeur d'une force dans une direction quelconque, est tout simplement la valeur de l'énergie transportée, par unité de longueur du déplacement effectué dans cette direction. La force n'a donc pas nécessairement une réalité objective, pas plus que la vitesse ou la position. Cependant l'idée de force est encore très utile : elle introduit un terme nous permettant d'abréger les énoncés qui autrement seraient longs et fastidieux ; mais avec le progrès de la science elle est très probablement destinée à être reléguée dans ces limbes, où sont déjà relégués les spires de cristal des planètes et les quatre éléments, ainsi que le calorique et le phlogiston, le fluide électrique et la force odique ou psychique.

Ce n'est que depuis relativement peu d'années qu'on a généralement reconnu l'existence dans le monde physique de quelque chose, qui a une réalité objective au même titre que la matière, quoiqu'elle ne soit pas aussi tangible ; aussi sa conception a-t-elle mis beaucoup plus de temps à pénétrer dans l'esprit humain. Ce que l'on appelait « les impondérables, » — que l'on considérait comme de la matière — tels que la chaleur et la lumière, ont été reconnus par une méthode purement expérimentale, — la seule sûre, — pour différentes variétés de ce que nous appelons *énergie*, — quelque chose qui, sans être matière, doit tout aussi bien être reconnu, à cause de son existence objective, que n'importe quelle portion de matière. Le grand principe de la conservation de l'énergie, d'après lequel aucune portion d'énergie ne peut être ni détruite ni créée par aucun des procédés à notre disposition, est simplement une affirmation de l'invariabilité de la quantité d'énergie dans l'univers, — une proposition faisant pendant à celle de l'invariabilité de la quantité de matière. Les lois de l'énergie diffèrent de celles de la matière à un point de vue très important, — autant, du moins, que nous le savons par expérience : une espèce de matière, d'après nos connaissances actuelles, ne peut pas être transformée en une autre, quoique, dans certains cas, elle puisse prendre ce que l'on appelle une forme allotropique. Par contre, l'énergie présente ce caractère saillant, qu'en général on peut la transformer sans difficulté (en fait elle nous est utile uniquement parce qu'elle peut être transformée) ; mais, dans toutes les transformations, la quantité actuelle reste exactement la même.

L'énergie peut être définie comme la puissance de produire du travail ou, si nous voulons, le pouvoir de produire une sensation douloureuse. Je vous ai déjà dit que la notion d'énergie est plus difficile à saisir que celle de la matière. Par exemple, quelle est la différence entre une masse de neige sur une montagne et la même masse tombée dans la vallée ? Évidemment, les deux substances sont absolument identiques, quant à la matière, si ce n'est que des changements moléculaires, tels que la fusion, auraient pu altérer l'état de certaines portions de la masse pendant ou après sa chute. Cependant la masse qui se trouve en haut, possède, uniquement en vertu de son élévation, le pouvoir de produire du travail ou de faire mal ; et ce pouvoir, elle l'a complètement perdu, dès qu'elle est descendue jusqu'au bout. Donc, par le seul fait de son élévation, elle possède un pouvoir qu'elle ne possède plus lorsqu'elle est descendue. C'est ce pouvoir qu'on appelle énergie de position ou *énergie potentielle.* On pourrait trouver d'autres exemples dans un ressort tendu ou un poids élevé, comme dans une horloge ; dans un arc tendu, dans la poudre à canon, etc. Le plus frappant de tous les exemples est peut-être la nourriture des animaux, dont l'une des principales parties constitutives est l'oxygène de l'air.

Lorsque la neige se détache de la montagne, elle acquiert en descendant une autre forme d'énergie dépendant entièrement du mouvement ; nous distinguons ainsi l'énergie de position de celle de mouvement, qu'on appelle *énergie cinétique*. Ceux qui comprennent bien le sens de ces termes savent, par une observation commune, que lorsque l'une des énergies diminue, l'autre augmente. La vitesse de chute de la neige croît constamment à mesure qu'elle descend ; et un calcul précis, fondé sur une expérience physique, nous montre que la quantité d'énergie potentielle perdue dans chaque phase de la descente est précisément égale à la quantité d'énergie cinétique gagnée. L'opération peut s'effectuer dans un ordre inverse, si nous supposons qu'on ait primitivement fourni au corps de l'énergie cinétique. Pour plus de simplicité, nous supposerons qu'on la lui ait communiquée dans la direction verticale de bas en haut. Nous savons qu'une pierre jetée dans l'air perd graduellement sa vitesse en montant de plus en plus haut ; à un moment donné, quand elle a perdu toute sa vitesse, elle s'arrête, puis se met à descendre avec une vitesse croissant graduellement à mesure que, par suite de la descente, elle perd l'avantage de la position.

Le calcul appliqué à ce cas montre, qu'à chaque phase, soit que le corps descende, soit qu'il monte, la somme des énergies potentielle et cinétique reste exactement la même, à la modification produite par résistance de l'air près. Mais cette dernière modification ne constitue pas une exception à la généralité du principe de la conservation de l'énergie, car toute celle qui est perdue par la pierre est transmise sans aucune perte à l'air ambiant.

Ainsi, comme propriétés principales de l'énergie, nous avons d'abord sa conservation, qui prouve sa réalité objective, puis ses tranformations, qui la rendent indispensable à l'existence de la vie et des changements physiques dans l'univers. Mais elle présente encore une autre propriété, même plus curieuse. Nous avons vu que le changement est la condition essentielle de l'existence des phénomènes que nous observons, et pour que ce changement puisse avoir lieu, il est indispensable qu'il y ait des transformations constantes de l'énergie. Certaines formes d'énergie sont plus susceptibles d'être transformées que d'autres, et, chaque fois qu'une telle transformation a lieu, l'énergie a toujours une tendance à passer, au moins en partie, d'une forme plus élevée ou plus facilement transformable à une forme moins élevée ou plus difficilement transformable.

L'énergie de l'univers passe ainsi constamment des formes plus élevées aux formes moins élevées, par suite, sa capacité de transformation devient de plus en plus faible ; si bien qu'au bout d'un temps suffisamment long, toutes les formes supérieures d'énergie doivent avoir disparu du monde physique, et il nous est permis de penser qu'il n'en restera que ces formes inférieures, qui ne sont plus susceptibles, autant que nous le savons jusqu'à présent, de subir une transformation ultérieure quelconque. Cette forme inférieure, vers laquelle toutes les transformations que nous connaissons semblent conduire d'une manière inévitable, est la chaleur uniformément diffusée. Nous savons en effet que, pour faire un usage quelconque de la chaleur, pour la transformer en travail mécanique ou en une autre forme d'énergie, il est absolument nécessaire d'avoir des corps à des températures différentes : nous avons besoin d'une source de chaleur et d'un condenseur. Or, lorsque toute l'énergie de l'univers aura pris la forme finale de chaleur uniformément diffuse, il sera évidemment impossible de se servir de cette chaleur pour une transformation ultérieure.

De cette manière, autant que nous pouvons l'affirmer maintenant, dans l'avenir lointain de l'univers, les quantités de matière et d'énergie resteront absolument telles qu'elles sont à présent. La matière n'aura subi aucun changement ni de quantité, ni de qualité, mais elle sera ramassée sous l'influence de son attraction mutuelle, de sorte qu'il ne restera pas d'énergie potentielle des portions détachées de la matière. L'énergie aussi demeurera la même en quantité, mais quant à sa qualité, elle sera complètement transformée et aura pris la forme de chaleur diffusée uniformément (1), de manière à produire partout la même température.

La dissipation de l'énergie n'a pas été bien comprise et beaucoup de résultats qu'elle fournit ont été accueillis avec doute, quelquefois même on les a tournés en ridicule. Cependant, elle paraît être actuellement la partie de la physique la plus féconde, la plus riche en promesses ; elle a évidemment des applications, dont quelques-unes seulement ont été mises en lumière. En effet, il y en a qui avaient été découvertes avant l'énoncé du principe de la dissipation et on a reconnu depuis qu'elles n'étaient que des conséquences de ce principe.

Ainsi, nous avons de bons exemples de cette catégorie d'applications dans le grand ouvrage de Fourier sur la propagation de la chaleur par conductibilité ; dans ce théorème d'optique, que l'image ne peut jamais être plus brillante que l'objet, dans la méthode de Gauss pour étudier la distribution électrique, et dans certains théorèmes de Thomson relatifs à l'énergie du champ magnétique. Celui qui a découvert ce principe, autant que je sache, s'est occupé jusqu'à présent presque exclusivement de son application à certaines questions relatives à la conductibilité calo-

(1) Thomson. On a Universal Tendency in Nature to Dissipation of Energy (sur une tendance universelle dans la nature à la dissipation de l'énergie) Proc. R. S. E, 1852.

rifique, à la restitution de l'énergie, aux périodes géologiques, à la rotation de la terre et à d'autres faits analogues. Malheureusement sa conférence Rede, si longtemps attendue, n'est pas encore publiée et elle contient (heureux ceux qui ont eu la bonne fortune de l'entendre) des résultats encore entièrement inconnus.

Il n'y a presque pas de doute que ce principe ne contienne implicitement toute la théorie de la thermo-électricité, celle des combinaisons chimiques, de l'allotropie, de la fluorescence, etc., et peut-être même, la théorie de certaines questions d'un ordre plus élevé que celles dont s'occupent la chimie et la physique ordinaires. En astronomie ce principe nous conduit à la grande question de l'âge, ou peut-être plus correctement *de la phase de vie* d'une étoile ou d'une nébuleuse. Il nous montre la matière des soleils futurs (potentiels), il montre certains soleils en cours de formation, d'autres en état de jeunesse vigoureuse, et d'autres dans toutes les phases du déclin se succédant très lentement. Il nous amène à considérer chaque planète et chaque satellite comme ayant formé, à une certaine époque, un petit soleil, un membre d'un groupe binaire ou multiple. Même à présent (quand il est presque dépourvu, au moins à sa surface, de son énergie primitive) ce groupe fournit une variété infinie de sujets, pouvant servir d'applications à ce principe. Il nous transporte par la pensée à cette époque lointaine, où la matière des systèmes stellaires actuels aura perdu toute son énergie potentielle provenant des attractions mutuelles, et formera par cela même la matière d'autres soleils, plus grands, avec leurs planètes. Enfin, de même que ce principe est seul capable de nous conduire par un raisonnement déductif sûr à l'avenir inévitable de l'univers, — inévitable, bien entendu, si les lois physiques restent toujours invariables, — de même il nous permet d'affirmer que l'ordre des choses actuel ne s'est pas développé à travers les âges passés par le jeu des mêmes lois qui agissent actuellement ; mais qu'il doit y avoir eu une origine différente, un état, au-delà duquel il nous est impossible de pénétrer, et qui a dû être produit par des causes toutes différentes de celles qui agissent (visiblement) à l'époque actuelle.

Il est encore possible qu'en physiologie ce principe conduise avant peu à des résultats d'un autre ordre, mais bien supérieurs, au point de vue de la nouveauté et de l'intérêt, aux résultats déjà obtenus, si grande que soit leur valeur.

On a fait un énorme pas dans la science, lorsqu'on a montré que, de même que la consommation du combustible était nécessaire à une machine à vapeur en marche ou à la lumière constante d'une bougie, de même la machine vivante exigeait de la nourriture, pour suppléer aux dépenses faites sous forme de travail musculaire et de chaleur animale. Encore plus grande était cette idée, exprimée pour la première fois par Rumford, que l'animal était une machine bien plus économique que n'importe quelle machine morte que nous puissions construire. L'explication de ce fait touche à une question du plus haut intérêt et qui n'est pas encore résolue, quoique Joule et beaucoup d'autres philosophes de premier ordre s'en soient occupés. Joule a suggéré une hypothèse très importante ; d'après lui, un animal ressemblerait plutôt à une machine électro-magnétique qu'à une machine thermique ; mais cette hypothèse nous entraîne dans d'autres difficultés relatives à la nature de l'électricité. D'ailleurs, même en supposant que cette question soit complètement résolue, il en resterait encore une autre— peut-être la plus importante que l'intelligence humaine puisse attaquer directement, car il est simplement absurde de supposer que nous serons jamais capables de comprendre scientifiquement la source de la conscience et de la volition, sans parler de choses plus élevées — il resterait encore, dis-je, la question de la *vie*. Certains d'entre vous, surtout ceux qui n'ont pas examiné la question d'une manière spéciale, seront étonnés d'entendre que l'on puisse même soupçonner la possibilité d'arriver un jour, à l'aide de principes physiques, en particulier de celui de la dissipation de l'énergie, à concevoir ce qui constitue la vie ; mais, je le répète, il ne s'agit simplement que de la vitalité, pas plus. Si vous pensez à la vitalité d'une plante ou d'un zoophyte, la remarque ne vous paraîtra peut-être pas trop étrange. Mais il ne faut pas vous figurer que la dissipation de l'énergie, à laquelle je fais allusion, soit de même espèce que celle d'une montre ou d'un autre mécanisme analogue, fait par l'homme, qui dissipe de l'énergie inférieure d'un ressort tendu. Dans les êtres organisés, les choses sont arrangées de telle manière, que chaque parcelle de l'organisme vivant a sa propre provision d'énergie. Celle-ci se dissipe constamment et se reconstitue d'une manière permanente en puisant à des sources extérieures, grâce à un arrangement harmonieux des actions de ces différentes parties, actions toujours concordantes. Pour donner une image de ma pensée, supposez que le canard de Vaucanson (un automate) soit fait de parties excessivement petites, composées elles-mêmes de particules microscopiques aussi parfaites que tout l'ensemble, et vous aurez quelque chose qui diffère peu du modèle vivant, moins les instincts. Mais il ne faut pas vous imaginer que, si jamais nous pénétrions ce mystère, nous fussions par là capables de produire, autrement que par une fonction vitale, la forme de vie même la plus simple. La belle idée des tourbillons d'atomes de Sir W. Thomson, si elle était exacte, nous permettrait de concevoir complètement la nature de la matière, et d'étudier ses propriétés par des méthodes mathématiques. Toutefois la vraie base de cette hypothèse implique la *nécessité absolue* d'un pouvoir créateur pour former ou pour détruire un atome, même de matière morte. En fait, la question reste posée ainsi : la vie est-elle, oui ou non, un phénomène physique ? — car si dans un sens quelconque, même très restreint, elle était un phénomène physique, elle formerait, dans ces limites, l'objet du naturaliste seul.

Les limites exactes de l'accessible et de l'inaccessible resteront toujours incertaines, (à moins qu'il nous plaise de considérer la physique comme une science tout à fait finie.) Une foule de gens ignorants, dont le seul prestige est le nombre rapidement croissant, suivis de quelques fanatiques ayant déserté les rangs de la science, refusent d'admettre que tous les phénomènes, même ceux qui ont pour siège la matière morte, soient strictement du domaine exclusif de la science physique. D'autre part, il y a un groupe nombreux de gens, n'ayant rien de commun avec les physiciens (quoique en général ils prennent le grand titre de philosophes), qui affirment, que non seulement la vie, mais même la conscience et la volition sont de simples manifestations physiques. Ces erreurs opposées, dans lesquelles un savant de génie ne peut jamais tomber, au moins tant qu'il conserve sa raison, sont, comme il est facile de voir, très étroitement liées entre elles. Toutes les deux doivent être attribuées à cette crédulité qui caractérise à la fois l'ignorance et l'incapacité. Malheureusement il n'y a aucun remède ; le cas est sans espoir ; car une grande ignorance suppose nécessairement de l'incapacité, qu'elle se manifeste dans la folie relativement inoffensive du spiritualiste, ou dans la bêtise pernicieuse du matérialiste.

Tous les deux sont également condamnés et méprisés, et nous les abandonnons à leur propre sort, à l'oubli. Il nous reste encore à répondre à la question suivante : où faut-il tracer la limite entre le domaine de la physique et tout ce qui est en dehors de ce domaine ? Eh bien, voici notre réponse : l'expérience seule peut nous le dire ; car l'expérience est notre seul guide possible. En faisant attention, d'une manière sérieuse et honnête, à ce qu'elle nous enseigne, nous ne nous égarerons jamais. L'homme a été laissé aux ressources de son intelligence pour découvrir non seulement les lois physiques, mais toutes leurs conséquences, aussi loin qu'il est capable de les saisir. Et voici notre réponse à ceux qui dénoncent nos études comme hérétiques : la révélation d'une chose que nous pouvons découvrir nous-mêmes, en étudiant la marche ordinaire de la nature, serait une absurdité.

Il y a une excellente leçon à tirer de l'un des premiers mémoires de sir W. Thomson, qu'il a publié étant encore étudiant à Cambridge ; il y montre que la belle méthode de Fourier, dans son étude de la propagation de la chaleur (dans un solide), nous conduit à des formules de distribution calorifique, qui ont un sens (et qui peuvent être complètement vérifiées par l'expérience), si on les applique à une époque quelconque de l'avenir ; mais si on les étend aux temps passés, elles ne sont compréhensibles que pour une période finie : d'après ces formules il devait y avoir, au-delà de cette période, un état de choses qui n'aurait pu résulter, par l'effet des lois connues, d'aucune distribution antérieure (de la chaleur dans le corps) que l'on puisse concevoir. En ce qui concerne la chaleur, les recherches modernes ont montré, qu'en admettant une certaine distribution primitive de la matière, un tel état de choses aurait pu être produit par l'énergie potentielle de la matière, au moment où celle-ci s'est accumulée. Je cite cet exemple, non pas parce qu'il s'applique à la chaleur, mais simplement comme un appui à ce fait, que toutes les parties de notre science, et en particulier celle qui traite de la dissipation de l'énergie, montrent qu'il a dû exister un état de choses (gouvernant la matière tangible et son énergie) qui n'aurait pu provenir, par le jeu des lois physiques actuelles, d'aucun état antérieur que l'on puisse concevoir.

Je termine notre séance en citant quelques belles paroles prononcées par Stokes dans son adresse à l'Association Britannique réunie à Exeter. « Lorsque nous passons des phénomènes de la vie à ceux de l'esprit, nous entrons dans une région encore complètement mystérieuse.... La science ne pourra probablement nous aider ici que fort peu, l'instrument de recherche étant lui-même l'objet de l'investigation. Elle peut seulement nous éclairer sur la profondeur de notre ignorance, et nous amener à avoir recours à un aide supérieur pour tout ce qui touche de plus près à notre bien-être.

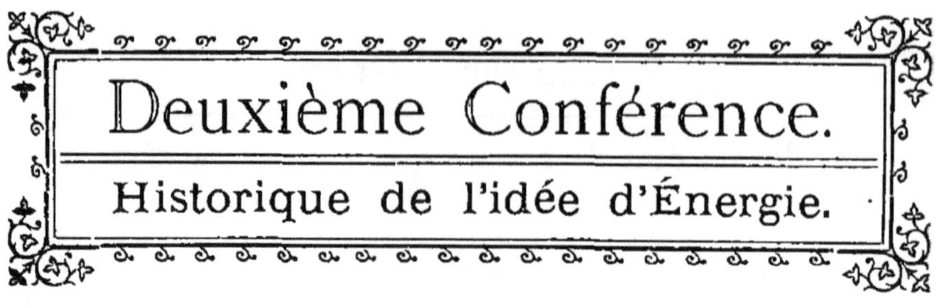

Deuxième Conférence.

Historique de l'idée d'Énergie.

Reconnaissance tardive des services de Newton dans cette question. Deuxième loi. Des forces ne s'annulent pas, mais leurs effets se neutralisent. Composition géométrique des vitesses. Troisième loi ; sa deuxième interprétation donnant l'énoncé complet de la conservation de l'énergie. Composition arithmétique des carrés des vitesses. Résultats expérimentaux de Rumford et de Davy comblant les lacunes de l'énoncé de Newton. Leurs preuves de la non-matérialité de la chaleur. Idées de Davy sur la véritable théorie de la chaleur. Spéculations de Séguin et de Mayer.

Quoique le sujet qui m'a été proposé soit « les progrès de la physique dans ces trente dernières années », nous devons porter notre attention sur certaines découvertes antérieures à cette époque et qui pendant longtemps sont restées inaperçues ou mal comprises : ces découvertes constituent un progrès de l'époque actuelle au même titre que tout autre progrès réalisé au début de ces dernières années. Je ne puis mieux commencer l'exposé de ces découvertes qu'en vous en citant deux qui ont été faites par Newton. Elles furent malheureusement peu appréciées de son vivant ; mais dans le courant des dix ou douze dernières années elles ont été mises en lumière devant le monde savant, et nous ont montré de quelle énorme distance Newton avait devancé son époque et peut-être, sous certains rapports, même la nôtre.

La première de ces découvertes se trouve dans son énoncé simple de la seconde loi du mouvement. Je vais vous le lire, non pas dans ses propres termes, mais en traduisant littéralement : *Un changement de mouvement est proportionnel à la force appliquée et a lieu dans la direction de la ligne droite suivant laquelle la force agit.* Or, pendant un siècle et demi, après Newton, mathématiciens et physiciens faisaient des efforts inouïs pour trouver différentes démonstrations, qu'on nommait démonstrations statiques, pour la loi de la composition des forces — cette loi qui nous donne le moyen de trouver une force unique pouvant produire, lorsqu'elle est appliquée à un corps, exactement le même effet que deux forces appliquées au même point et agissant simultanément. Toutes ces démonstrations étaient plus compliquées les unes que les autres, et finalement mettaient l'étudiant dans une confusion extrême. Nous ne sommes sortis de cette confusion que tout récemment, en revenant à l'énoncé simple, mais très complet, de Newton, que je viens de lire.

Newton nous dit : une variation de mouvement est proportionnelle à la force appliquée. Il ne dit rien sur la manière dont le mouvement a commencé ; il ne dit pas non plus que la force doit agir seule. Il peut y avoir autant de forces agissantes que l'on veut, et chacune d'elles produit une variation de mouvement qui lui est proportionnelle et suivant sa propre direction.

Dans cet énoncé, Newton affirme aussi que, d'après

lui, une force produit toujours un effet. Il n'y a pas de forces se détruisant mutuellement, l'une prévenant, pour ainsi dire, l'action de l'autre. Dans l'idée de Newton une force agit toujours, et l'action qu'elle produit est une variation de mouvement, ou, en langage moderne, une variation de quantité de mouvement (momentum), proportionnelle à elle-même et dans sa propre direction. Si bien que, d'après Newton, la science que l'on appelle Statique, n'existe pas pratiquement. Il n'y a pas de destruction de forces, il y a neutralisation des effets de force, ce qui est tout autre chose. Une force produit toujours son effet, et si deux ou plusieurs forces produisent des effets qui se neutralisent, nous avons un équilibre permanent. Mais ce ne sont pas les forces, ce sont simplement leurs effets qui se détruisent. Nous en avons l'exemple le plus commun dans un poids qui repose sur une table. La pesanteur agit toujours : le poids est constamment tiré vers le bas par l'attraction de la terre, mais en même temps il est constamment tiré vers le haut par la résistance de la table, et les deux efforts produisent à chaque instant une certaine quantité de mouvement : l'un produit une quantité de mouvement dirigée verticalement de haut en bas, l'autre produit la même quantité dirigée de bas en haut. Ces quantités de mouvement correspondent à des vitesses égales et contraires; mais ce sont les vitesses et non pas les forces qui se neutralisent mutuellement.

Pour étendre cette proposition au cas du théorème

fondamental de la Statique, qui nous fournit le moyen de composer deux forces et de trouver leur résultante, nous n'avons qu'à considérer les deux forces comme agissant sur une même particule de matière. Si l'une d'elles agissait seule pendant un certain temps, elle lui communiquerait une vitesse d'une certaine grandeur et dans une certaine direction. Si l'autre agissait seule pendant le même intervalle de temps, elle lui communiquerait de même une vitesse définie en grandeur et direction ; mais une particule ne peut se déplacer à un moment donné que dans une seule direction, et, pour trouver cette direction, nous allons faire le raisonnement suivant : d'après Newton, la présence de la seconde force n'empêche nullement l'action de la première ; nous devons donc chercher, d'abord, quels sont les effets des deux forces prises séparément, puis, quel sera le mouvement actuel de la particule, par suite de la superposition des deux effets. On est ainsi amené à une simple question de composition de vitesses — question purement géométrique (ou, plus exactement, de cinématique) — au lieu d'une question de physique. La seconde loi du mouvement nous permet donc de partir d'une notion purement géométrique de composition de deux vitesses, et de transformer ensuite le résultat en une composition de deux forces.

La loi de la composition mérite qu'on en dise encore quelques mots. La composition de deux vitesses revient évidemment à ceci : lorsqu'un corps, tel qu'une voiture, par exemple, se déplace dans une certaine direction avec une certaine vitesse et qu'un objet, mis dans la voiture, se déplace par rapport à celle-ci dans une certaine autre direction, vous pouvez considérer séparément le mouvement de la voiture et celui de l'objet par rapport à la voiture ; mais si vous prenez les deux mouvements simultanément, le résultat par rapport au sol, supposé fixe, sera un mouvement du corps dans une direction déterminée avec une vitesse bien définie. C'est là une vérité évidente et le résultat géométrique s'obtient de la manière suivante : si nous représentons par la ligne AB l'une des deux vitesses en grandeur et direction, et par la ligne BC la seconde vitesse, cette ligne étant tracée à partir de l'extrémité de la première, la vitesse unique, équivalente aux deux vitesses animant simultanément le corps, se trouvera en traçant une troisième ligne AC formant le troisième côté du triangle ainsi complété. Mais (pour revenir aux forces qui produisent ces mouvements), comme AB multipliée par la masse du corps est la variation de mouvement produite par l'une des forces, et BC multipliée par la même masse représente la variation du mouvement produite par l'autre force, il en résulte que la variation du mouvement provenant de l'action simultanée des deux forces, est le produit de la même masse par le troisième côté AC du triangle. Or, la loi de Newton nous dit que les variations de mouvement sont proportionnelles aux forces qui les produisent ; il s'ensuit donc, que si l'on prend AB comme représentant dans un certain système d'unités l'une des forces et BC l'autre, la force unique, qui est représentée dans le même système par le troisième côté du triangle, produira sur le corps exactement le même effet que celui qui résulterait de l'action simultanée des deux forces prises séparément. Et vous voyez que cette loi de la composition géométrique des forces (que l'on appelle le triangle des forces) est simplement une manière d'exprimer le théorème du parallélogramme des forces, appelé principe fondamental de la statique, manière un peu différente de celle avec laquelle vous êtes familiarisés.

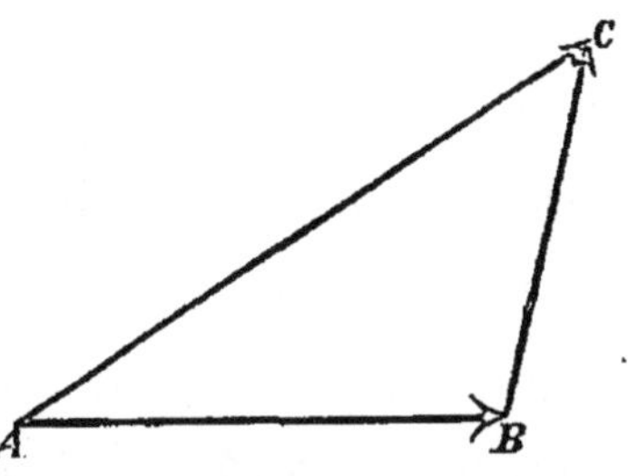

Telle est donc la loi de la composition géométrique des forces ou des vitesses. Nous avons ici deux côtés d'un triangle (pris successivement en suivant la même direction), qui peuvent être considérés dans un certain sens comme équivalents *géométriquement* à un troisième (pris en suivant sur le triangle une direction opposée) ; mais la somme des longueurs de ces deux côtés n'est pas égale à celle du troisième. C'est en cela que consiste la loi de la composition de ce que Sir W. R. Hamilton appelle *vecteurs*, et elle peut évidemment être généralisée par une construction analogue et étendue à la composition d'un nombre quelconque de vitesse ou de forces, ayant des directions quelconques dans l'espace. Je laisse cette question de côté pour un moment sans entrer dans d'autres détails et je vais faire d'abord quelques remarques sur la troisième loi de Newton ; vous verrez alors qu'il y a un sens physique dans ce fait, que nous devons prendre, non pas la somme des deux côtés, mais la somme des carrés des deux côtés ; vous verrez comment la 47e proposition du premier livre d'Euclide se présente comme une partie de l'interprétation de la troisième loi du mouvement de Newton.

Cette troisième loi de Newton, que je viens de mentionner, est énoncée en termes fort simples : « *A toute action correspond toujours une réaction égale et contraire.* » Newton se met à expliquer les mots « *action* » et « *réaction* ». Il nous dit que ces deux mots peuvent être interprétés dans deux sens complètement différents l'un de l'autre, et que néanmoins la même proposition, très simple, de l'égalité de l'action et de la réaction, reste applicable aux deux sens parfaitement distincts.

Le premier genre d'action est celui d'une force ou d'une pression ordinaire ; et la proposition de Newton équivaut alors simplement à ceci : lorsqu'un poids exerce une pression sur une table, celle-ci, qu'elle soit en mouvement ou non, doit réagir sur le poids avec une force égale et contraire. Même en supposant qu'on mette sur la table une masse tellement lourde que la table cède, alors, pendant son mouvement, s'il y a encore pression entre les deux corps, la charge presserait à chaque instant la table avec une force exactement égale et contraire à celle qu'elle subit de la part de la table, et la même chose a lieu quelle que soit la manière dont les deux corps sont liés entre eux. Qu'ils soient simplement en contact ou qu'ils soient liés à l'aide de cordes, de chaînes, de poulies, etc.; en un mot, quelle que soit la liaison établie entre les deux corps, chaque fois qu'il y aura une action quelconque le long de ces liaisons, il y aura toujours une réaction égale et contraire. Et il n'est pas nécessaire qu'il y ait des chaînes visibles ou tangibles. La même loi s'applique à l'attraction due à la pesanteur ainsi qu'aux attractions électriques ou magnétiques.

Jusque-là cette loi n'a en vue qu'une simple question de forces. Or, une chose paraît avoir complètement échappé, non seulement aux contemporains de Newton, mais même à ses successeurs pendant 150 ou 200 ans, et elle n'a été remarquée que tout dernièrement : c'est la seconde explication de Newton, sa seconde manière d'interpréter la troisième loi, qui est complètement différente de la précédente, et nous conduit à une nouvelle série de phénomènes. Cette seconde interprétation est tellement importante, que je dois m'y arrêter longtemps; car elle montre que Newton était en possession d'un grand nombre des principaux faits relatifs à la conservation et à la transformation de l'énergie. Un ou deux de ces faits lui avaient échappé tout simplement parce qu'il ne connaissait pas bien la nature de la chaleur, mais il était bien près d'arriver à une notion exacte même de cet agent. Il nous a donné tout le matériel mathématique nécessaire pour traiter cette question. Cependant il n'a pas saisi un point important, pour cette raison bien simple, que de son temps l'expérience n'avait pas encore été poussée assez loin. Je n'ai pas besoin, bien entendu, de dire qu'il ne savait rien (pas même le nom) de l'électromagnétisme, ni des autres agents physiques découverts récemment et que nous pouvons maintenant classer sous le nom d'énergie ; mais tout ce qui était connu de son temps, excepté la chaleur, la lumière et l'énergie électrique, il a tout embrassé dans son énoncé d'une manière complète. Cet énoncé, chose étrange, n'a été trouvé dans son grand ouvrage que ces dernières années. Le voici traduit mot à mot : « *Si l'action d'un agent est mesurée* (non pas par l'agent lui-même, comme dans le cas d'une force, mais) *par le produit de sa force et de sa vitesse, et si la réaction* (counter-activity) *de la résistance est mesurée de même par les vitesses de ses différentes parties, multipliées par leurs différentes forces, celles-ci pouvant provenir du frottement, de la cohésion, du poids, ou de l'accélération, l'action et la réaction dans toutes les combinaisons des machines seront toujours égales et contraires.* »

Maintenant, pour nous rendre compte de toute la valeur de cet énoncé, examinons ce que signifie le produit de la force par sa vitesse. Newton, comme cela résulte d'une définition précédente, entend par vitesse d'une force, non pas toute la vitesse de son point d'application, mais la composante de cette vitesse dans la direction de la force. Si, par exemple, un cheval tire un bateau le long d'un canal, il ne faut pas multiplier la force de tension de la corde par la vitesse du bateau, parce que celui-ci se déplace dans une certaine direction, pendant que la tension de la corde a généralement une direction différente. Mais voici ce qu'on doit faire : il faut trouver la partie de la vitesse qui tombe dans la direction de l'action de la force. On la trouve, comme on sait, en multipliant la vitesse du bateau par le cosinus de l'angle compris entre sa direction et celle de la force appliquée à l'aide de la corde. De cette manière la proposition de Newton revient à la suivante : si l'on multiplie chaque force par la vitesse (ainsi comprise) de son point d'application, on trouvera que la somme des actions est égale à la somme des réactions.

Un ou deux mots encore à ce sujet, avant de passer en revue les différents cas particuliers compris dans le bel énoncé de Newton. Qu'entend-on de nos jours par ce que Newton appelle ici « l'action de l'agent » ? C'est le produit de la force par la partie de la vitesse évaluée suivant la direction de la force. C'est donc le produit de la force par la vitesse du point d'application dans la direction de la force. Le produit d'une force par l'espace qu'elle fait parcourir à son point d'application dans sa propre direction, est ce que nous appelons actuellement *travail effectué* par la force. Mais, dans l'énoncé de Newton, il ne s'agit pas de la quantité de travail effectué, mais du travail qui s'effectue par unité de temps à un moment donné, et ce qu'il considère est en réalité la grandeur que nous mesurons de nos jours, depuis Watt, avec l'unité appelée cheval-vapeur ; cette unité est le travail d'un agent qui produit 33,000 livres-pieds (4500 kilogrammètres) par minute.

Remarquez surtout qu'en parlant des différentes parties de la résistance, il dit : « Celles-ci pouvant provenir du frottement, de la cohésion, du poids ou de l'accélération. »

Je prendrai d'abord la cohésion et la pesanteur. Vous pouvez voir facilement quelle est la résistance qui peut provenir de la cohésion ; elle représente tout simplement ce que nous appelons actuellement forces moléculaires en général, comme, par exemple, lorsqu'on dépense du travail pour changer la configuration d'un corps, pour le couper, il se développe des forces élastiques qui réagissent. Et Newton veut dire que la quantité de travail dépensé, ou la quantité de travail, rapportée à l'unité de temps, qu'on dépense à un moment donné pour modifier le corps, est égale à la quantité de travail effectuée contre les forces élastiques. Ce travail est ainsi accumulé dans le corps altéré sous forme d'énergie potentielle.

Vient ensuite « le poids » : le travail qu'exécute un agent par unité de temps en soulevant une masse est exactement égal au travail dépensé à vaincre la pesanteur ; et le travail ainsi effectué est encore emmagasiné comme énergie potentielle dans la masse soulevée.

Puis il parle de « l'accélération » ; c'est là le point de beaucoup le plus important de tous ceux que je viens d'examiner. Lorsqu'un corps absorbe du travail sans éprouver aucune résistance, provenant soit du frottement, soit de la pesanteur, soit de la cohésion, il y a toujours, d'après Newton, du travail dépensé à vaincre une résistance provenant de l'accélération ; cela veut dire que l'on dépense du travail lorsqu'on surmonte l'inertie d'un corps en augmentant sa vitesse. Cette proposition est d'une très-grande importance ; et en l'interprétant d'après les définitions préalablement établies par Newton, nous trouvons que la troisième loi veut dire ceci : le travail par unité de temps, produit par l'agent, est égal à l'accroissement de l'énergie cinétique du corps pendant le même intervalle de temps.

Il résulte immédiatement, des termes mêmes dont se sert Newton, que le travail par unité de temps est mesuré à l'aide du produit de la quantité de mouvement par l'accélération évaluée suivant le mouvement. Par conséquent l'énergie cinétique (qui est la moitié du produit de la masse par le carré de sa vitesse) s'accroît d'une quantité égale au travail dépensé. Le travail employé à surmonter la résistance venant de l'accélération est donc ainsi accumulé dans le corps, sous forme d'un accroissement de son énergie cinétique.

Ce résultat est très important ; mais il y a un point encore plus remarquable, dont Newton tient compte : c'est le travail dépensé dans le frottement. Chaque fois que du travail est dépensé pour vaincre le frottement, il y a, comme nous savons maintenant, une production de chaleur, et il a été prouvé par des expériences très soignées, que nous allons bientôt discuter, que la quantité de chaleur produite est précisément proportionnelle à la quantité de travail dépensée à la produire. Si Newton avait eu connaissance de ce fait, il n'aurait éprouvé aucune difficulté, après cet énoncé si clair, à passer au principe moderne général de la conservation de l'énergie. Il en était si près, qu'il ne lui manquait que des expériences dans le genre decelles que je vais maintenant décrire, pour embrasser la question au moins aussi complètement que nous la connaissons actuellement.

Avant d'abandonner ce sujet, je veux dire quelques mots sur le résultat de la composition de deux quantités d'énergie cinétique.

Supposons que nous ayons une vitesse, dirigée vers le sud, de trois pieds par seconde, par exemple, et en même temps une vitesse, dirigée vers l'est, de quatre pieds par seconde, la cinématique nous dit comment il faut construire la vitesse unique — résultante de ces deux-là. Il faut tracer une longueur égale à 3 dans la direction du sud, une autre longueur égale à 4 dirigée vers l'est, et compléter le triangle. Dans un sens géométrique, une vitesse égale à 3 dirigée vers le sud et une vitesse égale à 4 dirigée vers l'est seront équivalentes à une vitesse représentée dans la même échelle par le nombre 5, qu'on obtient en calculant la longueur du troisième côté du triangle. On aura alors une vitesse égale à 5, formant avec le côté dirigé vers le sud un angle dont le sinus est égal à 4/5. De cette manière l'idée géométrique de la composition est parfaitement définie. Voyons maintenant à quel résultat nous sommes amenés, lorsqu'il s'agit de l'énergie cinétique. Quand une masse est sollicitée à se déplacer avec une vitesse égale à 3 vers le sud et en même temps avec une vitesse égale à 4 vers l'est, son énergie cinétique, étant proportionnelle au carré de la vitesse, sera proportionnelle à 9 dans la direction sud et à 16 dans la direction est. Mais la même masse se déplaçant avec la résultante des deux vitesses aura une quantité d'énergie cinétique proportionnelle (dans le même système d'unités) à 25, c'est-à-dire à la somme arithmétique des deux autres. Si bien qu'il y a deux manières de former ces combinaisons avec la masse et la vitesse d'un corps. Lorsqu'il s'agit de la quantité de mouvement, c'est-à-dire si l'on prend le mot *actio* dans la première acception que lui attribue Newton dans sa troisième loi, où *actio* signifie simplement force, il faut faire une composition géométrique, et dans ce sens (géométrique) les deux côtés du triangle sont égaux au troisième. Mais s'il s'agit de composer des énergies cinétiques, qui sont proportionnelles au carré de la vitesse, on est limité aux triangles rectangles et en ajoutant les carrés des deux côtés on obtient le carré du troisième. Suivant la puissance de la vitesse que l'on emploiera, la première ou la seconde, il faudra faire une composition géométrique ou une simple addition arithmétique. Si, comme dans le cas de la quantité de mouvement, il ne s'agit que de la première puissance, la grandeur est caractérisée essentiellement par sa direction ; deux grandeurs ayant des directions définies doivent se composer géométriquement. Mais l'énergie cinétique, dépendant du carré de la vitesse, est une grandeur qui n'a pas de direction, et ses différentes parties, lorsqu'elles sont indépendantes les unes des autres (comme cela a lieu lorsqu'elles dépendent de mouvements perpendiculaires l'un à l'autre), doivent être composées par une simple addition. Ainsi, deux notions, la quantité de mouvement et l'énergie cinétique, complètement distinctes l'une de l'autre, n'ayant entre elles aucun rapport que nous puissions indiquer maintenant, sont toutes les deux comprises dans l'énoncé si simple de la troisième loi de Newton, à condition de donner à deux mots un sens correspondant à ces deux idées.

Newton n'avait réellement besoin que d'une chose : il lui aurait fallu savoir ce que devenait le travail dépensé en frottement. Or, le premier qui ait répondu d'une manière satisfaisante à cette question, est incontestablement le comte Rumford, et je m'en vais vous lire quelques extraits de son mémoire de 1798, qui est une des plus précieuses recherches expérimentales qui aient jamais été publiées. Son mode d'expérimentation est d'une précision admirable, et dans tout son travail, il procède par une méthode qui est tout le contraire de ce mode de raisonnement à priori, si fatal à l'avancement des sciences naturelles. Le comte Rumford dit :

« Il arrive souvent que, dans les affaires et les occupations ordinaires de la vie, des occasions se présentent où l'on peut observer les opérations les plus curieuses de la nature, et souvent des expériences physiques très intéressantes peuvent être faites sans dérangement et sans dépenses, à l'aide des machines installées dans un but purement mécanique, pour les arts et les manufactures.

» J'ai souvent eu l'occasion de faire cette observation ; et je suis persuadé que l'habitude de tenir les yeux ouverts sur tout ce qui se passe dans la marche ordinaire des choses de la vie, a conduit, comme par hasard, ou par le jeu de l'imagination mise en activité par l'observation des phénomènes les plus communs, à des doutes féconds et à des plans ingénieux de recherches et d'améliorations, bien plus souvent que toutes les méditations intenses des philosophes dans des heures spécialement consacrées à l'étude. »

Il dit plus loin :

« En surveillant dernièrement le forage des canons dans les ateliers de l'arsenal militaire de Munich, j'ai été frappé de l'énorme degré de chaleur qu'acquiert en peu de temps un canon de laiton, pendant qu'on le perce, et de la chaleur bien plus intense des éclats métalliques séparés par le perçoir (chaleur beaucoup plus grande que celle de l'eau bouillante, comme je l'ai trouvé par expérience).

Plus j'ai réfléchi sur ces phénomènes, plus il me paraissent curieux et intéressants. Une étude complète de ces phénomènes semble promettre de jeter une lumière nouvelle sur la nature intime de la chaleur et de nous donner le moyen de faire quelques conjectures raisonnables sur l'existence ou à la non-existence d'un fluide calorique, question sur laquelle les opinions des philosophes ont été de tout temps très divisées.

D'où vient la chaleur développée dans l'opération mécanique citée plus haut ?

Est-elle fournie par les particules métalliques séparées par le perçoir de la masse solide du métal ?

S'il en était ainsi, d'après les doctrines modernes sur la chaleur latente et le calorique, la capacité calorifique des parties du métal, ainsi réduites en éclats, doit non seulement être altérée, mais l'altération subie devrait être assez grande pour rendre compte de toute la chaleur produite. »

Il voit bien la difficulté : en effet, il saisit du coup ce qui manque : une vraie méthode pour renverser cette vieille idée, que la chaleur est une matière. L'explication que donnaient de la chaleur produite par le frottement ceux qui croyaient à la matérialité du calorique, était la suivante : Le corps à l'état solide, ou mieux, à l'état de masse compacte, avant la séparation de la limaille, possède, dans cet état, une certaine quantité de chaleur. Il avait une certaine capacité calorifique à une certaine température, en d'autres termes, il exige qu'une quantité donnée de chaleur soit mélangée à ses particules, pour que la température du tout soit telle qu'on l'observe. Mais si l'on pouvait augmenter sa capacité calorifique, il pourrait contenir plus de chaleur sans que sa température augmente. Inversement, si par un moyen quelconque vous pouviez diminuer sa capacité calorifique, il deviendrait évidemment plus chaud, et même, il céderait de la chaleur aux corps ambiants ; de sorte que, d'après les idées des défenseurs de la « théorie calorique » (comme on l'appelait), la production de chaleur par frottement ou abrasion est due à la diminution de la capacité calorifique du corps par suite de sa transformation en poudre. Et, en effet, si sa capacité est ainsi diminuée, il doit se débarrasser d'une certaine partie de la chaleur qu'il possédait auparavant, ou s'il la garde, il doit nécessairement se produire un effet indiquant qu'il possède plus de chaleur que précédemment : sa température doit donc augmenter. Or, ce raisonnement est jusqu'ici parfaitement correct, nous ne pouvons rien dire contre un mode de raisonnement de ce genre. La seule erreur qu'il contient, est l'hypothèse de la matérialité de la chaleur.

Voyez maintenant comment Rumford a bien saisi ce point et quelle expérience il entreprend pour essayer de satisfaire ses doutes à cet égard.

Il dit :

« S'il en était ainsi, alors, d'après les doctrines modernes sur la chaleur et le calorique, *la capacité calorifique* des parties du métal ainsi réduites en éclats devrait non seulement être altérée, mais l'altération devrait être assez grande pour rendre compte de toute la chaleur produite. »

Rumford, autant que sa méthode expérimentale lui permettait de voir, ne trouva aucune différence entre la capacité calorifique du métal divisé et celle du métal pris en masse compacte avant la division ; de sorte que, si son expérience avait été satisfaisante — et Rumford ne voyait pas comment la rendre complètement satisfaisante — on aurait pu déduire cette conclusion, que la chaleur n'est pas une matière. Ce qui manquait réellement à Rumford, c'est un moyen de ramener le métal divisé et le métal non divisé au même état final. Il avait essayé de le réaliser en projetant des quantités égales de morceaux bruts et de limaille, chauffés respectivement à la même température, dans des quantités égales d'eau, prises également à la même température ; il examinait si les variations de températures produites étaient les mêmes dans chaque vase. Mais les corps n'étaient pas dans le même état. Rappelez-vous que la limaille était dans un état de déformation : les particules de limaille auraient pu être fortement comprimées ou avoir subi un changement de forme par la coupe, ou une autre opération mécanique de ce genre ; à cause de ces altérations, elles auraient pu contenir une certaine quantité de chaleur latente qu'on n'aurait pu mettre en évidence par ce moyen. Le seul procédé probant et pratique que nous connaissions, qui réponde complètement à la question, et qui eût écarté l'unique difficulté qu'éprouvait Rumford, est un procédé chimique. Dissolvez vos morceaux et un même poids de limaille dans des quantités égales d'un acide. Il est certain qu'à la fin de l'opération, les substances chimiques produites seront exactement les mêmes, que vous partiez des morceaux compacts ou de la limaille. Vous aurez la même substance chimique ; mais s'il y avait une différence dans les capacités calorifiques, elle apparaîtrait pendant la dissolution. En général, la dissolution d'un métal dans un acide développe de la chaleur ; mais s'il y avait une différence quelconque entre les quantités de chaleur contenues dans les morceaux compacts et dans un poids égal de limaille, c'est-à-dire, s'il y avait la moindre possibilité que la chaleur fût une matière, il s'échapperait nécessairement plus de chaleur dans l'un des vases que dans l'autre. Si Rumford avait tenté cette seule expérience complémentaire, il aurait pu être sûr d'avoir établi la non-matérialité de la chaleur.

Tous les détails des expériences de Rumford sont publiés, et je ne les décrirai pas ici. Je dirai seulement qu'elles montrent une habileté et un soin extraordinaires dans l'expérimentation et des précautions étonnantes pour éviter autant que possible les pertes qui se produisent dans les expériences. Lorsque les pertes sont inévitables et ne peuvent pas être négligées, il montre la même habileté dans les expériences séparées, ayant pour but de permettre à l'opérateur de tenir compte de ces pertes dans les expériences principales ; tout le travail est un modèle de science expérimentale.

Je vous dirai, en passant, que Rumford était arrivé à faire bouillir une grande masse d'eau, quoique la quantité de chaleur perdue fût énorme, malgré toutes ces précautions. Toutefois le travail d'un cheval pendant deux heures et vingt minutes a été trouvé suffisant pour mettre en ébullition 19 livres d'eau, sans compter l'échauffement d'une grande masse de fonte qui formait le canon, et de toutes les machines mises en jeu dans l'opération.

« Il serait, dit-il, difficile de décrire la surprise et l'étonnement exprimés par les témoins oculaires en voyant une si grande quantité d'eau froide s'échauffer et entrer en ébullition sans feu.

Bien qu'il n'y eût, en réalité, dans ce fait rien de surprenant, j'avoue loyalement avoir éprouvé un certain plaisir enfantin que, si j'avais ambitionné la réputation de philosophe grave, j'aurais certainement dû cacher plutôt que de le laisser voir. »

Voici son raisonnement final :

« En discutant cette question, nous ne devons pas perdre de vue cette circonstance très remarquable, que la source de la chaleur développée dans notre expérience par le frottement semble évidemment être inépuisable. Il est à peine nécessaire d'ajouter qu'une chose que tout corps *isolé*, ou un système de corps, peut continuer à fournir sans limite, ne saurait être une substance matérielle. Il me paraît extrêmement difficile, si ce n'est tout-à-fait impossible, de me figurer quelque chose qui peut être developpé et communiqué comme la chaleur, et qui ne serait pas du mouvement. Je suis très loin de prétendre savoir comment et par quels moyens ou artifices mécaniques ce genre particulier de mouvement, qui constituerait la chaleur, est provoqué, maintenu et propagé. »

Plus loin il cherche à excuser les détails minutieux donnés dans son mémoire.

Faisons maintenant un calcul avec les données contenues dans le mémoire de Rumford : en supposant que la chaleur soit une forme d'énergie et en prenant

30.000 pieds-livres (4138 kgm.) par minute comme représentant le travail d'un cheval-vapeur (ce qui est à peu près la valeur ordinaire), l'équivalent mécanique de la chaleur serait 940 pieds-livres (517,5 kilogrammètres). Cela veut dire que si vous dépensez la quantité de travail représentée par 940 pieds-livres en remuant une seule livre d'eau, celle-ci sera à la fin de l'opération de un degré Fahrenheit (0°,56*C*) plus chaude qu'au commencement (Rumford se sert tout le temps de l'échelle Fahrenheit). Nous pouvons exprimer ce résultat sous une autre forme, qui est peut-être encore plus frappante. Si vous avez une cascade ou une chute d'eau de 940 pieds de hauteur, la pesanteur aura effectué, pendant la chute de l'eau jusqu'en bas de la cascade, 940 pieds-livres de travail par chaque livre d'eau. Donc, si toute l'énergie que possède cette eau au moment où elle arrive au bas de la chute était employée uniquement à l'échauffer, elle serait en bas de la chute plus chaude de un degré Fahrenheit.

Je rappellerai encore que les expériences de Rumford ont été publiées en 1798 ; elles sont donc très anciennes en date ; mais, de même que les expériences dont je vais parler maintenant, elles ont été à peine remarquées jusque vers 1840, si ce n'est pour être tournées en dérision.

L'année qui suivit la publication des expériences de Rumford vit paraître celles de Davy. Je n'ai pas besoin d'entrer dans les détails de ces expériences : elles ne constituent nullement un travail expérimental aussi soigné que celui de Rumford. Néanmoins, Davy a donné une preuve concluante (quoiqu'il fût le seul de son époque qui l'eût comprise) de la non-matérialité de la chaleur. Voici ses preuves : il montre d'abord qu'en frottant deux morceaux de glace, on peut les faire fondre, rien qu'en dépensant du travail pour frotter les deux morceaux. Dans l'hypothèse de la matérialité de la chaleur, le raisonnement que ferait un défenseur de la théorie calorique est celui-ci : deux morceaux de glace frottés ensemble ne peuvent pas se fondre l'un aux dépens de l'autre, car pour les fondre il faut leur fournir de la chaleur. Mais la chaleur ne peut provenir que des morceaux frottés ; elle ne vient pas des corps environnants, donc ils ne peuvent pas fondre, puisque, pour produire la fusion de l'un par l'autre, ils devraient dégager une partie de leur chaleur. Or, Davy avait montré que le simple frottement des deux morceaux, l'un contre l'autre, était suffisant pour produire la fusion de la glace à la surface de chaque morceau. Il y avait cependant une objection : la chaleur aurait pu provenir de quelque source extérieure, aussi fit-il l'expérience suivante : il fit frotter l'une contre l'autre deux pièces métalliques, ces pièces étaient entourées de glaces et le tout se trouvait dans le récipient d'une machine pneumatique. Il évitait ainsi, autant que possible, la chaleur rayonnante et celle qui pouvait se transmettre par convection, par les courants d'air, et il mettait l'expérience à l'abri de toute cause perturbatrice. Il trouva que, même dans ces conditions, les deux pièces de métal frottées l'une contre l'autre produisaient toujours de la chaleur et faisaient fondre la glace, et pourtant toutes les précautions avaient été prises pour prévenir l'accès de chaleur du dehors. Il est curieux de voir que le raisonnement que Davy applique à la question n'est pas du tout concluant, tandis que ses expériences la résolvent complètement. Il dit :

« Il est évident, par cette expérience, que la glace est convertie en eau par le frottement, et d'après l'hypothèse sa capacité a diminué ; mais c'est un fait bien connu que la capacité calorifique de l'eau est beaucoup plus grande que celle de la glace ; et la glace exige qu'on lui ajoute une certaine quantité de chaleur pour la convertir en eau. Par conséquent le frottement ne diminue pas la capacité calorifique des corps. »

Et ici il s'arrête (1). Seulement quelques années plus tard il tire de ces expériences la conclusion suivante :

« Donc la chaleur ou cette puissance qui prévient le contact réel entre les particules des corps, et qui est la cause de notre propre sensation du chaud et du froid, peut être considérée comme un mouvement particulier : c'est probablement une vibration des particules des corps tendant à les séparer. Elle pourrait être appelée avec rai-

(1) Sir W. Thomson a fait sur ce passage la remarque suivante (*Encyc. Brit.*, dernière édition, art. Heat) : Supprimez dans ce passage depuis les mots « d'après cette hypothèse » jusqu'aux mots « plus grandes que celle de la glace » inclusivement, supprimez encore la conclusion défectueuse et faible contenue dans la dernière phrase ; le reste forme une démonstration acceptable de sa proposition relative à la non-matérialité de la chaleur.

son mouvement répulsif. Les corps peuvent affecter des états différents, et ces états dépendent des forces répulsives ou attractives qui s'exercent entre les particules, ou en d'autres termes des différentes valeurs des répulsions et des attractions. »

Nous voyons donc de suite comment il explique, à l'aide des expériences précédentes, la différence entre un solide et un liquide, et de même la différence entre un liquide et un gaz. En général, la fusion d'un solide se produit lorsqu'on lui communique de la chaleur. En d'autres termes, d'après l'explication de Davy, les particules du solide sont mises en vibration, et, de cette manière, par leurs chocs répétés les unes contre les autres, elles se repoussent mutuellement. Et, comme il le dit, vous pouvez dans ce mouvement répulsif voir une analogie complète avec ce qu'on appelle force centrifuge dans une orbite planétaire ; en effet, plus le mouvement d'une particule autour de l'autre sera rapide, plus son orbite sera grande. Les particules d'un solide sont ainsi repoussées l'une de l'autre par cette action répulsive de la chaleur, et, par cette même action, le corps devient liquide. Si l'on augmente davantage la quantité de chaleur communiquée au corps, on finit par surmonter complètement la cohésion et on a alors des particules libres, comme dans un gaz, qui se répandent partout et se choquent les unes contre les autres; elle ne viennent que pendant des intervalles de temps très courts assez près l'une de l'autre pour mettre de nouveau en jeu, pendant leurs gyrations,leurs forces moléculaires. Si ces forces mises en jeu pendant un instant rendaient deux molécules adhérentes, elles seraient vite séparées par le choc d'une troisième molécule.

Je vais citer encore un passage d'un mémoire de Davy qui contient une autre proposition exprimée par lui en 1812, et alors j'aurai fini l'exposé de la part apportée par Davy dans cette question, depuis 1799.

En effet, en 1812, il écrivait :

« La cause immédiate du phénomène de la chaleur est un mouvement, et les lois de sa transmission sont exactement les mêmes que celles de la transmission du mouvement. »

Nous voyons maintenant quel immense progrès la science avait fait au temps de Davy. Lorsque Davy était en mesure de formuler cette proposition, il aurait suffi qu'un autre l'ajoutât à la deuxième interprétation de la troisième loi de Newton pour être en possession de toute la théorie dynamique de la chaleur. Cependant, ce travail de Davy, publié en 1812, comme ceux de Rumford, qui l'ont précédé, est resté presque inaperçu. On le regardait peut-être comme une hypothèse ingénieuse, mais de trop peu de valeur pour attirer sérieusement l'attention des philosophes ; et ce n'est qu'au temps de Joule, vers 1840, que ces travaux ont été repris et que justice leur a été rendue. Remarquez comme ces grands esprits fondaient leurs travaux directement sur l'expérience. Il n'y a pas d'hypothèses à priori ou quelque chose d'analogue, ni dans l'œuvre de Rumford, ni dans celle de Davy. Ils se sont appliqués à découvrir la nature de la chaleur par l'expérience. Ils n'ont pas fait de spéculations à ce sujet. Mais avant eux et après eux, il y eut nombre de philosophes qui, sans tenter une seule expérience, ou essayant tout au plus des expériences très grossières, s'efforçaient de découvrir la nature de la chaleur par des raisonnements faits à priori. La liste de ces philosophes est très longue et elle contient des noms, comme ceux de Locke et de Bacon, qui se sont distingués dans des branches de la science très variées, et même jusqu'à un certain point dans la physique. Ces deux philosophes affirment que la chaleur consiste dans une agitation rapide des particules de matière; mais ces hypothèses n'étaient fondées sur aucune expérience, et elles ne peuvent être considérées que comme des conjectures heureuses. De notre temps, quand un philosophe avance des idées de ce genre sans les appuyer par aucune expérience, nous le rangeons simplement dans la même catégorie que Locke et Bacon, nous nous refusons, et pour cause, à accorder aucun crédit à ses hypothèses.

Il y avait toutefois un homme de cette atégoriec, M. Séguin, un neveu du célèbre Montgolfier, qui a mérité une place à part. Séguin dit lui-même tenir de son oncle l'idée de la non-matérialité de la chaleur : celle-ci correspondrait d'après lui à une certaine espèce d'énergie. Il dit avoir fait des expériences diverses avec une machine à vapeur, pour voir s'il arrive au condenseur la même quantité de chaleur qui est sortie de la chaudière. Malheureusement ses expériences n'ont pas réussi. Il était certainement dans la vraie voie et, s'il avait réussi, on l'aurait considéré incontestablement comme ayant démontré d'une manière tout-à-fait indépendante la non-matérialité de la chaleur. En effet, il est évident que si l'on peut montrer par une expérience quelconque que de la chaleur a été détruite ou qu'il en a été créé, l'une ou l'autre de ces deux preuves rend tout-à-fait impossible l'idée de la matérialité. Si Séguin avait pu prouver par ses mesures qu'il arrive au condenseur moins de chaleur qu'il n'en est sorti de la chaudière, il aurait complètement résolu la question. En partant du même point de vue, M. Hirn, en France, a fait des expériences avec beaucoup de soin : il a mesuré dans une machine à vapeur ordinaire en marche, par des méthodes expérimentales très soignées, la quantité de chaleur qui sort de la chaudière et celle qui arrive au condenseur. Il a évalué de même la quantité de chaleur qui se perd par rayonnement, par conductibilité et par les courants d'air agissant sur toutes les parties de la machine, et il a trouvé, comme résultat final, que lorsque la machine travaille, par exemple lorsqu'elle fait tourner un certain nombre de broches à filer, il y a une plus grande différence entre la quantité de chaleur sortant de la chaudière et celle qui arrive au condenseur, que lorsque la vapeur passe simplement à travers la machine sans produire aucun travail. Dans le dernier cas il arrive au condenseur une plus grande quantité de chaleur ; dans le premier cas il en arrivait une quantité moindre : en effet, dans ce cas une partie était détruite, ou, plus correctement, était convertie en travail que la machine avait produit pendant l'opération.

Ce que je veux surtout vous faire remarquer, c'est que Séguin, tout en suivant une méthode expérimentable correcte, fondait son raisonnement sur une base complètement erronée. Voici le raisonnement qu'il fait : Lorsqu'un corps se détend et devient plus froid, il perd de la chaleur, et la chaleur ainsi perdue est nécessairement équivalente au travail produit pendant la détente.

Parmi les autres philosophes-spéculateurs qui se sont occupés de la théorie dynamique de la chaleur, il faut citer Mayer. Il a publié ses idées en 1842, trois ans après Séguin, et dans beaucoup d'endroits il passe pour être le vrai fondateur de toute la science de l'énergie, y compris la thermo-dynamique. Les spéculations de Mayer avaient précisément pour base un point de départ contraire à celui de Séguin. Ce dernier disait que la quantité de travail produite par la dilatation du corps échauffé était équivalente à la chaleur qu'il perd. Mayer dit que la quantité de chaleur produite par la compression d'un gaz ou d'un autre corps est équivalente au travail dépensé pour produire la compression. Vous voyez immédiatement que ces deux propositions sont exactement les mêmes, seulement l'une est l'inverse de l'autre. Si l'une est vraie, l'autre l'est nécessairement aussi, mais toutes les deux sont des hypothèses faites à priori, et nous savons maintenant par expérience qu'aucune d'elles n'est vraie dans les circonstances réalisables, quoiqu'elles le soient approximativement dans certains cas. Ces deux spéculateurs, Séguin et Mayer, ont tous les deux essayé, au moyen d'un calcul, d'appliquer leurs hypothèses aux propriétés d'une substance particulière: Séguin avait fait ses applications à la vapeur d'eau, qui lui était plus connue ; Mayer avait appliqué son calcul à l'air, pour lequel il avait certaines données physiques. Les calculs de Séguin s'écartaientbeaucoup de la vérité dans un sens, ceux de Mayer s'en écartent dans un autre sens ; mais la substance que Mayer avait choisie, l'air, était susceptible, comme Joule l'a prouvé depuis, de donner un résultat presque exact. Par une chance heureuse, malgré ses spéculations *à priori*, et tout en partant d'un principe faux, Mayer tomba sur une méthode qui s'est trouvée être bonne, et c'est Joule qui l'a démontré plus tard en l'employant pour déterminer l'équivalent mécanique de la chaleur. Cependant, il ne faudrait pas en faire un trop grand honneur à Mayer, car, quoiqu'il ait formulé sa loi sous une forme générale, l'air était la seule substance pour laquelle il avait des données, et c'est uniquement pour cette raison qu'il l'avait choisi. Mais même pour cette substance les données étaient si mauvaises, que son résultat était aussi loin de la vérité que celui de Séguin. Seulement Séguin a cet honneur, auquel Mayer n'a aucun droit, d'avoir tenté de mesurer la quantité de chaleur qui parvient au condenseur, afin de voir si elle est moindre que la quantité sortie de la chaudière ; il voyait bien que si la chaleur n'est pas une matière, une partie devait disparaître par suite du travail de la machine.

Mon temps est épuisé ; il me reste seulement à vous dire que dans ma prochaine leçon je reprendrai l'historique de la théorie de l'énergie, telle qu'elle a été développée par les méthodes exactes de Colding et de Joule. Ces méthodes ont été publiées dans des mémoires vers 1843. Je tâcherai, autant que la place nous le permettra, de compléter les explications par des expériences.

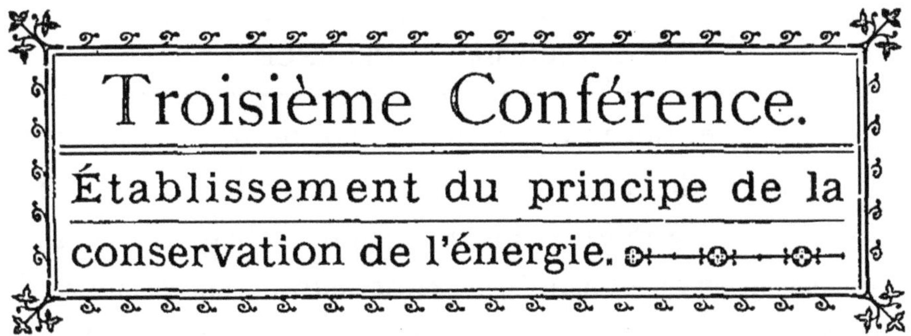

Troisième Conférence.

Établissement du principe de la conservation de l'énergie.

Suite de l'examen des droits de Mayer. — Opinions de Colding et de Joule sur le premier mémoire de Mayer. — Réclamation de priorité formulée par Mohr. — Expériences de Colding. — Expériences de Joule. — Valeur numérique de l'équivalent mécanique de la chaleur. — Argument de Helmholtz tiré de l'impossibilité du mouvement perpétuel. — Transformation et dissipation de l'énergie. — Expériences de démonstration.

Dans ma dernière conférence, je vous ai montré dans quel état Newton avait laissé la question de la conservation de l'énergie, je vous ai indiqué l'énorme pas qu'il avait fait et la grande difficulté qui restait à surmonter dans cette voie. Je vous ai montré ensuite comment, dans cette branche spéciale de la physique appelée théorie dynamique de la chaleur, Rumford et Davy avaient, tout-à-fait vers la fin du siècle dernier, établi presque complètement que la chaleur n'est pas une matière. Il manquait bien peu de chose au travail de chacun de ces deux savants. A Rumford il manquait une petite expérience chimique pour compléter ses grandes expériences physiques. Davy avait besoin d'un raisonnement un peu plus concluant que celui qu'il avait donné. Si l'un ou l'autre avait été imaginé avant la fin du siècle dernier, c'est à ce siècle-là que serait entièrement revenu l'honneur de la théorie dynamique de la chaleur. Mais c'est seulement en 1812 que Davy a appliqué un raisonnement rigoureux à ses expériences et en a tiré des conclusions justes : il établit alors d'une autre manière cette proposition importante, que la chaleur est un mouvement et que les lois de sa transmission étaient exactement les mêmes que celles de la transmission du mouvement. Je vous ai montré ensuite que Séguin, tout en partant d'une idée fausse conçue *à priori*, se rendait parfaitement compte de ce qu'il fallait faire pour résoudre la question, et que dans ce but il avait même tenté une expérience, irréprochable en elle-même mais qui n'a pas réussi ; nous sommes alors arrivés à Mayer, qui a été considéré, surtout dans ces derniers temps, comme le véritable fondateur, non seulement de la théorie dynamique de la chaleur, mais de tout ce qui touche au principe de la conservation de l'énergie. Je tiens à faire une remarque au sujet des droits de Mayer, cette question étant d'une grande importance, quoique le temps ne soit pas encore suffisamment éloigné pour que nous puissions juger froidement et sans passion les droits respectifs de ces auteurs ; néanmoins je ferai observer qu'une grande partie des honneurs qu'on a prodigués à Mayer, sont tout-à-fait immérités, et que l'on n'a pas encore assez rendu justice à Joule pour tout ce qu'il a fait. D'abord l'idée de Mayer conçue *à priori* était défectueuse. A ce sujet sir W. Thomson et moi nous avons fait en 1862 les remarques suivantes, dont personne n'a osé attaquer directement le moindre détail :

« La méthode de Mayer repose sur cette hypothèse, que la diminution du volume d'un corps produit un dégagement de chaleur ; elle implique une analogie fausse entre la chute naturelle d'un corps sur le sol et la condensation produite dans un fluide élastique à l'aide d'une force extérieure. L'hypothèse sur laquelle il s'appuie ainsi, pour évaluer le rapport numérique défini entre les phénomènes en question, est celle-ci : la chaleur dégagée dans la compression d'un fluide élastique, maintenu froid, est simplement l'équivalent dynamique du travail dépensé pendant la compression. Les recherches expérimentales des physiciens postérieurs ont montré que cette hypothèse est complètement fausse pour la généralité des fluides, en particulier pour les liquides, et qu'elle est, au plus, *approximativement* vraie pour l'air. Or, Mayer applique son hypothèse à tous les corps de la nature sans exception, aux gaz, aux liquides et aux solides, et il n'indique aucune raison qui l'ait déterminé à choisir l'air plutôt qu'un autre corps, pour faire une application numérique de son principe. Tout ce qu'on peut dire, c'est qu'à l'époque où il écrivait, l'air était le seul corps pour lequel les données numériques nécessaires étaient connues avec une exactitude suffisamment approchée. »

En dehors des deux erreurs complètes qu'on vient de citer, je veux appeler l'attention sur certains principes absurdes, admis à priori, qui lui servent de points d'appui dans son raisonnement. Il y en a deux, dont l'un, *causa æquat affectum*, que je n'ai jamais pu comprendre, et l'autre, *ex nihilo nihil fit*. Ces principes pourraient servir de base à des discussions scolastiques, telles que la question, célèbre au moyen âge, du nombre d'anges qui pourraient danser simultanément sur la pointe d'une aiguille, mais ils sont tout-à-fait déplacés dans un raisonnement physique. En outre, le travail de Mayer est tout-à-fait dépourvu d'expériences. Il a suggéré, il est vrai, l'idée d'une expérience sur une grande échelle, et il dit l'avoir tentée lui-même en secouant un petit flacon plein d'eau pendant un temps considérable. Il trouva qu'à la fin de l'opération l'eau était devenue plus chaude qu'au début de l'expérience. Je dirai, en passant, que l'idée de cette expérience est tout simplement due à Rumford : en effet, il dit dans son mémoire que l'agitation de l'eau serait une bonne méthode expérimentale. Je crois même que beaucoup d'entre vous comprennent facilement qu'avec le procédé de Mayer on produirait probablement un échauffement de l'eau même sans aucune agitation, à moins qu'on ne prenne des précautions spéciales pour prévenir toute transmission de chaleur des mains au flacon ; si bien que, pour prouver que cette chaleur a été produite par l'agitation de l'eau, il aurait fallu, dans tous les cas, indiquer les précautions que Mayer avait prises pour éviter l'échauffement de l'eau par les mains (1). J'ajouterai encore que Mayer n'admettait même pas que la chaleur fût un mouvement, et ce fait peut donner une idée fort curieuse de ceux qui, tout en parlant constamment de la chaleur comme d'un mode de mouvement, attribuent à Mayer le titre de « fondateur de la théorie moderne de la chaleur ». Une telle contradiction implique nécessairement

(1) Encore cette expérience, faite avec des précautions de ce genre, a-t-elle été décrite bien avant Mayer par Reade dans Nicholson's Journal, 1808, p. 113.

(pour nous servir des termes expressifs et énergiques de l'un des plus célèbres vulgarisateurs de la science) « une querelle résolue avec les faits ». Dans son premier mémoire Mayer s'exprime ainsi (et, que je sache, il n'a jamais rétracté plus tard ce que je vais citer, en traduisant librement) : « Nous pourrions plutôt affirmer au contraire, qu'un mouvement simple ou vibratoire, comme la lumière, ou la chaleur rayonnante, devrait, pour devenir de la chaleur, cesser d'être du mouvement. » Il dit, textuellement, *qu'il devrait cesser d'être du mouvement pour devenir de la chaleur !* Puis il affirme un autre fait très curieux, dont vous verrez l'inexactitude absolue dans une des conférences suivantes. Il dit d'un air railleur : « Que quelqu'un essaie donc de faire fondre la glace par la pression ! Quelle énormité ! » Je vous montrerai que la fusion de la glace par la pression avait été prédite d'avance, comme conséquence de la deuxième loi de la thermo-dynamique, et que cette prévision théorique n'a été vérifiée par l'expérience que bien plus tard.

Il est donc temps, dis-je, que Mayer, même avec les moyens imparfaits que nous avons pour pouvoir porter un jugement absolument impartial, soit apprécié à sa juste valeur. On l'a comblé de gloire d'une manière exagérée et il fut malheureux ; de là, tout naturellement, de grands cris contre ceux qui prennent la tâche nécessaire d'indiquer ses fautes réelles. Mais dans l'histoire scientifique il n'y a pas d'*argumentum ad misericordiam.* Si, dans cette question, quelqu'un mérite d'être blâmé, ce sont assurément ceux qui lui ont prodigué des honneurs pour des découvertes qu'il n'a pas faites. Mais le vrai mérite de Mayer, qui est extrêmement grand, et qui faillit être oublié et ignoré à cause des prétentions injustifiées qu'on avait élevées en sa faveur, c'est d'avoir donné une théorie vraie à l'aide d'un raisonnement faux, d'un raisonnement qui reposait sur des prémisses inexactes et quelquefois inadmissibles, et d'avoir développé cette théorie dans ses applications à l'aide de raisonnements rigoureux. Le langage aurait perdu tout sens, si cela pouvait être appelé droit à l'honneur d'avoir établi la théorie elle-même. Le fait est que Faraday en 1839, Liebig en 1841, et, vers la même époque, d'autres grands philosophes, morts récemment, s'étaient approchés très près de la vraie théorie, par des méthodes plus rationnelles que celles de Mayer ou de Séguin, et, chose curieuse, on ne leur en a jamais su le moindre gré (1).

Les vrais auteurs modernes du principe de la conservation de l'énergie et qui en ont donné une démonstration expérimentale, sont incontestablement Colding de Copenhague et Joule de Manchester. Il est intéressant de constater l'opinion de ces deux hommes sur Mayer et sur quelques autres qui les avaient précédés dans cet ordre d'idées. Je vous ferai tout-à-l'heure une ou deux citations à ce sujet.

(1) Voyez Phil. May. 1864, II, p. 474; 1855, I, p. 217; 1876, II, p. 110.

En attendant, je puis dire, en ce qui concerne Colding, qu'il avait commencé par être métaphysicien (1), mais il a vu immédiatement que la métaphysique était une base sur laquelle il était impossible de fonder une étude des faits physiques. Sa métaphysique l'amena à certaines idées, mais, avant d'en publier une, il se mit à travailler laborieusement afin de les soumettre à l'épreuve des faits. Joule, au contraire, semble avoir commencé par faire des expériences dans le but de déterminer certaines circonstances physiques. Il ne nous dit pas s'il avait quelqu'idée métaphysique sur leurs relations ou non. Il se mit à faire des expériences, et ce n'est qu'après de longues séries d'expériences variées, complètement finies, et après avoir obtenu des résultats importants, qu'il appliqua un raisonnement métaphysique aux rapports qu'il venait de découvrir. Il ne s'est pas servi de métaphysique pour découvrir quoi que ce soit : il ne s'en est servi que pour discuter les découvertes déjà faites et pour les coordonner à d'autres questions. Le travail de Colding n'est certainement pas aussi étendu que celui de Joule. Il a été fait presque en même temps que les recherches de ce dernier savant, mais il n'est ni aussi précis, ni aussi étendu. Toutefois, quoique Colding puisse à peine être comparé à Joule, il occupe une place très élevée en comparaison de tous les autres qui, à la même époque, faisaient des expériences sur la conservation de l'énergie. Je vais d'abord vous

(1) Voyez sa lettre très intéressante dans Phil. May., Jan. 1864.

lire un ou deux extraits de Colding, et vous verrez quelle précision de vues l'avait guidé dans son travail. Il dit :

« C'était conformément à l'idée exprimée dans un mémoire que j'avais présenté, il y a vingt ans, ici, à Copenhague, à la Société Royale des Sciences ; dans ce mémoire j'expliquais que la force était impérissable et immortelle ; par suite, lorsqu'une force semble disparaître en produisant un certain travail mécanique, chimique ou autre, elle a simplement subi une transformation et elle reparaît sous une nouvelle forme, mais sa quantité, en tant que force active, reste la même.

« En 1843, cette idée, qui renferme complètement le nouveau principe de la perpétuité de l'énergie, a été exprimée par moi très nettement ; l'idée en elle-même était déjà claire dans mon esprit depuis quatre ans, elle m'apparut alors tout d'un coup pendant que j'étudiais : *le célèbre et fécond énoncé de d'Alembert du principe des forces actives et perdues* ; mais, bien entendu, le nouveau principe ne me semblait pas au commencement aussi clair qu'à l'époque où j'écrivais mon mémoire de 1843. »

Je ferai observer ici, entre parenthèses, que Colding parle du célèbre et fécond énoncé d'un certain principe de d'Alembert. Celui-ci n'est autre chose qu'un cas particulier de ce principe de Newton que je vous ai donné dans une précédente conférence (1) ; vous voyez ainsi qu'en réalité l'idée en question avait été suggérée à Colding par le travail de Newton :

« L'ordre d'idées qui m'avait amené à ce principe me fit ressortir très clairement, dès le premier moment, son importance future, dans le cas où il serait vrai. Mais j'étais très inquiet de ne pas pouvoir le publier comme une nouvelle loi de la nature, avant d'être en mesure de donner une preuve expérimentale de son exactitude ; et les hommes de science auxquels j'avais expliqué mon idée, en particulier

(1) Voyez Naturel Philosophie de Thomson et Tait, § 264.

notre célèbre professeur Œrsted, étaient d'accord avec moi et me rassurèrent à cet égard. C'est pour cette raison que je me suis départi de ma première intention d'exposer le principe dans un congrès de Naturalistes tenu à Copenhague en 1840.

« Dans mon premier mémoire de 1843 intitulé " Thèses relatives à la force " (Nogle Sœtninger om Krœfterne), j'ai présenté à Société Royale (de Copenhague) mon idée, comme devant être très probablement reconnue plus tard pour une loi générale de la nature, et, après avoir dit que la seule solution vraie de la question ne peut être obtenue que par une étude expérimentale de la nature même, j'appelle l'attention sur plusieurs expériences faites avant moi ; parmi celles-ci la première était la célèbre découverte de Dulong relativement à la chaleur dégagée et absorbée pendant la compression ou la dilatation d'un grand nombre de différents airs ou gaz, et j'ai montré alors comment ces expériences prouvaient la justesse du principe en question pour des corps de ce genre. »

Plus loin il dit, qu'après avoir établi la proposition pour des fluides élastiques, il se mit à faire des expériences, en commun avec Œrsted, sur la compression de l'eau, puis il passa à des expériences sur des solides, tout-à-fait comme Joule le faisait à la même époque. Il dit aussi :

« J'ai terminé la discussion en montrant que si mon principe était en défaut, il serait possible de découvrir le mouvement perpétuel. »

Ceci montre, qu'au moins jusqu'à un certain point, il avait anticipé sur Helmholtz, dont je vais maintenant faire connaître les grands services rendus à cette branche de la science.

Les remarques qu'il fait sur Mayer méritent d'être citées. Il désire que son premier mémoire soit réimprimé dans un journal anglais, afin qu'il puisse être comparé avec celui de Mayer, qui avait été très apprécié en Angleterre à l'époque où il écrivait sa lettre.

« J'ai à peine besoin de dire qu'une telle comparaison serait d'un grand intérêt pour moi, car je pense qu'il convaincrait vos lecteurs de ce fait, que Mayer avait écrit ses remarques en 1842, avant qu'il fût en état de les appuyer par une seule expérience ou par quoi que ce soit qui pût servir de preuve à leur exactitude, tandis que moi, je pensais qu'il était de mon devoir de démontrer, avant d'écrire, que mes hypothèses sur les forces étaient confirmées par la nature elle-même, comme étant une loi de la nature. »

Il dit encore, en parlant de sa propre évaluation expérimentale de l'équivalent dynamique de la chaleur, que la valeur trouvée est « très près de celle que Mayer avait admise en 1842, sans démontrer qu'elle était exacte. » Les remarques de Joule au sujet de Séguin et de Mayer méritent aussi d'être citées (1) :

« Séguin fournit des données d'où l'équivalent mécanique de la chaleur aurait pu être déduit sans difficulté à l'aide de son hypothèse ; le résultat aurait été trop grand, l'évaluation étant basée sur la connaissance de l'effet thermique de la compression de l'eau. Ni dans les écrits de Séguin de 1839, ni dans le mémoire de Mayer de 1842, il n'y a de preuves des hypothèses émises, comme si l'on pouvait les faire admettre dans la science sans autres recherches. Je crois qu'avant 1845, Mayer ne parle pas de l'expérience attribuée à Gay-Lussac. Mayer paraît s'être hâté de publier ses idées dans le seul but de s'en assurer la priorité. Il n'a pas attendu le moment où il aurait pu les appuyer par des faits. Mon but, au contraire, était de ne publier que des théories établies par des expériences choisies de manière à les recommander au public scientifique, car j'étais con-

(1) Phil. Mag. 1864, II, p. 151. V. aussi 1862, II, p. 121.

vaincu de la justesse de la remarque de sir J. Herschell, que « les généralisations hâtives sont le fléau de la science. »

Il serait facile d'ajouter aux passages cités quelques autres extraits encore plus instructifs.

En 1876 mon attention fut appelée sur un mémoire de Mohr (Journal fuer Pharmacie), dont j'ai publié une traduction dans le *Phil. Mag.* du mois d'août de la même année. Le mémoire date de 1837 — cinq ans avant le travail de Mayer — et il contient tout ce que celui de Mayer offre d'exact, mais présenté sous une forme bien supérieure. Malgré certaines erreurs, l'auteur a su éviter les plus grands écarts de Mayer, en particulier l'analogie fausse qu'il invoque et son raisonnement *à priori*. La vraie méthode (pour la détermination de l'équivalent mécanique à l'aide des deux chaleurs spécifiques de l'air), qui a valu à Mayer tant de louanges extravagantes — quoiqu'en principe, elle soit fausse, mais non en pratique — est exposée, dans le mémoire en question, d'une manière bien plus claire que ne l'a fait Mayer cinq ans plus tard.

En décembre 1877, j'ai reçu par la poste un ouvrage intitulé « Algemeine Theorie der Bewegung und Kraft, etc. » (Théorie générale du mouvement et de l'énergie etc.), avec la dédicace écrite d'une main ferme « Hommage de l'auteur, Dr Mohr. » Ce travail est décisif contre le premier mémoire de Mayer. Il ne lui laisse abso ument rien sauf les erreurs. Dans ce volume se trouve réimprimé un article de Mohr, publié en 1837 dans la « Baumgartner's und von Holger's Zeitschrift für Physik » (et dont le mémoire mentionné plus haut semble n'être qu'un simple résumé). Il suffit d'extraire de l'article une seule assertion pour montrer qu'en 1837 Mohr a su exprimer clairement la vérité, que Mayer a vainement essayé de formuler en termes précis cinq ans plus tard.

« En dehors des 54 éléments chimiques, il n'y a plus dans la nature des choses qu'un seul agent, et il se nomme « *énergie* » (Kraft) (1). Cet agent peut, suivant les circonstances, apparaître sous forme de mouvement, d'affinité chimique, de cohésion, d'électricité, de lumière, de chaleur et de magnétisme, et avec l'une de ces manifestations on peut produire toutes les autres. La même force (énergie) qui soulève le marteau peut, lorsqu'elle est appliquée autrement, produire tous les autres phénomènes (2). »

Après vous avoir tant dit sur les mérites respectifs des auteurs, après vous avoir montré que Joule occupe la première place, tandis que Colding est le seul qui

(1) Le mot allemand *Kraft* signifie *force*; mais ici il est employé dans le sens du mot moderne *énergie*.

(2) Ausser den bekannten 54 chemischen Elementen gibt es in der Natur der Dinge nur noch ein Agens, und dieses heisst *Kraft* : — es kann unter den passenden Verhältnissen als Bewegung, chemische Affinität, Cohäsion, Electricität, Licht, Wärme und Magnetismus hervortreten, und aus jeder dieser Erscheinungsarten können alle übrigen hervorgebracht werden. Dieselbe Kraft, welche den Hammer hebt, kann, wenn sie anders angewendet wird, jede der übrigen Erscheinungen hervorbringen. Cet article très remarquable n'a pas été jugé digne d'être inséré dans les Poggendorff's Annalen, auxquelles il avait été adressé par l'auteur. Le premier mémoire de Joule, un des plus importants, a subi le même sort à la *Société Royale*.

mérite d'être mentionné à côté de lui dans cette partie de notre sujet, je vais vous donner un exposé général des travaux de Joule, et vous verrez quel énorme progrès il a fait faire à la science pendant les quelques années qui suivirent 1840. En 1840 Joule publia son premier mémoire, qui traite de la chaleur produite par le courant électrique dans différentes circonstances. Ces expériences l'ont amené à voir qu'il y avait une certaine relation entre la chaleur produite et la quantité de zinc consommée dans la pile, éliminant ainsi complètement du résultat final l'agent mystérieux — l'électricité. A présent nous pouvons à peine concevoir la valeur et la nouveauté de l'idée. La grande découverte de Faraday des courants d'induction suggéra à Joule l'idée de mesurer la quantité du travail mécanique que l'on doit dépenser pour produire une certaine quantité de courant électrique, qui, à son tour, doit se transformer en chaleur. De cette manière nous aurons, non pas une transformation immédiate du travail en chaleur, comme dans le cas du frottement (qui, du premier abord au moins, paraît fournir une transformation immédiate du travail en chaleur), mais une transformation par l'intermédiaire des courants d'induction : nous transformerons le travail dépensé à animer la machine magnéto-électrique en une certaine quantité d'énergie du courant électrique, qui se transforme elle-même en chaleur. Vous avez d'abord le travail, ensuite les courants électriques, et finalement la chaleur. Or, Joule paraît avoir observé que cette quantité de travail produisait toujours la même quantité de chaleur, que ce travail soit employé à produire d'abord de l'électricité et celle-ci à produire de la chaleur, ou qu'il soit simplement dépensé à produire de la chaleur par le frottement. A partir de ce temps il se mit à faire des expériences, dans le but de déterminer exactement l'équivalent mécanique de la chaleur, car il voyait qu'aussi longtemps qu'il ne sera pas démontré expérimentalement que, dans tous les cas du frottement où, à la place du travail dépensé, on ne constate rien autre chose que de la chaleur, il y a partout la même quantité de chaleur pour la même quantité de travail, indépendamment de la nature des corps frottés, il n'y aura pas à chercher à démontrer l'existence de la conservation de l'énergie, même dans le cas plus simple et plus particulier de l'équivalence entre la chaleur et le travail. Si le travail et la chaleur sont équivalents dans tous les cas et si tout le travail est dépensé à produire de la chaleur, vous devez obtenir toujours la même quantité de chaleur pour la même quantité de travail, quelle que soit la nature de la machine employée. Je remarquerai entre parenthèses (pour faire pressentir ce qui va suivre) que la question est tout autre lorsqu'il s'agit de la transformation de la chaleur en travail ; dans ce cas, la transformation ne peut pas s'effectuer complètement. Si vous partez du travail, vous pouvez le convertir totalement en chaleur. Si vous partez de la chaleur, il vous est impossible de la convertir entièrement en travail. L'un des cas est complètement défini, et le raisonnement de Joule qui se rapporte à ce cas revient à ceci : « Si, en dépensant une certaine quantité de travail, on ne peut constater rien autre chose que de la chaleur, alors, tant que nous n'aurons pas obtenu, avec n'importe quel appareil, la même quantité de chaleur pour la même quantité de travail, la conservation de l'énergie ne pourra pas tenir. » Il démontra que cette équivalence existe, et la détermination numérique, publiée finalement en 1849 avec tous les derniers perfectionnements, a donné le nombre 424,9 kilogrammètres pour une unité de chaleur ; cela veut dire qu'un kilogramme d'eau tombant de la hauteur de 424,9 mètres serait d'un degré plus chaude qu'avant la chute, si toute l'énergie de la chute, ou tout l'excès d'énergie potentielle que l'eau possédait avant la chute, était convertie en chaleur. Comme je vous l'ai déjà montré dans ma dernière leçon, la valeur numérique de Rumford était beaucoup plus grande que celle-ci ; mais celle de Rumford n'était, de l'aveu même de l'auteur, qu'une évaluation approchée, tandis que le nombre de Joule était le résultat final d'une grande série d'expériences laborieuses. Ceci nous conduit donc à l'énoncé de ce que l'on appelle *la première loi de la Thermo-dynamique*. Elle peut être énoncée sous beaucoup de formes, mais je prendrai celle qui me paraît la meilleure. Donc la première loi de la thermo-dynamique, établie d'abord par Davy et Rumford, mais complètement négligée et oubliée, rétablie ensuite par Joule et complétée par lui d'une donnée numérique bien définie, et qui peut servir dans les calculs, s'énonce sous cette forme :

Lorsque des quantités égales d'effet mécanique sont produites par un moyen quelconque en partant de sources purement thermiques, ou sont dépensées en effets purement thermiques, il y aura des quantités égales de chaleur détruite ou engendrée, et pour chaque unité de chaleur, mesurée par l'augmentation de la température d'un kilogramme d'eau d'un degré centigrade, vous aurez dépensé 424,9 kilogrammètres de travail.

Il est possible que le dernier chiffre du nombre 424,9 qui est donné pour la latitude de Manchester, ne soit pas exact. Le vrai nombre doit être 424,7 ou 425,1, mais il n'est pas douteux que l'erreur dans les évaluations de Joule soit bien au-dessous du 1/100 de la vraie valeur. Il est surtout à remarquer qu'en 1843, Joule donnait le nombre 425 kilogrammètres pour l'équivalent mécanique de la chaleur, déduit de la chaleur développée par le frottement de l'eau dans des tubes étroits (1).

En outre Joule étendit expérimentalement le principe de la conservation à d'autres formes d'énergie ; c'est-à-dire qu'en dehors de la chaleur, il nous a donné le moyen de comprendre dans la même catégorie de phénomènes le courant électrique, l'électro-magnétisme,

(1) Phil. Mag., 1843, II.

etc. En effet, déjà en 1840, avant d'arriver à des conclusions définitives au sujet de la généralité du principe de la conservation, il avait établi expérimentalement un grand nombre de cas particuliers, et un des plus remarquables est le suivant :

« Si un arrangement voltaïque quelconque, simple ou composé, envoie un courant à travers une substance quelconque, électrolyte ou non, la quantité totale de chaleur voltaïque engendrée pendant un temps donné est proportionnelle au nombre des atomes électrolysés dans chaque élément du circuit, multiplié par l'intensité virtuelle de la pile (1). »

Il en résulte donc que, dès le début, ses expériences (et son raisonnement était entièrement fondé sur l'expérience) l'avaient amené à la conclusion suivante: Lorsque quelque chose qui était impondérable disparaît et qu'à sa place apparaît quelqu'autre impondérable qui ne peut avoir aucune autre origine que celui qui a disparu, la quantité de l'un est directement proportionnelle à celle de l'autre ; il suffit donc de déterminer le rapport entre les deux par une mesure précise pour connaître l'équivalent mécanique d'une quantité donnée d'électricité, ou de chaleur, ou même d'une certaine quantité de zinc et d'acide sulfurique, ou d'un autre groupe de substances chimiques à l'état propre aux combinaisons.

Un autre travail expérimental, très important, de Joule, traite de la question de la valeur mécanique

(1) Phil. Mag., 1841, II, p. 275. Mémoire lu devant la Société Royale le 17 décembre 1840.

de la lumière. Il comparait la chaleur développée dans un fil porté à l'incandescence par le passage d'un courant galvanique, avec la quantité de chaleur développée (par le même courant) dans le fil, quand celui-ci était maintenu froid dans l'eau. Ces expériences ont montré une diminution, quoique faible, mais certaine, de la chaleur, lorsqu'il y avait émission de lumière. Ces expériences étaient nécessaires pour pouvoir étendre le principe de la conservation à la lumière, et pour montrer que la lumière, comme la chaleur, l'électricité et ainsi de suite, est une forme de mouvement et non pas une matière; en d'autres termes, elles étaient nécessaires pour confirmer ce que l'on appelle la théorie des ondulations contre la théorie de l'émission.

Je vais faire une petite digression pour vous dire quelques mots sur la manière dont cette théorie a été établie. C'est un des progrès les plus importants qui aient été faits pendant la période à laquelle se rapportent principalement mes leçons (1). Elle a été établie en France par Foucault et M. Fizeau, qui travaillèrent d'abord indépendamment l'un de l'autre et plus tard en-

(1) Je sais que beaucoup de physiciens attribuent à Young et à Fresnel l'honneur d'avoir établi la théorie des ondulations; ils pensent que les phénomènes d'interférence, de diffraction et autres, découverts par ces savants, ont complètement renversé la théorie de l'émission. Mais en réalité, beaucoup de défenseurs illustres de cette théorie (entre autres Biot) n'étaient pas convaincus, même après les travaux de Young et de Fresnel. Les expériences de ces deux savants les avaient seulement forcés à modifier certains points de leur théorie. Mais il n'est pas douteux qu'ils eussent renoncé à cette théorie après les résultats si décisifs obtenus par Foucault et par M. Fizeau. Bien entendu, ce que je viens de dire n'amoindrit nullement la valeur des beaux travaux de Young et de Fresnel.

semble. La question qu'il s'agissait de résoudre était la suivante : La lumière qui nous vient du soleil, par exemple, consiste-t-elle en une transmission de quelques particules luminifères ? Est-ce de la matière projetée par le soleil ? Ou est-ce une propagation de quelque perturbation qui pourrait être assimilée, pour en donner une image, à un mouvement ondulatoire ? Est-ce, en un mot, la propagation d'une certaine forme d'énergie, que ce soit un mouvement ondulatoire ou non, ou bien la propagation d'une matière ? Or, il y a longtemps que Newton et Huyghens, partant chacun d'un point de vue spécial, ont donné le moyen de résoudre la question complètement. En effet, Newton avait montré que si la lumière est une matière, en se réfractant à travers un corps dense elle doit se mouvoir dans une direction plus rapprochée de la normale à la surface. Cela veut dire, qu'en partant de ce fait connu, qu'un rayon de lumière oblique tombant sur la surface de l'eau, par exemple, qui est plus dense que l'air, est réfracté plus près de la verticale, Newton a démontré mathématiquement que si la lumière consiste en une propagation de particules, elle doit se mouvoir dans l'eau plus vite que dans l'air. D'un autre côté, Huyghens a montré que si la lumière consiste en un mouvement ondulatoire, elle doit se mouvoir plus vite dans l'eau que dans l'air, étant donné qu'elle se réfracte suivant la verticale à la surface horizontale d'un corps plus dense que l'air, tel que l'eau. De cette manière il y avait entre les deux théories une différence bien tranchée. Donc, si l'on pouvait découvrir par une expérience que la vitesse de la lumière dans l'eau est plus ou moins grande que dans l'air, on aurait résolu définitivement la question de savoir si la lumière est une propagation de matière, ou bien une propagation de mouvement ou d'énergie. Or, des expériences faites séparément par M. Fizeau et par Foucault ont démontré que, dans l'eau, *la lumière se meut plus lentement que dans l'air :* il en résulte nécessairement que la lumière est une forme d'énergie (1).

Nous sommes donc ainsi arrivés à établir complètement, par l'expérience, que les impondérables doivent être classés sous le titre général d'énergie; nous avons acquis une notion générale sur les relations d'équivalence qui existent entre les différentes formes d'énergie. Il est bien entendu qu'une fois le simple fait de la conservation établi, ces relations d'équivalence doivent exister nécessairement. Une certaine quantité d'une énergie équivaut à une quantité donnée d'une autre, pourvu que l'une puisse être convertie dans l'autre. Il restera toujours, ou du moins pendant encore très longtemps, un problème extrêmement difficile : celui de mesurer l'équivalent d'une quantité donnée de lumière. Cependant, on y est arrivé approximativement et, entre autres, de la manière suivante : la lumière absorbée par un corps opaque rend celui-ci plus chaud. Il y a là un exemple du principe de la conservation. L'énergie de la

(1) Phil. Mag., 1843, I, p. 207.

lumière n'est pas détruite, mais son mouvement vibratoire ne peut pas traverser ce corps opaque sous forme de lumière. Il est employé à agiter les particules du corps opaque et le corps devient par là plus chaud. Nous pouvons alors mesurer la quantité de lumière au moyen de la chaleur qu'elle produit ou dont elle est l'équivalent, et nous pouvons ensuite évaluer la quantité de chaleur en travail mécanique. Sir W. Thomson l'a fait il y a longtemps, peu après la publication des découvertes de Joule ; nous pouvons calculer ce qu'il appelle valeur mécanique d'un kilomètre cube de lumière solaire ; nous pouvons évaluer le nombre de kilogrammètres de travail équivalant à la lumière solaire que contient un kilomètre cube de l'atmosphère terrestre remplie de lumière solaire directe.

Avant d'abandonner pour un moment le sujet de la conservation de l'énergie, je dois vous parler d'un autre nom attaché à la découverte et au développement de ce principe ; je veux parler du nom de M. Helmholtz, le célèbre physiologiste de Berlin, qui a maintenant cessé, au moins de nom, d'être physiologiste, mais qui reste un des plus grands mathématiciens et physiciens vivants. Un de ses premiers travaux a été publié en 1847, peu de temps après que Colding et Joule avaient publié leurs découvertes. Il paraît, cependant, qu'il connaissait très peu les travaux de ces deux physiciens, et qu'il avait cherché seul, en partant d'un point de vue mathématique, à établir le principe de la conservation de l'énergie. En, effet le titre allemand de son livre est équivalent à la phrase « sur la conservation de l'énergie ». Il fonda son principe sur deux propositions réciproques, qu'il est très intéressant de connaître. Il est curieux de voir comment un homme, possédant toute la science de son temps, envisageait un sujet de ce genre, et de constater la manière dont d'après lui l'expérience devait être conduite pour vérifier les conclusions de la théorie. Voici ce qu'il dit : Si vous prenez le principe de Newton — ce principe dont je vous ai parlé (p. 48) — et si vous le combinez avec l'un ou l'autre des deux postulatums suivants, vous établirez complètement le principe de la conservation de l'énergie. Le premier postulatum est celui-ci : Supposons la matière formée de particules extrêmement petites qui exercent les unes sur les autres des forces dirigées suivant les droites qui réunissent chaque couple de particules et dont les intensités dépendent uniquement des distances entre ces particules. Supposons qu'entre toutes les particules de matière de l'univers il existe des forces semblables à l'attraction de la pesanteur, que chaque particule attire les autres avec une force qui dépend uniquement de leurs distances réciproques et non pas des côtés en regard, de sorte que, connaissant la distance entre les molécules, on puisse connaître l'intensité de l'attraction, celle-ci étant (conformément à la troisième loi du mouvement de Newton) dirigée suivant la ligne qui les joint. Si l'on fait cette hypothèse, il résulte, comme simple conséquence des lois ordinaires du mouvement des grandes portions de matière, que, si toutes les formes d'énergie proviennent du mouvement ou de la position relative de telles particules, la conservation de l'énergie doit exister, et en même temps le mouvement perpétuel est impossible dans toutes les circonstances.

Helmholtz montre qu'inversement nous pouvons prendre comme postulatum cette dernière conséquence du postulatum précédent. Prenons comme postulatum l'impossibilité du mouvement perpétuel, et ajoutons-lui la seconde interprétation que Newton a donnée de sa troisième loi du mouvement : ces deux prémisses nous donneront à elles seules le moyen de démontrer le principe de la conservation de l'énergie. Or, il y a quelques années, un fait a été admis par les hommes de science (fait caractérisé par la détermination, longuement motivée, qu'à prise l'Académie des Sciences de Paris, de considérer tout mémoire sur le mouvement perpétuel *comme ne lui étant pas parvenu*), il a été admis, dis-je, presque universellement, que l'impossibilité du mouvement perpétuel est démontrée par l'expérience d'une manière définitive. De cette manière, M. Helmholtz, en montrant que l'on pouvait simplement partir de ce fait expérimental ajouté à la proposition de Newton, pour établir la conservation de l'énergie, est parvenu tout seul, indépendamment de Joule et de Colding, à la découverte de ce grand principe.

Remarquez qu'il insiste tout autant que Joule ou Colding sur la nécessité de faire intervenir l'expérience pour établir un tel principe. Seulement, l'expérience qu'il invoque est un résultat expérimental, universellement accepté, c'est-à-dire, l'impossibilité du mouvement perpétuel, tandis que Joule et Colding préféraient faire eux-mêmes des expériences, peut-être plus directes.

J'aurai l'occasion de dire quelques mots sur ce que l'on appelle mouvement perpétuel, car il a été aussi important dans ses conséquences — et il l'est encore, surtout à cause des démonstrations simples qu'il nous fournit de théorèmes importants — que l'alchimie pour la chimie.

Nous savons tous que, sans la recherche de la pierre philosophale, la chimie ne serait pas encore une science aussi puissante qu'elle l'est actuellement. De même nous pouvons dire que la physique moderne ne serait pas arrivée à cette grande extension qu'elle a atteinte de nos jours, sans la recherche expérimentale de ce que l'on nomme mouvement perpétuel et sans l'établissement de son impossibilité sur une base scientifique.

Il résulte, comme conséquence de ce que je viens de vous dire de l'œuvre des trois auteurs indépendants du principe de la conservation de l'énergie, que tous les phénomènes physiques sont nécessairement des transformations d'énergie d'une nature ou d'une autre ; et nous pouvons étendre notre conséquence et dire, que même cette chose mystérieuse, la vie des plantes et des animaux, quelle qu'elle soit, est, autant qu'elle constitue un phénomène physique, une manifestation de la transformation d'énergie.

Il y a dans la vie des phénomènes qui peuvent ne pas être purement physiques. Il y a dans les êtres vivants des phénomènes qu'aucun homme sensé ne peut regarder comme étant du domaine de la physique. Nous n'avons aucune raison, même vague, pour comprendre dans la physique des phénomènes comme la conscience et la volition, à quelque degré que ce soit. Mais tout ce qui est dans la vie de l'ordre vraiment physique — et nous commençons à trouver des faits de cette nature — est simplement un exemple de quelque transformation d'énergie.

Après tout ce que nous avons dit, nous sommes forcément amenés à examiner le principe des transformations et à chercher ensuite le moyen de nous le rendre bien clair. Nous trouverons que la question suggérée par toutes ces tentatives expérimentales est celle-ci : Quelle est la loi de la transformation de l'énergie ? Étant donnée une quantité d'énergie d'une certaine espèce, combien peut-on en produire d'énergie d'une autre espèce à l'aide d'un procédé donné ?

Cette question se divise en deux : 1° Quelle quantité d'énergie d'une espèce donnée peut-on transformer en une autre espèce également donnée ; 2° Si l'on est parvenu à transformer une certaine quantité de la première espèce, à quelle quantité de l'autre correspond-elle ? Celle-ci est encore la question de l'équivalence. Comme j'ai déjà discuté cette dernière question, je vais maintenant m'occuper exclusivement de la première. On peut la présenter sous la forme suivante, qui est plus complète :

Étant donnée une certaine quantité d'énergie de forme connue, dans certaines conditions, combien peut-on en transformer dans une autre forme bien définie, à l'aide d'appareils d'un genre déterminé, le reste demeurant tel que, ou se transformant entièrement ou en partie en une certaine troisième forme d'énergie ?

Vous voyez qu'il y a là une question très importante. Rappelez-vous les pertes énormes qui se produisent dans une machine à vapeur ordinaire. Il a été démontré que dans la meilleure machine, même théoriquement parfaite, travaillant entre les limites de température ordinaires, seulement un quart environ (rarement un quart, mais dans les meilleures circonstances c'est un quart) de la chaleur employée est converti en travail, cela veut dire que, dans les conditions les plus favorables, les trois quarts du charbon ou les trois quarts de la chaleur employée sont complètement perdus. Eh bien, quelle est la cause de ce fait ? Pourquoi une certaine quantité de travail ou d'énergie potentielle peut-elle être totalement transformée en chaleur, et cette transformation une fois effectuée, pourquoi ne peut-on plus reconvertir qu'une partie de la chaleur en forme supérieure de travail ou d'énergie potentielle ? La réponse est entièrement comprise dans le mot « *supérieur* » que je viens de prononcer. Lorsque vous transformez une forme supérieure d'énergie en une forme inférieure, vous pouvez effectuer l'opération entièrement, mais lorsqu'il s'agit d'une transformation inverse, — de remonter, pour ainsi dire, — alors une fraction seulement, en général (même dans les conditions les plus favorables) une faible fraction, de l'énergie inférieure, peut retourner à l'état d'énergie supérieure. Tout le reste descend encore plus bas pendant l'opération. Une fois qu'elle est amenée à la forme inférieure, si vous voulez en élever une partie et la retransformer en une forme supérieure, vous devez inévitablement faire subir une dégradation ultérieure à une grande partie de l'énergie; généralement à la plus grande partie. C'est là, comme nous verrons plus loin, une des plus grandes découvertes scientifiques qui aient jamais été faites : elle a une importance colossale pour l'avenir de tout l'univers visible.

Je terminerai cette conférence en vous montrant quelques exemples de conservation de l'énergie au moyen des appareils que j'ai devant moi. En même temps je vous donnerai quelques exemples de transformations d'énergie, complètement indépendantes des dispositions expérimentales particulières employées dans ce but. Je vous fais voir ces expériences simplement pour vous donner une représentation nette de la conservation de l'énergie et, incidemment, de sa transformation et de sa dissipation, de sorte que nous ne nous préoccuperons pas de savoir à quelle branche de la physique appartiennent certaines expériences particulières ; nous ne considérerons ces expériences qu'au point de vue de l'image qu'elles nous donnent de la transformation de l'énergie.

Prenons tout d'abord la forme la plus commune, le cas du pendule ordinaire. Lorsque le pendule oscille, il y a continuellement une transformation d'énergie de la forme la plus simple, transformation de l'énergie potentielle, que je lui communique en l'écartant (et en l'abandonnant ensuite) et qu'il perd graduellement à mesure qu'il tombe ; mais, en revanche, il acquiert une quantité d'énergie cinétique qui va en croissant jusqu'au milieu du chemin, où il possède la plus grande vitesse et où il a la plus grande quantité d'énergie cinétique, car, lorsqu'il y arrive, il a perdu toute son énergie potentielle. A partir de là, il perd graduellement son énergie cinétique à mesure qu'il remonte ; en même temps il gagne de nouveau de l'énergie potentielle ; puis toute son énergie est devenue potentielle ; elle devient de nouveau cinétique, et ainsi de suite. S'il n'y avait pas la résistance de l'air, si le support était absolument rigide et le fil de suspension flexible et inextensible, le mouvement durerait indéfiniment. Ce serait un mouvement continuel, mais non pas *le mouvement perpétuel*. Rappelez-vous cette distinction. Un mouvement qui dure indéfiniment est compris dans l'énoncé de la première loi du mouvement de Newton. Tout mouvement est invariable tant qu'une force ne vient pas le modifier. Mais ce n'est pas le mouvement perpétuel, car, même dans les conditions les plus favorables dont je viens de parler, où le pendule serait éternellement en mouvement, il garderait toujours la même quantité d'énergie qu'il possède actuellement, mais il ne pourrait servir à mettre en mouvement aucun mécanisme, si ce n'est au dépens de son énergie. Il ne peut rien mettre en mouvement sans dépenser une partie de son énergie, et du moment qu'on y dépense de l'énergie, le cas n'a plus de rapport avec ce que l'on appelle *le mouvement perpétuel;* mais le mouvement du pendule pourrait durer indéfiniment, s'il n'y avait pas de causes qui épuisent son énergie.

Nous savons, par expérience, que les oscillations ne durent pas indéfiniment ; voyons de quelle manière l'énergie du pendule se perd graduellement. Que devient toute l'énergie que je lui ai communiquée au début, car, d'après le principe de la conservation de l'énergie, nous devons pouvoir la suivre. Eh bien! nous voyons qu'au bout d'un temps court, le pendule communique du mouvement à l'air ambiant. A chaque oscillation dans l'un ou dans l'autre sens, il envoie alternativement une onde de compression et une onde de dilatation à travers l'air de la salle. Ces ondes se propagent avec la vitesse du son et s'affaiblissent graduellement, l'air n'étant pas un fluide parfait, et leur énergie se transforme en chaleur.

Car, entre les particules d'air, il se produit des effets analogues à ceux du frottement, et par ce frottement l'énergie de l'onde est transformée en chaleur. Si nous avions un nombre suffisant de tels pendules, mis en mouvement tous à la fois et subissant tous une résistance assez grande de la part de l'air, nous pourrions élever la température de l'air de la chambre d'une quantité extrêmement faible, il est vrai, mais telle, que la quantité de chaleur produite serait exactement équivalente à la quantité d'énergie que vous avez communiquée aux pendules au moment de leur départ. Mais ce fait soulève une autre question. En ce moment, le pendule est au repos et ne possède aucune énergie potentielle, si, bien entendu, le fil ne peut pas être coupé. Il a de l'énergie potentielle si vous pouvez couper le fil de suspension, car, le fil étant coupé, le pendule pourrait tomber sur la table, ou du moins il aurait le pouvoir de tomber. Mais supposez que le fil soit absolument inextensible, et qu'il ne puisse pas être coupé ; nous devons considérer le pendule dans cette position (de repos) comme n'ayant pas d'énergie potentielle du tout, puisque il lui est impossible de descendre plus bas qu'il n'est en ce moment. Comment se fait-il que je puisse lui fournir de l'énergie ? Du moment que la conservation de l'énergie existe, comme le pendule n'a pas d'énergie dans sa position initiale et qu'il en acquiert ensuite, il doit y avoir quelque part de l'énergie dépensée pour lui en fournir. Ceci nous amène à la question très importante de l'origine de l'énergie animale ; en effet, en pressant le pendule dans ma main et en l'élevant, j'ai été obligé de produire un travail : j'ai exercé cette pression pendant un certain trajet à travers l'espace. Il a donc été produit un travail; par suite, dans mon corps, quelque chose a dû être dépensé pour le produire. Ceci fait naître d'autres questions : comment un animal peut-il produire du travail ? De quelle manière peut-il récupérer le travail qu'il dépense constamment, même lorsqu'il est au repos ? Vous voyez de suite que toutes ces questions sont intimement liées avec celle de la nourriture. Dans une prochaine conférence nous serons ainsi amenés à examiner l'origine de l'énergie de la nourriture. Vous voyez donc que, même une expérience aussi simple que celle de la mise en mouvement du pendule, nous conduit à une suite de conséquences dans nos raisonnements, dans toutes les directions, qui pourrait nous occuper pendant une longue série de conférences. Rien ne peut faire ressortir mieux, et d'un seul coup, la profondeur des secrets de la nature et la possession ferme que nous avons prise de plusieurs d'entre eux, qu'un exemple, comme celui que nous avons choisi, à la fois simple et complexe.

Au lieu de prendre un cas où le mouvement de l'air ne peut être entendu par l'oreille, nous en choisirons un où nous nous servirons d'un instrument spécial, pour imprimer à l'air des vibrations saisissables par l'oreille. Supposons que je prenne un diapason et que je le frappe contre la table ou que je le fasse parler d'une autre manière ; s'il n'était pas pourvu d'une caisse de résonnance, la surface qu'il offrirait à l'air serait si petite, que la quantité d'énergie qu'il dépenserait en un temps donné sous forme de son serait excessivement faible, et, par suite, le son serait à peine perceptible à une grande distance. Mais si nous lui ajoutons une caisse de résonnance, telle que vous voyez ici, dont toutes les parties sont mises en vibration par le mouvement du diapason, et exécutent des vibrations de même période que ce dernier, et si, en outre, les dimensions de la boîte, remplie d'air, sont telles que cet air mis en mouvement tende à exécuter des vibrations concordant avec celles du diapason, nous aurons un instrument sensible qui nous permettra, pour ainsi dire, de percevoir l'air et de dissiper ou de dépenser largement l'énergie que nous fournissons au diapason. Le pendule dépense son énergie très lentement, mais à ce diapason nous avons appliqué toutes nos connaissances physiques pour construire un appareil pouvant dépenser son énergie, ou pouvant la communiquer à l'air, aussi rapidement que possible. Cette énergie se présente sous la forme d'un son affectant nos oreilles, mais vous remarquerez que le son s'éteint graduellement. Les vibrations du diapason se détruisent bien plus vite que celles du pendule, car si l'on veut dépenser l'énergie très vite, la quantité initiale ne dure que peu de temps. Plus vous la dépensez vite, moins elle dure. Mais il y a encore une autre cause qui fait cesser le son rapidement. La plus grande partie de l'énergie que j'ai communiquée au diapason à l'aide d'un travail musculaire, effectué pour séparer, pendant un instant, ses deux branches, la plus grande partie de cette énergie, dis-je, est employée à échauffer le corps du diapason lui-même. L'acier a une élasticité extrêmement imparfaite, quelque étrange que cela puisse paraître à certains d'entre vous.

Lorsqu'un barreau d'acier, tel que celui-ci, change rapidement de forme, il y a un énorme frottement intérieur et, par là, une grande partie de l'énergie, qui lui a été fournie au début, est rendue sous la forme d'un son, même lorsque le diapason est muni d'une boîte de résonnance.

Prenons un autre exemple. J'ai sous la table une bonne pile galvanique, mise en communication avec un certain appareil électrique. Si je fais passer le courant à travers cet appareil, il y aura pendant un instant une certaine quantité de zinc consommée, ou, autrement dit, dans la pile, une certaine quantité d'énergie potentielle aura été convertie en énergie du courant électrique.

Ce courant traverse quelques mètres de fils de cuivre enroulés autour d'un barreau de fer ou d'un certain nombre de fils de fer fins placés verticalement à l'intérieur de cet appareil. Dès que le courant passe, ces fils de fer se transforment en aimants, mais, en vertu de la conservation de l'énergie, pendant que ceci à lieu, le courant s'affaiblit. Le courant électrique devient plus faible pendant qu'il crée un aimant ; mais au moment où celui-ci prend naissance, le courant s'affaiblit de nouveau : le simple fait de la naissance d'un aimant peut produire un nouveau courant électrique dans une bobine qui entourerait celle-ci extérieurement. De cette manière nous avons là une suite de transformations. D'abord une certaine quantité de zinc est dissoute, c'est-à-dire une certaine quantité d'énergie potentielle est perdue ; puis un courant électrique est produit par la dissolution du zinc ; ce courant s'affaiblit en produisant du magnétisme dans certains fils de fer ; le magnétisme de ces fils de fer réagit à son tour et produit un courant dans une autre couche de fils ; finalement nous pouvons employer le courant induit, comme on l'appelle, à produire de la chaleur, de la lumière ou un son. Essayons, par exemple, de produire de la chaleur. Chaque fois que vous entendez ce choc (de l'interrupteur), une nouvelle quantité de zinc est dissoute et, comme conséquence, toute la série des transformations que je viens de décrire se déroule successivement. Notez que le zinc brûle dans la pile, quoique cette combustion se produise presque sans aucun dégagement de chaleur ; mais si nous voulons, nous pouvons produire du feu. Nous n'avons pas de chaleur, du moins en quantité notable, dans la pile ; celle qui serait produite par la dissolution du zinc n'est pas dégagée à l'intérieur de la pile ; si nous avions une paire de câbles transatlantiques entre la pile et cet appareil, nous pourrions produire du feu à une distance de 300 milles de sa source. Pour vous montrer que l'on peut produire une grande quantité de chaleur, mon assistant tiendra un morceau de papier entre les pôles de la pile. (Vous voyez le papier prendre feu immédiatement.) Remarquez que la consommation du zinc s'effectue sous la table, mais elle aurait pu se produire à une distance de 300 milles du papier, si nous avions assez de conducteurs entre les pôles. Vous voyez que la quantité de chaleur dégagée était assez grande pour enflammer le papier. Je puis maintenant modifier cette expérience de manière à la rendre plus frappante. Prenez la même quantité de zinc que précédemment, ou autant que possible la même quantité, mais au lieu d'avoir une étincelle silencieuse, rendez-la bruyante et très lumineuse ; comme vous voyez, on peut le faire facilement en attachant les armatures d'une bouteille de Leyde aux extrémités de la bobine secondaire. Nous trouverons alors que l'étincelle n'est plus aussi chaude que précédemment (au moins autant que l'expérience avec le papier peut nous l'apprendre). En effet, on ne peut plus s'attendre à l'avoir aussi chaude, car si la conservation de l'énergie existe, si l'étincelle ne peut avoir qu'une certaine quantité d'énergie et si l'on s'arrange de manière à dépenser la plus grande partie de cette énergie sous forme de son, de lumière, on ne peut plus espérer avoir autant de chaleur que précédemment. Vous la voyez maintenant beaucoup plus brillante, et accompagnée de forts craquements, mais nous pouvons répéter l'expérience indéfiniment sans jamais enflammer le papier. C'est là un excellent exemple des transformations multiples que peut subir l'énergie, et il nous fournit aussi, comme vous avez vu, une démonstration, quoique assez grossière, du principe de la conservation.

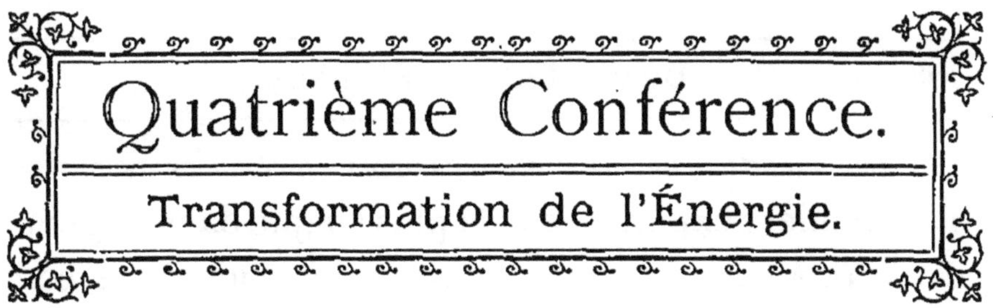

Quatrième Conférence.

Transformation de l'Énergie.

Expériences de démonstration. Échauffement de fils métalliques et décomposition de l'eau par le courant galvanique. Machine électro-magnétique. Disque tournant. Machine magnéto-électrique. Bobine d'induction et tube de Geissler. Énergie de forme supérieure et de forme inférieure. Transformation totale du travail en chaleur ; conversion partielle de la chaleur en travail. Cycle d'opérations de Carnot. Son cycle réversible. Effet de la pression sur la glace.

DANS ma dernière conférence je vous ai montré comment il a été établi, surtout par les belles expériences de Joule, que le principe de la conservation s'applique à toutes les formes d'énergie, de sorte que tous les phénomènes ne sont que des transformations d'énergie.

Il ne peut y avoir ni destruction, ni création d'énergie ; nous ne pouvons produire ou observer que des modifications, des transformations de l'énergie. Nous allons examiner aujourd'hui d'une manière plus approfondie les lois de ces transformations. Je commencerai cette étude en prenant une ou deux expériences et en faisant voir dans chacune d'elles les formes variées sous lesquelles l'énergie apparaît : comment elle s'introduit d'abord dans l'appareil, par quelles formes successives elle passe dans les différentes parties de cet appareil, et sous quelles formes finales elle en sort.

Pile galvanique munie de grosses électrodes de cuivre. La première expérience,et la plus simple dans ce genre, est la production directe de chaleur à l'aide d'une combinaison chimique. Comme dans toutes ou dans la plupart des expériences que je vous ferai voir, je me propose de partir de la pile galvanique, je vous dirai quelques mots sur l'origine de son énergie. Celle-ci provient principalement de la propriété du zinc d'être, pour ainsi dire, brûlé, quand on le dissout dans de l'acide sulfurique dilué. Si maintenant nous brûlions du zinc, — ce qui est très facile à faire : il suffit de le laisser se dissoudre (c'est-à-dire il suffit de ne pas prendre de précautions spéciales comme nous le faisons ici, en le sortant de l'acide pour empêcher la dissolution de se faire), — nous aurions, grâce à la perte d'énergie potentielle éprouvée par ce métal et l'acide pendant leur combinaison, une certaine quantité de chaleur développée par cette réaction, et cette chaleur se dégagerait dans les éléments de la pile. Mais nous pouvons laisser la combinaison se faire presque sans aucun dégagement de chaleur.

Pratiquement, nous pouvons avoir toute la chaleur sous une autre forme d'énergie. Par exemple, nous pouvons l'avoir sous la forme d'un courant électrique ; et nous pouvons employer l'énergie cinétique de ce courant à produire différentes autres formes d'énergie, par une série de transformations successives. Si l'on a soin d'amalgamer le zinc et de prendre certaines autres précautions dans la préparation des éléments de la pile, la réaction sera très faible, tant que le circuit n'est pas *fermé*. Mais dès que nous fermons le circuit, en réunissant les deux fils terminaux, un courant électrique naît immédiatement. En ce moment un courant électrique parcourt le circuit et une action chimique (une décomposition et une combinaison) a lieu d'une manière identique dans chacun des éléments de la pile. Cette action chimique, qui se produit en ce moment, est accompagnée d'un grand dégagement de chaleur dans les éléments ; il s'y développe presque exactement la même quantité de chaleur qui se serait dégagée si nous avions dissout la même quantité de zinc dans l'acide sulfurique, sans aucune production d'électricité ; et cela tient à ce que le pouvoir conducteur du fil, dont je me suis servi pour fermer ou compléter le circuit, est tellement grand, par suite la résistance qu'il offre à l'électricité est tellement faible, qu'aucune portion de cette dernière n'est convertie en chaleur.

Cette chaleur équivalente à celle qui serait produite par la combustion directe du zinc, est dégagée totalement ou presque totalement dans les éléments mêmes, car c'est là que le courant éprouve une résistance. Mais si nous interposons sur le trajet de l'électricité un conducteur médiocre, qui offre une bien plus grande résistance que le fil de cuivre, ou même que les éléments eux-mêmes (comme je le fais en intercalant dans le circuit un fil de fer long et fin), vous verrez alors un dégagement de chaleur (dû en réalité à l'action chimique qui se produit dans les éléments) se manifester en un tout autre endroit, situé aussi loin que nous aurions voulu, si notre fil de cuivre était assez gros et assez long. En prenant un fil suffisamment gros de manière à perdre dans le conducteur aussi peu que possible de l'énergie potentielle du courant électrique, nous pouvons employer cette énergie, en totalité ou en partie, à développer de la chaleur aussi loin de la pile que nous voulons, et cette chaleur est due en réalité à une combustion qui se produit dans cette pile.

Voltamètre introduit dans le circuit. Au lieu d'employer le courant électrique à produire de la chaleur, essayons de remonter de nouveau de l'énergie cinétique du courant à l'énergie potentielle des combustibles. Rappelez-vous que nous sommes partis de l'énergie potentielle chimique des combustibles contenus dans la pile. En laissant le zinc se dissoudre, nous obtenons notre courant électrique ; nous allons maintenant nous servir de ce courant, pour séparer deux substances combinées chimiquement ; nous allons décomposer l'eau. En faisant passer le courant à travers un vase contenant de l'eau, vous voyez beaucoup de bulles gazeuses monter des extrémités des fils conducteurs ; nous avons dépensé toute l'énergie cinétique du courant à séparer les unes des autres les particules d'oxygène et d'hydrogène formant l'eau, à leur restituer leur affinité chimique. Vous voyez qu'une certaine quantité d'eau a été décomposée ; en effet, vous voyez les bulles de gaz traverser l'eau en partant de l'extrémité de ce tube collecteur. Supposez que, pendant l'opération, il n'y ait aucune perte, qu'aucune partie de l'électricité ne soit transformée en chaleur, que toute l'énergie du courant électrique soit dépensée à décomposer l'eau ; alors l'énergie potentielle de l'oxygène et de l'hydrogène séparés, que j'ai ainsi recueillis, serait précisément égale à l'énergie potentielle consommée dans la pile, ou mieux, transformée en énergie du courant. Pour vous montrer (avec le moins de risque possible) que dans ces gaz mélangés il y a une grande quantité d'énergie potentielle, il suffit de faire avec ce mélange une mousse sous forme d'un grand nombre de bulles de savon. En approchant de cette mousse une allumette enflammée, nous pourrons produire avec l'énergie potentielle du mélange gazeux une explosion violente, qui représente bien une certaine quantité d'énergie. Cette explosion produit de la lumière, de la chaleur et un son très fort. La somme de toutes ces énergies prises ensemble représentera exactement la quantité d'énergie correspondant à la quantité de zinc dissous pendant l'opération, pourvu que rien ne soit perdu pendant l'opération, que rien ne soit consommé ailleurs (pour briser le mortier par exemple). Remarquez que l'énergie, qui aurait dû être développée sous forme de chaleur, par suite de la combustion du zinc, apparaît maintenant sous une autre forme (qui affecte l'air d'une manière tout-à-fait spéciale). Cette chaleur ne s'est pas dégagée à sa place; nous avons eu de l'électricité. Celle-ci a servi à produire un travail, à vaincre l'affinité chimique de l'oxygène pour l'hydrogène, et nous avons obtenu un mélange gazeux dont il a suffi d'approcher l'allumette enflammée pour que l'énergie nous fût rendue sous une forme cinétique, ou comme un mélange de plusieurs formes cinétiques.

Machine magnéto-électrique. Dans le voltamètre nous avons un courant électrique produit par la pile et employé à développer de l'énergie potentielle par la séparation des particules d'un composé chimique. Mais nous pouvons produire de l'énergie potentielle à l'aide d'une pile par un autre procédé, un peu plus simple. Supposons que le courant électrique fourni par cette même pile, soit employé à faire travailler une machine magnéto-électrique (en ce moment je laisse de côté les détails de construction de la machine). A cet effet nous n'avons même pas besoin (du moins avec la machine qui se trouve devant vous) d'une pile aussi puissante que celle dont nous nous sommes servis dans la décomposition rapide de l'eau. Deux ou trois éléments au plus nous suffisent pour l'expérience que nous avons en vue. Remarquez que le courant met en ce moment la machine en mouvement, et qu'il soulève maintenant un poids; celui-ci, il est vrai, n'est pas grand: il n'en reste pas moins ce fait, qu'une certaine masse est soulevée contre l'attraction terrestre, à une certaine hauteur, et vous pouvez concevoir facilement que, du moment que ce poids peut être soulevé à une hauteur de trois ou quatre pieds, comme vous le voyez maintenant, ce même procédé peut aussi nous donnerle moyen (si nous faisons travailler la machine assez longtemps) de faire monter un poids à une hauteur quelconque, à l'aide de dispositifs mécaniques convenables. Voyons maintenant quel genre de transformation d'énergie a lieu lorsque le courant passe dans ces électro-aimants, parcourant tantôt l'un, tantôt l'autre, suivant que l'aimantation produite contribue ou s'oppose à l'effet qu'on veut obtenir.

Mais nous n'entrerons pas dans les détails de la machine ; nous nous bornerons à examiner les transformations d'énergie qui se produisent pendant qu'elle travaille. Que se passe-t-il pendant sa marche ? L'énergie du courant est transformée en partie en travail servant à élever le poids, cela veut dire, qu'à la place de l'énergie cinétique fournie par la pile, il a été produit de l'énergie potentielle. Mais si le courant, en faisant marcher la machine, la faisait travailler, il serait nécessairement affaibli, car, pendant le travail de la machine, le principe de la conservation n'existerait pas autrement. Eh bien, c'est précisément ce qui arrive. En effet, on a trouvé que, lorsque la machine travaille, le courant est bien plus faible que si on maintient la machine simplement au repos, en faisant passer le courant sans produire aucun travail. Ceci est tout-à-fait analogue à un fait que je vous ai cité dans une conférence précédente. Lorsqu'une quantité donnée de vapeur passe du foyer au condenseur à travers la machine sans produire aucun travail, on trouve que la quantité de chaleur pénétrant dans le condenseur est plus grande que celle qui y entrerait si la machine produisait du travail. De même, si le courant électrique est employé à soulever un poids ou à faire marcher une machine magnéto-électrique, le courant qui traverse les fils est plus faible qu'avant, et correspond, d'après la célèbre découverte de Faraday, à une moindre quantité d'effet chimique dans la pile (c'est-à-dire à une consommation moins rapide du zinc). En effet, cette dernière a moins de travail à effectuer quand elle met en marche la machine que lorsque, celle-ci étant arrêtée, le courant passe et développe de la chaleur dans les fils conducteurs et dans les éléments. Le courant doit nécessairement produire quelque chose. Il se transforme toujours en chaleur, à moins qu'on ne l'utilise en le convertissaut en une forme d'énergie plus utile que la chaleur.

Mais ce qu'on constate, c'est que le courant, qui circule toujours, (autrement ces fers à cheval ne s'aimanteraient pas alternativement), devient beaucoup plus faible quand la machine travaille que lorsqu'elle ne travaille pas. On trouve encore que, plus le courant devient faible (plus il est affaibli par l'action réflexe, pour ainsi dire, par la résistance qu'il rencontre dans le travail), plus la partie de l'énergie de la pile transformée en travail utile est grande. Ainsi, pour qu'une machine magnéto-électrique, dans le genre de celle-ci, puisse produire un grand travail utile, il serait nécessaire de la faire marcher à une très grande vitesse ; car, plus la machine marche vite, plus sa réaction sur le courant est grande et, par suite, plus le courant est affaibli et plus la proportion de la puissance motrice utilisée est grande. Et la loi de la proportionnalité de l'intensité du courant à la quantité de zinc dissous par minute, et celle de la proportionnalité de la quantité de chaleur au carré de l'intensité du courant, lois découvertes, l'une par Faraday, l'autre par Joule, montrent que le coefficient économique d'une machine est proportionnel à l'affaiblissement du courant. Plus la machine affaiblit le courant par sa réaction, plus la fraction du combustible consommé convertie en travail utile est grande.

Beaucoup d'entre vous connaissent pratiquement le sujet que je viens d'ébaucher, bien mieux que moi. Je dirai donc brièvement que, même si nous pouvions faire travailler une telle machine avec une très grande vitesse et si, pour maintenir cette vitesse, nous pouvions vaincre presque complètement toutes les difficultés du frottement ordinaire — qui deviennent, bien entendu, beaucoup plus grandes et plus sérieuses à mesure que la vitesse de la machine croît, — même si nous pouvions faire tout cela, nous trouverions encore, en calculant la dépense du combustible, qu'une telle machine ne saurait lutter économiquement avec une machine à vapeur ordinaire. En effet, pour faire fondre une certaine quantité de zinc il faut employer soixante fois son poids de houille ; tandis qu'à poids égal, la houille est de beaucoup le plus puissant des combustibles, c'est-à-dire qu'elle perd par sa combustion bien plus d'énergie potentielle que tout autre combustible. Il ne peut donc y avoir aucune comparaison entre les prix du combustible dans les deux cas, si la quantité de travail produite est la même.

Disque de cuivre avec engrenage multiplicateur. — Le cas auquel je passe maintenant est très curieux. J'ai ici un dispositif qui (sans entrer dans les détails) consiste en une roue tournante et un engrenage multiplicateur, à l'aide desquels je puis communiquer une vitesse de rotation extrêmement grande à ce disque de cuivre, monté aussi librement que possible sur des coussinets bien graissés et bien établis. Il est très facile de faire faire au disque deux cents tours par seconde, en faisant tourner la manivelle avec une vitesse de deux tours par seconde environ. Le disque est formé d'un métal extrêmement conducteur, de cuivre, et il est placé entre deux pièces de fer qui ne le touchent pas, mais qui sont très près de lui. Ces pièces de fer font partie de l'armature d'un électro-aimant. Les bobines de celui-ci ne renferment en ce moment aucun courant, et je constate, comme vous voyez, que rien n'est plus facile que d'imprimer au disque un mouvement excessivement rapide. Remarquez que, lorsque j'enlève ma main, l'inertie du rouage est telle, que le tout continue à tourner pendant un temps très considérable. Voyez maintenant l'effet qui se produira si, pendant que je tourne, mon assistant lance brusquement dans les électro-aimants le courant d'une pile, ne fût-ce que de trois éléments. Je suis alors obligé de faire des efforts pour mettre le disque en rotation dans le voisinage immédiat des deux pôles très intenses, l'un nord d'un côté, et l'autre sud de l'autre côté. Quoiqu'il n'y ait aucun contact, qu'il n'y ait rien de ce que nous appelons ordinairement frottement, ces pôles agissent exactement comme un frein à frottement très puissant. Vous voyez cet arrêt instantané, et vous voyez aussi que, malgré mes efforts, je puis à peine faire tourner la manivelle. Avec une pile de cette puissance il est tout-à-fait impossible à n'importe qui d'imprimer au disque un mouvement de rotation rapide. Il faudrait le concours de quatre ou cinq personnes pour le faire tourner, même avec une vitesse modérée. Si au lieu de trois éléments je n'en mets que deux, vous voyez qu'avec beaucoup d'efforts je maintiens le disque en rotation lente pendant un temps court ; mais je ne puis le faire qu'en dépensant une grande quantité de travail. J'aurais peut-être pu le maintenir en marche pendant quelques minutes, mais il n'y a aucune nécessité de continuer l'essai. On peut nous demander ce que nous voulons montrer par cette expérience. Quelle est la cause de cet énorme effort, nécessaire pour maintenir le disque en rotation dans un champ magnétique ? Pour vous faire voir cette expérience sous une autre forme, peut-être plus claire, je vais avoir recours à un fait que vous avez constaté il y a quelques minutes, à ce fait notamment que la machine, par sa propre inertie, est capable, une fois lancée, de continuer son mouvement pendant un temps très considérable, avant qu'elle ne s'arrête définitivement. Je la lance de nouveau avec la même vitesse que précédemment et vous voyez qu'elle s'arrête presque instantanément, dès que le circuit est fermé. Nous avons en effet un frein à frottement agissant sans contact, et pour forcer le disque à se mouvoir dans le voisinage de l'aimant, il faut dépenser une énorme quantité de travail. Nous pouvons maintenant nous demander : Que devient ce travail ? Supposons que, malgré cette énorme résistance au mouvement du disque, nous dépensions du travail à le faire tourner, où disparaît-il ? La réponse est simplement celle-ci : Tout le travail, ou presque tout, est employé à chauffer le disque, et, en persistant à le faire tourner dans ces conditions, vous pouvez porter le cuivre au rouge, vous pouvez même le fondre, si vous continuez l'expérience assez longtemps, et cela sans qu'il touche le fer de l'électro-aimant. Le mode de production de la chaleur est aussi très intéressant. Elle provient des courants induits, — une des grandes découvertes de Faraday. Ce dernier a trouvé, comme vous le savez tous, vers 1831, que lorsqu'un conducteur se déplace dans le voisinage d'un aimant, le mouvement relatif de ces deux corps produit des courants électriques dans le conducteur. Or, nous avons vu qu'un courant électrique, une fois produit, se transforme toujours en chaleur, s'il n'est pas employé à créer du travail, de l'énergie potentielle ou quelque autre forme d'énergie. Par conséquent, si vous maintenez ce disque de cuivre en mouvement dans le voisinage d'un aimant, plus il tournera vite, plus les courants qui se développent dans sa masse seront intenses ; et comme il n'y a ici aucun dispositif pour recueillir ces courants afin de les utiliser d'une manière quelconque, ils doivent se transformer en chaleur dans le disque même. Un aimant permanent produirait exactement le même effet que notre électro-aimant, la seule raison qui nous fait employer un électro-aimant, est la facilité avec laquelle on peut aimanter et désaimanter le fer doux, en établissant ou en interrompant le contact entre deux fils, ce qui revient à approcher et à éloigner virtuellement l'aimant. Les courants engendrés dans le disque ont une direction telle, qu'ils sont toujours attirés par l'aimant, ou, plus scientifiquement, en nous servant des termes de Lenz, l'action mutuelle entre l'aimant et les courants engendrés par le mouvement relatif du conducteur, tend toujours à diminuer ce mouvement relatif. D'où la nécessité d'un travail pour maintenir la rotation du disque.

Machine magnéto-électrique. — Pour rendre cette

partie de notre sujet encore plus claire, je vais me servir de cette machine, qui a été inventée dans le but d'utiliser la découverte de Faraday, dont je viens de parler. Nous avons là une paire de bobines munies de noyaux de fer, et ces bobines peuvent se déplacer devant un faisceau d'aimants d'acier. Nous avons en réalité, sous une forme un peu différente, tous les organes essentiels de la machine dont je me suis déjà servi. Nous dépensons une certaine quantité de travail mécanique pour mettre ces bobines en mouvement devant les pôles des aimants ; de cette manière nous développons des courants dans les bobines, comme nous en avons développés il y a un instant dans le disque de cuivre. Seulement, à présent, je puis recueillir ces courants et m'en servir pour produire de la lumière, ou bien je puis les laisser se transformer en chaleur, comme dans l'appareil précédent ; vous voyez que nous produisons une étincelle brillante en dépensant simplement du travail mécanique pour faire tourner la manivelle, sans aucune pile, sans aucun électro-aimant, sans rien de ce genre. Rien qu'en forçant le conducteur à se mouvoir en présence des aimants d'acier, nous pouvons engendrer des courants assez puissants pour produire cette étincelle brillante. Bien entendu, avec cette petite machine la lumière est très faible, mais l'appareil agit en vertu des mêmes principes que les machines magnéto-électriques mises en marche par la force motrice empruntée à la vapeur et appliquées récemment avec beaucoup d'effet à l'éclairage des phares.

Bobine d'induction avec un tube de Geissler contenant de l'acide carbonique très raréfié. — Il y a encore une seule expérience, liée avec les précédentes, que je vais vous faire voir : elle constitue un autre mode de transformation de travail ou d'énergie potentielle en lumière; cette transformation se fait à l'aide d'un appareil qu'on appelle bobine d'induction. J'emploie avec cette bobine la même pile qui m'a servi jusqu'à présent. Au moyen de cette pile nous produisons un courant électrique qui aimante un faisceau de fils de fer ; puis nous rompons le circuit et nous arrêtons le courant : les fils de fer cessent d'être aimantés. Au moment où leur aimantation disparaît, ils sont virtuellement éloignés brusquement à l'infini. Or, cette bobine (formée d'un très long fil conducteur) est très près du faisceau de fils de fer. Lorsqu'ils sont aimantés, les choses se passent comme si un puissant aimant était brusquement introduit dans la bobine. Quand leur aimantation cesse, c'est comme si l'aimant était enlevé instantanément. Dans chaque cas un courant se développe dans la bobine. Maintenant, au lieu de faire passer le courant à travers une couche très petite d'air ordinaire, comme je l'ai fait dans le cas de la machine magnéto-électrique, je vais le faire passer à travers un espace très long d'un récipient contenant de l'acide carbonique très raréfié, et cela pour une raison spéciale que vous comprendrez dès que l'obscurité aura été faite dans cette salle. Vous voyez maintenant le bel effet lumineux produit par la résistance ; mais remarquez surtout cette particularité, que le phénomène persiste pendant quelque temps après que la décharge a été interrompue. Vous pouvez constater la suppression de la décharge par la disparition de la lumière pourpre et blanche aux extrémités du tube, tandis que la lumière de couleur vert d'olive persiste pendant quelque temps dans l'espace vide et disparaît graduellement. Le tube se refroidit pour ainsi dire. A part la couleur, il présente absolument l'apparence d'un corps chaud qui se refroidit. Ce fait remarquable, dont la cause première est le courant électrique, nous donne un exemple curieux d'un corps qui, étant agité par le passage du courant, peut convertir son énergie en lumière et l'abandonner sous cette forme. Il émet à peine des radiations de chaleur obscure, qu'il soit incandescent ou qu'il se refroidisse. J'ai intercalé cette expérience maintenant, non pas à cause de son rapport direct (en dehors de la cause fondamentale, la pile) avec ce que nous avons vu précédemment ou avec ce que nous verrons immédiatement après, mais parce que l'appareil était prêt et qu'il était bon de faire voir une expérience qui était préparée.

Vous avez vu que, dans tous ces cas, il y avait une transformation d'énergie, quelquefois même plusieurs transformations successives. Mais dans toutes ces transformations, nous constatons une loi de la nature. Certaines formes d'énergie sont d'un ordre plus élevé que d'autres, et si vous partez de l'une des formes supérieures, vous pouvez en obtenir n'importe quelle forme inférieure, et en général vous pouvez la transformer presque totalement en telle énergie d'ordre inférieur qu'il vous plaît. Mais si vous partez de l'une des formes inférieures, l'opération inverse est accompagnée de difficultés extraordinaires. Les lignes

. . . . Facilis descensus Averno ;
Noctes atque dies patet atri janua Ditis :
Sed revocare gradum, superasque evadere ad auras,
Hoc opus, hic labor. . . . . .

paraissent avoir été écrites par quelqu'un qui avait anticipé sur notre connaissance des lois de la transformation de l'énergie.

Nous arrivons maintenant à la question du passage de l'énergie d'une forme inférieure à une forme supérieure ; c'est la seule question qui présente beaucoup de difficultés. Si nous comprenions complètement les conditions dont dépend la meilleure transformation de la chaleur en travail et comment il se fait que, dans les circonstances les plus favorables, on ne peut transformer en travail qu'une faible portion d'une quantité de chaleur donnée, nous n'aurions aucune difficulté pour voir que des lois analogues, qui ne sont peut-être pas exactement les mêmes, doivent s'appliquer à toute transformation d'une forme d'énergie en une autre, surtout si cette autre est la forme la plus élevée des deux. Vous pouvez observer, de beaucoup de manières différentes, la transformation ordinaire du travail en chaleur par des procédés des plus directs. Les sauvages, par exemple, se procurent de la lumière en frottant deux morceaux de bois sec l'un contre l'autre, ou bien en creusant une cavité dans un morceau de bois mou avec un morceau dur. Chacun de nous peut faire cette opération et mettre le feu aux morceaux de bois, en communiquant à l'un d'eux, pendant un intervalle de temps assez long, un mouvement assez rapide de perforation et en le pressant fortement contre l'autre morceau. Il est très facile d'allumer ainsi les deux morceaux de bois en dépensant un peu d'énergie mécanique. Ce procédé n'est qu'un simple perfectionnement de celui qu'emploie le sauvage. Lorsque nous remuons ou agitons rapidement d'une manière quelconque une masse d'eau, nous trouvons que le travail dépensé dans l'opération est d'abord transformé en énergie cinétique ou actuelle de l'eau en mouvement. Vous la voyez tourner autour lorsque vous remuez le vase. Mais si vous l'abandonnez à elle-même, vous voyez sa rotation se ralentir graduellement et elle finit par revenir au repos. Dans ce cas on trouve que tout le travail dépensé pour faire tourner l'eau est finalement transformé en chaleur. Si vous employez le travail à produire de la chaleur par le frottement, vous avez un appareil assez parfait pour transformer tout le travail en chaleur. Il peut arriver qu'une partie de l'énergie ne soit pas au début sous forme de mouvement, par exemple, lorsqu'une partie de la surface de l'eau en mouvement s'élève au-dessus du niveau moyen ; mais cette énergie potentielle se transforme aussi petit à petit en chaleur. Il peut aussi arriver que, même dans le cas du frottement ordinaire, comme celui du frottement du papier de verre contre un morceau de bois, le premier effet produit par ce frottement, ou mieux, par le travail dépensé, soit un développement de courants électriques dans le voisinage immédiat de l'endroit frotté. Nous avons quelque chose d'analogue, quoique sous une forme un peu plus délicate, dans le frottement d'une machine électrique ordinaire. Il n'y a aucun doute que, dans ce dernier cas, l'électricité ne soit produite par quelque chose qui ressemble beaucoup au frottement ordinaire, quoiqu'il puisse y avoir quelque chose d'intermédiaire entre le frottement et le contact. Mais ces considérations nous conduisent à supposer que, même dans les cas où le frottement nous paraît très net, peut-être même (comme le dit sir W. Thomson) lorsqu'il est poussé assez loin pour que les particules des deux corps frottés se détachent, il puisse y avoir au premier abord une production d'une certaine quantité de courants électriques, qui sont immédiatement transformés en chaleur à cause de la résistance ou de la mauvaise conductibilité des corps frottés ; si bien que dans ce cas le travail dépensé en frottement ne produit pas immédiatement de chaleur. Mais, que la chaleur soit produite directement ou qu'elle soit produite par l'intermédiaire des courants électriques, nous pouvons convertir en chaleur toute la quantité de travail dépensée en frottement : ceci n'est pas douteux.

Nous savons de même qu'en martelant un fer à cheval, ou quelqu'autre petit morceau de fer, sur une enclume, un forgeron habile peut, sans beaucoup d'efforts, l'amener au rouge-sombre. Le travail dépensé dans ces chocs est presque entièrement converti en chaleur, et celle-ci s'accumule principalement dans la pièce de fer qui reçoit tous les coups de marteau. Et on voit quelque chose d'analogue, quoique sur une plus grande échelle, dans l'artillerie. Lorsque ces énormes projectiles des grands canons modernes sont employés à percer les plaques de blindage, une grande partie de leur énergie est dépensée certainement à les faire pénétrer dans l'épaisse plaque de fer ; mais il y a en même temps un immense éclat de lumière accompagné de chaleur et d'un dégagement gazeux provenant des deux métaux, par suite d'une véritable fusion suivie d'une évaporation ; tout cela a lieu au moment du choc et correspond à des portions de travail transformé. Dans tous ces cas, la transformation du travail en chaleur s'opère sans aucune difficulté.

Nous arrivons maintenant à la question de la transformation de la chaleur en travail ; c'est ici que les difficultés commencent. Même dans la meilleure machine à vapeur nous ne pouvons transformer, en effet utile, que d'un quart à un tiers de la chaleur employée.

En abordant ce sujet, je dois vous parler d'un progrès réalisé dans les méthodes scientifiques que les gens de science ne connaissent que depuis trente ans environ, quoiqu'il date de 1824. Je veux parler du grand travail de Sadi-Carnot, travail dont il est impossible de parler en termes assez élevés dans une série de conférences comme celles que je vous fais. Je dois seulement vous dire que, sans ce travail de Carnot, la théorie moderne de l'énergie, et en particulier la partie de cette théorie qui est de nos jours la plus importante pour la pratique et qui constitue la théorie dynamique de la chaleur, n'aurait jamais atteint cet énorme développement en si peu de temps.

Les droits de Carnot à notre reconnaissance sont d'un ordre excessivement élevé. Son grand mérite n'est pas seulement d'avoir donné une méthode d'une nouveauté et d'une originalité frappantes, et qui ne se borne pas à la chaleur seule, mais d'avoir énoncé un principe fondamental, sur lequel repose sa manière de comparer la chaleur employée avec le travail qu'elle fournit. Tous ceux qui ont fait des raisonnements (que depuis Carnot ils appliquaient à la chaleur), les faisaient justes tant qu'ils se laissaient guider par le principe de Carnot, mais ils se trompaient inévitablement dès qu'ils l'oubliaient ou s'ils n'y faisaient pas attention. Les erreurs fondamentales de Séguin, de Mayer et de beaucoup d'autres, dont j'ai analysé les droits dans une conférence précédente, provenaient presque entièrement de leur ignorance de ce grand principe, que Carnot avait établi dès 1824.

Le travail de Carnot roule *sur la puissance motrice du feu*. Et ce n'est pas le moindre titre de gloire scientifique de sir W. Thomson, que celui d'avoir reconnu au moment opportun tous les mérites de ce volume complètement oublié, et d'avoir appelé sur lui, en 1848, l'attention des savants en montrant, entre autres choses, qu'il nous permettait de donner, pour la première fois, une définition absolue de la température. Quoique Carnot (1) raisonne (apparemment contre ses propres convictions) dans l'hypothèse de la matérialité de la chaleur, qu'il suppose, par conséquent, indestructible ; bien que, pour cette raison, certaines de ses recherches ne soient pas tout-à-fait exactes, son travail a néanmoins une valeur inestimable, parce qu'il nous fournit, non seulement une base de raisonnement sûre, mais aussi une méthode physique d'une nouveauté et d'une puissance extraordinaires, qui nous donne directement le moyen d'appliquer des raisonnements mathématiques à beaucoup de questions de ce genre. Voici donc

(1) Tout récemment on a réimprimé le grand travail de Carnot auquel on a ajouté ses notes posthumes. Elles dénotent une sagacité merveilleuse, qui lui avait permis de concevoir la vraie théorie et des procédés d'expérimentation propres ; ces notes sont très remarquables même en comparaison des grandes idées exposées dans le travail même.

ses deux grands mérites : le premier est d'avoir établi la thermo-dynamique sur une vraie base physique et expérimentale ; le second, d'avoir donné à cette science une méthode de raisonnement absolument nouvelle en physique mathématique. Cette méthode a été, non seulement entre les mains de Carnot, mais dans celles d'un grand nombre de ses successeurs, aussi féconde en découvertes nouvelles que l'idée de la conservation de l'énergie elle-même.

Les deux grandes idées que Carnot a introduites dans la science, idées qui lui appartiennent entièrement et qu'il a exprimées sous une forme presque parfaite, sont celle du *cycle d'opérations* et celle du *cycle réversible.*

Pour discuter les conditions qui règlent le travail d'une machine thermique (pour la simplicité, supposons une machine à vapeur), il faut imaginer une suite d'opérations telles, qu'à la fin de chaque série de ces opérations la vapeur ou l'eau reviennent exactement à leur état initial. C'est cette série d'opérations que Carnot désigne sous le nom de cycle, et il dit : Alors, et alors seulement, c'est-à-dire à la fin du cycle, vous avez le droit de parler de la relation entre le travail produit et la chaleur dépensée pour l'obtenir. Si vous prenez, comme le proposait Séguin, une quantité de vapeur et que vous la laissiez se détendre, en dépensant dans l'opération de la chaleur et en produisant du travail, vous n'avez aucun droit de dire que la quantité de chaleur disparue est équivalente au travail que vous avez recueilli ; car à la fin de l'opération la vapeur est dans un état de pression et de température différent de celui qu'elle avait au commencement. Au début vous aviez de la vapeur saturée à une certaine température ; à la fin, vous pouvez encore, avec des dispositifs convenables, avoir de la vapeur saturée, mais elle est nécessairement à une autre température, par conséquent vous ne pouvez pas dire si dans l'état final elle possède encore la même quantité d'énergie intrinsèque que dans l'état précédent. Vous n'avez aucun droit de comparer la quantité de chaleur qui semble être disparue avec le travail produit, si la substance qui travaille part d'un certain état et finit l'opération dans un autre état. Mais si par un procédé quelconque vous pouvez ramener votre substance qui travaille à son état initial, vous avez le droit d'affirmer que la substance, étant revenue à son état primitif, ne doit contenir ni plus ni moins d'énergie qu'au début ; de cette manière, vous avez le droit de raisonner sur tous les phénomènes extérieurs qui ont eu lieu pendant l'opération et de rechercher entre eux les conditions d'équivalence. Vous voyez maintenant pourquoi le raisonnement de Séguin n'était pas du tout scientifique quoiqu'il fût publié 15 ans après celui de Carnot. La même remarque s'applique à Mayer, qui a péché plus que les autres dans cette question, parce qu'il était postérieur aux autres.

Le second mérite de Carnot est d'avoir imaginé la notion de *la machine réversible*, ce mot *réversible* étant employé dans ce sens-ci : au lieu de dépenser de la chaleur à produire du travail, vous pouvez faire parcourir à votre machine le cycle en sens contraire, et, en dépensant du travail, pomper, pour ainsi dire, de la chaleur dans le condenseur et la renvoyer à la chaudière, de sorte que l'ordre des opérations sera renversé, mais non pas la direction dans laquelle la machine marche. C'est Carnot qui a introduit cette notion, et il a fait voir, par un raisonnement parfaitement rigoureux, que, si vous pouvez obtenir une machine réversible, ce sera *une machine parfaite*, c'est-à-dire, qu'il est impossible de trouver une machine plus parfaite qu'une machine réversible, le mot réversible étant pris dans le sens que nous venons d'expliquer. Nous voyons immédiatement l'énorme pas qui est ainsi fait, en supposant que nous puissions établir ce second principe ; car, comme vous allez voir bientôt, nous pouvons fixer les conditions de la réversibilité tout-à-fait indépendamment de la nature de l'agent qui travaille dans la machine. Vous voyez donc que nous ne sommes pas limités à une machine à vapeur ou à un agent quelconque. Nous avons maintenant le moyen d'exprimer nos conclusions en termes complètement indépendants de la machine particulière, mais dépendants seulement des circonstances dans lesquelles la machine travaille. Toutes les machines parfaites, c'est-à-dire toutes les machines réversibles, produisent exactement la même quantité de travail avec la même quantité de chaleur, pourvu que leurs chaudières et leurs condenseurs soient à la même température ; vous pouvez, par conséquent, établir la relation qui existe entre toute la quantité de chaleur qui entre dans la machine et le maximum de cette chaleur qui peut être transformé en travail, et cela tout-à-fait indépendamment de la machine particulière, mais uniquement au moyen de la température de la chaudière et de celle du condenseur. Tels sont les grands titres de Carnot en thermo-dynamique.

Maintenant, pour vous faire comprendre comment nous pouvons avoir, en général, une machine réversible, je suis obligé de passer par une série d'opérations imaginaires, qui expliquent le raisonnement de Carnot. Et une fois que vous aurez bien compris ces raisonnements, vous aurez la clé d'un grand nombre de nouveaux faits physiques et de nouvelles propriétés de la matière, que, sans la méthode de Carnot, nous n'aurions peut-être jamais été capables de comprendre, au moins dans leurs véritables rapports physiques.

Digression. — Bloc de glace supporté horizontalement par ses extrémités et coupé avec un fil de cuivre fin, aux bouts duquel on a suspendu des poids. Avant de vous exposer les raisonnements de Carnot, je veux appeler votre attention sur une expérience qui se poursuit depuis quelque temps en votre présence et dont le résultat, sous une de ses nombreuses formes, a été prédit à l'aide du principe de Carnot. Je vous expliquerai dans une autre conférence la relation qu'il y a entre ce principe et l'expérience en question. En attendant, voici en quoi elle consiste : on prend un bloc de glace placé horizontalement, on met sur ce bloc un fil métallique fin et on suspend des poids égaux aux deux extrémités du fil. Comme vous voyez, le fil, sous l'effet des poids, a coupé la glace petit à petit, et il y a deux tranches dont vous apercevez les plans à travers le bloc, grâce à la déformation des bulles d'air. En effet, le fil a traversé la glace dans deux plans parallèles, et cependant celle-ci est probablement plus solide dans ces deux plans, où elle a été coupée, qu'en tout autre point du bloc. Voici la cause de ce fait : le fil que les poids forcent à pénétrer dans la glace, exerce une pression qui la fait fondre en la refroidissant, si bien que l'eau de fusion coule autour du fil, échappe ainsi à la pression et se congèle de nouveau. La glace continue à fondre en avant du fil, par suite de la pression, et l'eau ainsi formée contourne le fil et se congèle derrière lui. De cette manière le bloc est de nouveau réuni, et vous ne verriez pas trace d'interruption si cette masse de glace n'était pas dès le début pleine de bulles d'air. Quelques-unes de ces bulles ont pu s'échapper pendant le passage du fil, et elles ont laissé une couche transparente qui vous indique l'endroit où chaque portion a été coupée. La glace, étant une substance qui fond sous une pression suffisante, se comporte comme une substance visqueuse ou plastique ; elle fond (et se contracte) à l'endroit où la pression est assez grande, et transmet ainsi la pression à une autre partie,pendant qu'elle redevient solide dans sa nouvelle forme. De cette manière, la théorie du *mouvement des glaciers, fondée sur la viscosité* proposée par Forbes en 1843, et qui rend bien compte des faits observés, doit être considérée comme une conséquence nécessaire de cette propriété physique remarquable de la glace.

Nous passons maintenant à l'examen de la méthode de Carnot. Je prends une machine idéale, car pour notre raisonnement cela suffit. S'il est correct dans ce cas spécial, nous pourrons l'appliquer à une machine réalisable ; la question ne sera qu'un peu plus compliquée. Supposons donc que nous ayons un cylindre de machine à vapeur — nous ne considérons pas du tout la chaudière — nous pouvons, pour plus de simplicité, admettre toujours que le cylindre sert lui-même de chaudière. Supposons que le cylindre contienne une petite quantité d'eau, et que le piston soit enfoncé de manière à être en contact avec elle. Admettons, en outre, que notre piston et les parois du cylindre soient complètement imperméables à la chaleur. C'est encore une condition que nous ne pouvons pas réaliser ; mais elle aura une grande importance lorsque nous examinerons les conditions de la réversibilité d'une machine. Nous verrons, en effet, que toute perte de chaleur par conductibilité est incompatible avec la réversibilité de la machine ; néanmoins, dans notre raisonnement théorique, nous supposons que les parois du cylindre et le piston lui-même ne conduisent pas du tout la chaleur. Nous admettons encore que le fond du cylindre est un conducteur parfait de la chaleur. Bien entendu, toutes ces hypothèses ne peuvent pas être réalisées dans la pratique ; mais elles nous permettent de concevoir une machine extrêmement simple, pour nos raisonnements théoriques. Supposons que nous ayons trois supports, sur lesquels on puisse successivement placer le cylindre. J'appellerai le premier support A, le second B et le troisième C. Supposons maintenant, que A soit un corps à une certaine température définie S qui représentera la température de la chaudière. On admet qu'on fournit constamment de la chaleur à ce corps A de manière à le maintenir toujours (quoi qu'il arrive) à cette température particulière. B, destiné à servir de condenseur, est constamment maintenu à une température définie T plus basse que la température S de A. Le troisième corps est employé simplement pour la théorie de l'opération ; il n'a en réalité aucun effet par lui-même. Il est simplement imperméable à la chaleur ; en fait, il forme une sorte de deuxième fond destiné à être mis sur le cylindre, quand celui-ci n'est placé ni sur la chaudière ni sur le condenseur. Nous pouvons maintenant commencer nos opérations avec cet appareil dans un ordre quelconque. La marche suivie par Carnot n'est peut-être pas la plus simple, mais elle est très importante au point de vue historique. Nous commencerons donc par placer cet appareil sur le corps chaud. Comme le fond du cylindre est un conducteur parfait, on fera ainsi passer immédiatement de la chaleur, du corps chaud à l'eau qui se trouve dans le cylindre sous le piston. La température de cette l'eau monte alors jusqu'à S, et de la vapeur commence à se former à sa surface supérieure. La quantité de cette vapeur est limitée par l'espace qui lui est offert et par la température du corps. Lorsque toute la quantité de vapeur compatible avec ces conditions s'est formée, on a de la vapeur saturée à la température S. Cela étant, laissons la vapeur se détendre, ou le piston monter (la pression atmosphérique au-dessus du piston pouvant facilement être neutralisée par un contre-poids, surtout dans une machine imaginaire), nous pouvons nous servir de la détente pour faire monter des poids ou pour produire quelqu'autre travail extérieur. Remarquez ce qui se passe pendant que le piston monte. La température reste la même que précédemment, mais il y a plus d'espace pour la vapeur et il s'en forme davantage, si bien que pendant la marche du piston on maintient la vapeur saturée sous la pression correspondant à la température S de la chaudière. Comme la quantité de vapeur formée a augmenté, il y a plus de travail produit et plus de chaleur prise à la chaudière, la nouvelle vapeur ayant absorbé une nouvelle quantité de chaleur latente. Maintenant, le piston étant monté jusqu'au milieu de sa course, mettons le tout sur le corps C. A partir de ce moment la chaleur ne peut ni pénétrer dans le cylindre ni s'en échapper, puisque la vapeur est complètement entourée de corps non-conducteurs. Dans cet état le contenu du cylindre est à la température de la chaudière. Poussons maintenant la détente plus loin ; on peut encore produire du travail, puisqu'il se forme une nouvelle quantité de vapeur ; mais les corps contenus dans le cylindre deviennent plus froids, la vapeur formée ayant absorbé de la chaleur latente. Prolongeons la détente et le travail jusqu'à ce que la température à l'intérieur du cylindre soit descendue à T — température du condenseur — et alors, mettons le tout sur le condenseur. Il n'y aura évidemment aucun transport de chaleur. Supposons maintenant que l'on dépense du travail pour forcer le piston à descendre d'une certaine longueur. En le faisant descendre nous comprimerons la vapeur, et le contenu du cylindre tendra à devenir plus chaud, mais sa températurure ne peut pas varier, car il est en contact avec un corps à la température T ; de cette manière une partie de la vapeur se condense et la chaleur latente qui se dégage est transportée sur le corps froid.

Voici comment Carnot s'exprime au sujet de la quantité dont il faut faire descendre le piston pendant cette partie de l'opération : Poussez-le jusqu'à ce que la quantité de chaleur rendue au condenseur soit exactement égale à celle que vous avez empruntée à la chaudière pendant la première phase de l'opération. Cet énoncé n'est pas correct et demande à être modifié, Carnot ayant fait son raisonnement dans l'hypothèse de l'indestructibilité de la chaleur.

En réfléchissant bien sur la notion du cycle de Carnot, nous voyons que la quantité dont il faut enfoncer le piston pendant que tout l'appareil se trouve sur le condenseur, doit être déterminée par cette condition que, lorsque le tout est placé finalement sur le support imperméable et que le piston est revenu à sa position initiale, la température à l'intérieur du cylindre doit être remontée à S, à la température de la chaudière. (Cette rectification du cycle de Carnot a été donnée par James Thomson en 1849.) Si cette condition est remplie, nous pouvons transporter le cylindre sur le corps A, et tout se retrouve dans les mêmes conditions d'où nous sommes partis, si bien que l'opération peut être répétée autant de fois que nous voulons.

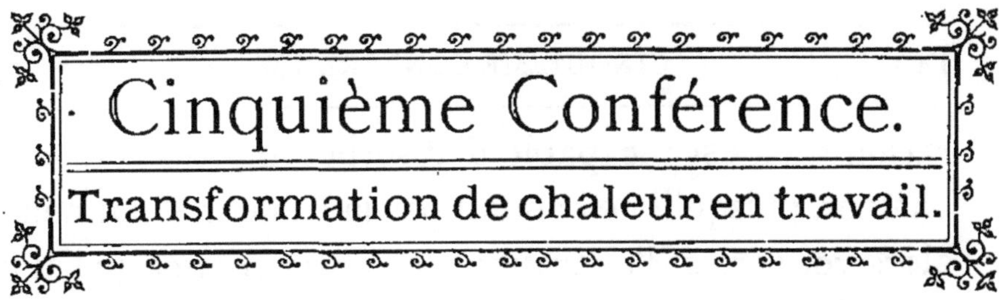

Cinquième Conférence.

Transformation de chaleur en travail.

Cycle de Carnot (suite). Diagrammes d'énergie de Watt. L'impossibilité du mouvement perpétuel est une vérité expérimentale. Conditions de réversibilité. Définition de la température absolue. Seconde loi de la thermo-dynamique. Zéro absolu, ou température d'un corps dépourvu de chaleur. Coefficient économique de la meilleure machine à vapeur. Effet de la pression sur la congélation de la glace. Mécanisme du mouvement des glaciers.

RAPPELEZ-VOUS qu'à la fin de ma dernière conférence je vous ai donné un aperçu de le première partie du raisonnement de Carnot, raisonnement le plus important qui ait jamais été introduit dans la théorie dynamique de la chaleur. Je vais récapituler brièvement (mais sous une forme un peu meilleure) ce que j'ai dit alors, afin qu'il n'y ait pas de solution de continuité dans notre étude.

L'opération hypothétique que Carnot a introduite en vue de son raisonnement, et uniquement pour ce raisonnement, est la suivante. Supposons que nous ayons un corps chaud maintenu constamment à une certaine température et un corps froid maintenu également d'une manière permanente à une température définie, plus basse que la première. Supposons de plus que nous ayons, outre ces deux corps, un troisième corps qui, en comparaison de ceux-là, ne soit ni froid ni chaud, par la raison qu'il est incapable d'absorber ou de céder de la chaleur, puisqu'il ne conduit pas la chaleur. Commencez alors vos séries d'opérations, non pas comme je l'ai fait (d'après Carnot) dans ma dernière leçon, mais en prenant pour point de départ le non-conducteur. Supposez que votre cylindre et votre piston ne conduisent pas la chaleur, mais que le fond du cylindre soit un conducteur parfait. Si vous avez dans le cylindre une quantité d'eau et de vapeur, toutes les deux à la température du corps froid, et si vous dépensez du travail pour forcer le piston à descendre, les corps contenus dans le cylindre deviendront plus chauds et une partie de la vapeur sera liquéfiée (1). Continuez l'opération jusqu'à ce que la température se soit élevée à celle du corps chaud, et transportez alors le cylindre sur ce dernier. Laissez maintenant monter le piston, l'intérieur du cylindre restant à la température du corps chaud ; il se formera une nouvelle quantité de vapeur et en même temps il y aura du travail produit. Arrêtez l'opération à une phase quelconque et transportez le cylindre sur le corps non-conducteur ; si à partir de ce moment nous prolongeons la détente, il y aura encore du travail produit, mais la température baissera graduellement. Continuez l'opération jusqu'à ce que la température soit tombée à celle du

(1) Cette assertion exige une restriction, afin d'éviter les complications qui ne sont pas indiquées dans le texte. S'il y avait une quantité d'eau trop petite en comparaison de la quantité de vapeur, la pression ferait passer à l'état de vapeur une certaine quantité d'eau au lieu de condenser la vapeur, comme on l'admet dans le texte. (V. *Heat*, de Mr Tait, § 391.)

corps froid, sur lequel on peut alors transporter l'appareil sans perte ni gain de chaleur. Dépensons maintenant du travail pour comprimer la vapeur, à la température constante du corps froid, jusqu'à ce que l'intérieur du cylindre revienne (par suite d'une condensation) à son état initial. Le cylindre peut alors être transporté sur le corps non-conducteur et tout se retrouve dans le même état qu'au début, si ce n'est qu'une certaine quantité de chaleur a été prise au corps chaud dans la seconde opération, et que ce dernier a cédé de la chaleur au corps froid pendant la troisième opération. Il est aussi évident qu'il a été produit plus de travail dans la seconde et la troisième opération qu'il n'en a été dépensé dans la première et la quatrième, car la température, et par suite la pression de la vapeur, était plus grande pendant la détente que pendant la compression. Il est bien entendu qu'on peut recommencer l'opération autant de fois qu'on veut.

Remarquez surtout le point caractéristique de cette opération. La vapeur ou la substance qui se détend — car l'air ou un autre gaz conviendrait tout aussi bien — doit toujours être en contact avec des corps ayant la même température qu'elle, ou bien avec des corps imperméables à la chaleur. Si elle était en contact avec un corps ayant une température autre que la sienne, il y aurait perte de chaleur. Celle-ci passerait par conductibilité du cylindre aux corps extérieurs et serait perdue pour le travail à produire. La même chose arriverait si nous enlevions le cylindre du corps non-conducteur pour le placer sur le corps froid, avant que la détente soit poussée assez loin pour faire descendre la température à celle du corps froid. Une certaine quantité de chaleur serait enlevée par conductibilité sans aucun profit. Dans toutes les opérations de Carnot, il est donc essentiel qu'il n'y ait aucun transport direct de chaleur, excepté dans les cas où de la chaleur est prise au corps chaud, ou cédée au corps froid. Les corps contenus dans le cylindre sont, dans chacun de ces cas, à la même température que le corps avec lequel ils sont en contact.

Je dois maintenant faire une remarque très importante, quoiqu'elle nécessite une certaine digression. Vous avez dû remarquer que, dans notre conférence d'aujourd'hui, nous sommes arrivés bien plus facilement que dans celles d'hier à fixer les limites du volume de la substance qui travaille, dans chacune des quatre opérations formant le cycle de Carnot. Cependant la seule différence dans nos procédés consiste en ce qu'hier, suivant la méthode de Carnot lui-même, nous avons commencé le cycle par la détente à la température supérieure, tandis qu'aujourd'hui nous avons préféré de commencer par la compression sur le support non conducteur. A l'aide d'une représentation due à Watt on peut rendre ce point encore bien plus clair. Je veux parler du *diagramme indicateur* (indicator diagram) qui est constamment employé pour évaluer le travail réel d'une machine, surtout des machines des bateaux à vapeur. Je n'ai pas à entrer dans les détails purement mécaniques : je dirai seulement que le diagramme est tracé par un crayon attaché à la tige du piston et par-

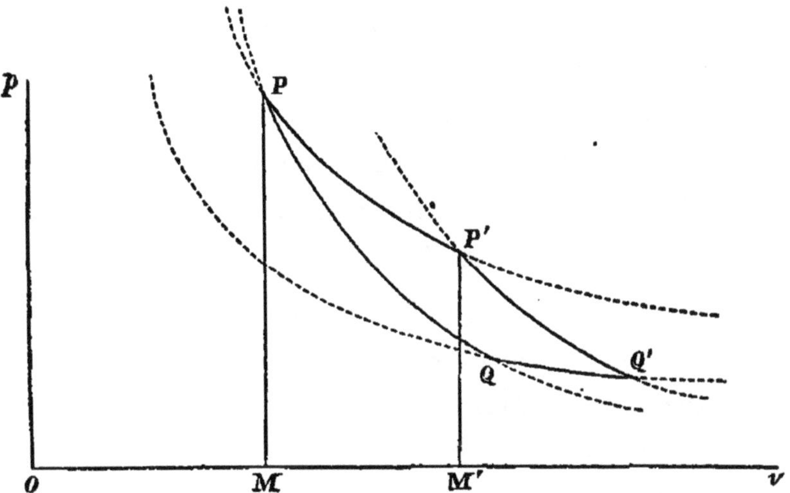

tage ainsi son mouvement de va-et-vient ; en même temps ce crayon possède un mouvement dans une direction perpendiculaire à la tige du piston, et tel, que le déplacement est à chaque instant proportionnel à la pression dans le cylindre au moment considéré. Pour fixer les idées, supposons que le cylindre soit horizontal et que le mouvement transversal dont nous venons de parler se fasse dans la direction verticale. Alors une ligne quelconque, située complètement entre Op et Ov, peut être supposée tracée avec le crayon P. Pour des raisons qui seront expliquées plus tard, je prends le quadrilatère curviligne PP'Q'Q. Soit Ov l'axe du cylindre, Op perpendiculaire à cet axe et PM perpendiculaire à Ov. Dans ces conditions OM représente la distance du piston à la base du cylindre, c'est-à-dire *le volume de la substance qui travaille*, tandis que MP représente sa pression, chaque longueur étant évaluée sur une échelle définie. On déduit de là, par une analyse mathématique, très simple, il est vrai, mais que je ne puis exposer dans ces conférences, que si P′ est une autre position du crayon et P′M′ une perpendiculaire à Ov, l'aire de la figure PP′M′M est proportionnelle à la quantité de travail produite par la substance qui se détend pendant que le crayon passe de P à P′. Vous voyez facilement que l'aire de la figure PP′Q′Q est l'excès du travail produit par l'agent sur celui qui a été dépensé à le comprimer, c'est-à-dire l'équivalent de la chaleur disparue sur le parcours du cycle.

En réglant convenablement la température pendant que l'agent décrit le cycle, nous pouvons évidemment rendre la pression telle que nous voulons, à chaque phase de la détente ou de la compression. Il en résulte que toute courbe fermée peut par une disposition convenable servir de diagramme à l'énergie d'une machine thermique. Remarquez surtout, que dans la machine idéale de Carnot nous sommes limités à deux genres d'opérations (directes ou inverses), et à deux seulement. Par conséquent les parties de la courbe indicatrice dont chacune représente l'une des quatre opérations du cycle de Carnot, appartiennent à deux classes de courbes connues, ou pouvant au moins être déterminées expérimentalement, si l'on connaît la nature de la substance qui travaille.

Une de ces courbes représente la relation entre la pression et le volume, lorsque la substance se dilate ou se contracte sans changement de température. Appelons-la ligne de température constante : PP′ ou QQ′ sur le diagramme.

L'autre courbe PQ et P′Q′ représente la relation correspondante, lorsque la substance se dilate ou se contracte dans un vase imperméable à la chaleur. On l'appelle, d'après Rankine, adiabatique. Nous pouvons concevoir le procédé graphique de Watt comme réellement appliqué à tracer ces courbes. Il est évident qu'il peut y en avoir une, et une seule de chaque espèce, qui passe par un point donné P du plan du diagramme indicateur. En effet, ce point représente un certain volume et une certaine pression de la substance qui travaille (et dont la quantité reste constante). Il peut servir de point de départ à l'une ou à l'autre des deux opérations que nous venons d'indiquer. Il est évident aussi que, pour des accroissements égaux du volume de l'agent qui travaille, des deux lignes passant par le point P, celle qui correspond à la température constante PP′ tend à s'approcher de la ligne de nulle pression Ov, plus vite que la ligne adiabatique PQ. Car en général la pression de la substance qui travaille tombe plus vite lorsqu'elle se détend à l'abri de toute chaleur venant du dehors, que dans le cas où sa température est maintenue constante.

Vous voyez ainsi que l'opération de Carnot implique essentiellement un cycle dont le contour est formé (sur le diagramme de Watt) de deux lignes d'égale température (isothermes) et de deux lignes adiabatiques. Mais tandis que les deux lignes isothermiques sont caractérisées par les nombres S et T, nous n'avons aucun caractère de ce genre pour spécifier les lignes adiabatiques. Aussi, quand il s'agit d'une conférence élémentaire, la méthode dont je me suis servi aujourd'hui, est-elle plus simple que celle qui a été primitivement donnée par Carnot. En effet, dans la méthode d'aujourd'hui je suis parti d'un point Q pris sur la ligne correspondant à la température T, et le point P a été trouvé au moyen de la ligne adiabatique. De même P′ peut être un point quelconque sur l'autre ligne isothermique, et en partant de ce point on trouve Q′ par une ligne adiabatique. La difficulté de la méthode d'hier était de pouvoir choisir le point Q dans la troisième opération de telle manière que l'on puisse arriver à un point donné P dans la quatrième opération.

Nous arrivons maintenant à un autre point, également nouveau, et au moins aussi important que nouveau. Si vous examinez les différentes phrases des opérations formant le cycle de Carnot, vous verrez aisément qu'on peut les considérer comme si elles étaient effectuées dans un ordre exactement inverse. Commencez, par exemple, par le corps chaud, mais sans laisser monter le piston tant que le cylindre reste en contact avec ce corps. Séparez le cylindre du corps chaud dès que l'eau et une faible quantité de vapeur au-dessus d'elle ont atteint la température supérieure. Transportez-le sur le corps non conducteur et laissez alors monter le piston jusqu'à ce que la température soit descendue à celle du corps froid ; mettez le cylindre sur ce dernier ; poussez la détente un peu plus loin, — il y aura production de travail et absorption de chaleur ; puis, lorsque le piston sera arrivé au point le plus élevé auquel il était parvenu dans l'opération précédente (décrite plus haut), placez le cylindre de nouveau sur le corps non conducteur, forcez le piston à descendre de la même quantité dont il était monté lorsque (dans l'ordre direct des opérations de Carnot) il était placé sur ce même corps. Tout s'est ainsi effectué dans l'ordre exactement inverse du précédent. Complétez le cycle sur le corps chaud en forçant le piston à descendre jusqu'au point de départ. D'après l'idée de Carnot vous rendriez au corps chaud, dans cette opération finale, une quantité de chaleur exactement égale à celle que vous avez prise au corps froid ; or, pendant les deux dernières opérations vous forcez le piston à descendre, tandis que dans les deux premières il montait, mais il montait toujours à une température inférieure, et, partant, sous une pression inférieure à celle qu'il fallait vaincre pendant la descente. Donc, lorsque la machine travaille en parcourant le cycle en sens inverse, vous prenez de la chaleur au corps froid et vous la transportez sur le corps chaud. La quantité de chaleur ainsi transportée est exactement la même que dans l'opération directe, et finalement vous dépensez autant de travail que vous en avez gagné dans l'opération précédente.

Telles sont les grandes idées que Carnot a introduites et dont voici les point saillants : en premier lieu, l'idée du cycle complet d'opérations au bout duquel l'agent qui travaille est replacé exactement dans les conditions initiales ; — ce cycle peut être répété un nombre infini de fois. En second lieu, l'idée de rendre le cycle réversible, de sorte qu'on peut effectuer toutes les opérations dans un ordre inverse : au lieu d'enlever de la chaleur à un certain corps, on lui en cède une quantité égale ; au lieu de produire un travail extérieur quelconque, la machine en absorbe un. Avec ces modifications dans les opérations, le cycle peut être parcouru en sens contraire.

Cela étant, Carnot se met à discuter son cycle. Il fait son raisonnement dans l'idée de la matérialité de la chaleur de la manière suivante : Évidemment la chaleur a produit du travail dans la série des opérations directes à cause de sa chute d'une température supérieure à une température inférieure, tout-à-fait comme l'eau produit du travail en descendant à travers une turbine ou une autre machine hydraulique, et ce travail est proportionnel à la quantité d'eau et à la hauteur dont elle tombe. Nous savons maintenant que cette idée sur la nature de la chaleur est erronée (1) ; toutefois le raisonnement

(1) Il est maintenant prouvé que Carnot lui-même était arrivé à l'idée de la non-matérialité de la chaleur.

de Carnot est de la plus haute valeur, car il suffit d'y changer un ou deux mots pour le rendre parfaitement d'accord avec nos connaissances modernes.

Il y a dans ce raisonnement un point que vous avez certainement remarqué et qui montre d'une manière concluante l'inexactitude de l'hypothèse de Carnot ; en effet, rien n'est plus facile que de faire tomber la chaleur sans aucune production de travail. Si vous mettiez le corps chaud en communication directe avec le corps froid, la même quantité de chaleur pourrait passer de l'un à l'autre, et cette chute de chaleur ne vous donnerait aucun travail. Il doit donc y avoir quelque défaut dans l'énoncé de Carnot. Nous savons maintenant en quoi ce défaut consiste ; mais suivons Carnot un peu plus loin, et voyons à quelles conséquences éminemment utiles et justes il est arrivé, même avec cette hypothèse fausse. Il continue son raisonnement en disant : Si une machine est réversible (comme ce cycle d'opérations, d'après ce que nous avons montré), elle produit tout le travail qu'il est possible de produire avec une quantité de chaleur donnée, dans les mêmes conditions. De sorte que, si une certaine quantité de chaleur est tombée, en traversant votre machine, de la température de la source à une température inférieure, la quantité de travail utile que l'on peut obtenir de cette chaleur sera absolument la même, quelle que soit la matière dont la machine est faite, ou la substance qui se détend ou se contracte. La réversibilité est la seule condition nécessaire pour que deux machines de ce genre soient équivalentes. Vous voyez immédiatement quel énorme progrès ce fait constitue pour la physique. Le raisonnement de Carnot est complètement indépendant des propriétés de quelque substance particulière : l'agent servant à produire du travail peut être de la vapeur, de l'air, de l'éther ou une autre substance. Nous avons là un critérium décisif de la perfection d'une machine, qui s'applique à n'importe quelle substance, et à n'importe quelle machine thermique. Voici ce critérium : *Si une machine est réversible, elle est parfaite;* ce mot *parfait* n'est pas employé dans le sens ordinaire, mais dans un sens scientifique, dans ce sens que la machine *est aussi bonne qu'il est physiquement possible de la faire.*

La preuve qu'il en est ainsi est très facile à donner, mais avant de vous la faire connaître, je dirai un ou deux mots d'une preuve analogue à celle que j'ai en vue, mais un peu plus simple. Elle vous préparera au raisonnement dont je me servirai et qui repose directement sur l'idée ordinaire de l'impossibilité du mouvement perpétuel.

Nous savons (bien entendu par l'expérience seulement) que dans le cas des lois de la nature, telles que les lois de la pesanteur et de l'attraction magnétique, lorsqu'on dépense du travail à faire parcourir à un corps un certain trajet dans une direction, ce travail peut être retrouvé en faisant décrire au corps le même trajet en sens contraire, en supposant que tout frottement soit évité. Et voici la raison de ce fait : les forces dépendent d'une position relative : elles défont, par conséquent, à chaque phase du trajet inverse, précisément la même quantité de travail qu'elles avaient produite dans la même phase du trajet direct.

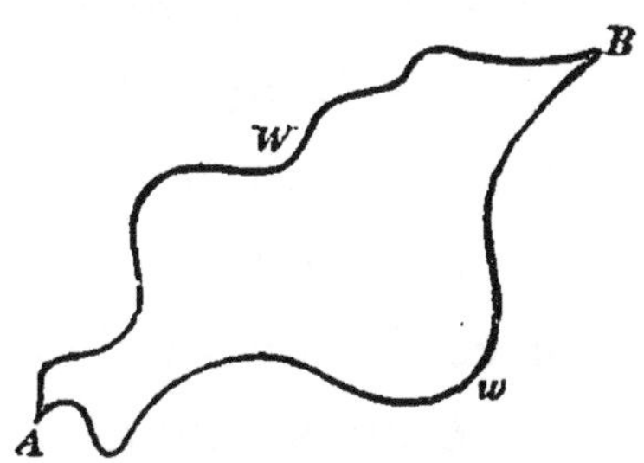

Supposons maintenant qu'entre A et B il puisse y avoir deux chemins, et qu'en suivant l'un de ces chemins on dépense plus de travail à déplacer la masse qu'en suivant l'autre. Soient W et *w* les deux quantités de travail correspondant à ces deux chemins. Je dis que s'il en était ainsi, nous pourrions immédiatement réaliser le mouvement perpétuel. Vous n'avez qu'à diriger la masse de manière qu'en montant, elle suive sans frottement le chemin A *w* B et qu'elle descende en suivant le chemin B W A. De A en B vous aurez dépensé la quantité de travail *w* contre les forces du système, de B en A ces forces rendent la quantité W. Finalement, après un cycle complet, la masse sera revenue en A avec une quantité d'énergie W-*w* en plus de celle qu'elle avait au départ. Nous avons ainsi gagné quelque chose ; et chaque fois que la masse parcourt les deux chemins, dans la direction que nous avons indiquée, elle gagne la différence entre la plus grande et la plus petite quantité d'énergie. Vous pouvez donc, à la fin de chaque cycle complet, distraire cette énergie et l'employer à faire marcher une machine où à produire quelque travail utile. Donc, s'il y avait un chemin suivant lequel une chose pourrait être produite avec moins de dépenses que suivant un autre, et que l'opération qui exige plus de dépenses fût réversible (dans le sens scientifique du mot, tel que nous l'avons expliqué plus haut), il vous serait possible, dans ces conditions, d'obtenir de rien des quantités illimitées de travail utile. Or, nous savons que cela est impossible à réaliser expérimentalement. De nombreuses expériences ont été tentées dans ce sens par les hommes les plus ingénieux qui aient jamais vécu. Or, ces hommes, qui étaient parvenus à construire des automates pouvant gesticuler et souvent reproduire les mouvements et les fonctions physiques des animaux vivants, ces hommes avaient complètement échoué dans leurs tentatives en vue de réaliser le mouvement perpétuel. Nous pouvons donc affirmer que toutes les expériences vraiment scientifiques ont conduit à cette conclusion, que le mouvement perpétuel, dans le vieux sens du mot, est absolument irréalisable.

Voyons maintenant comment ce raisonnement s'applique à la machine de Carnot. Ce dernier démontre la propriété en appliquant presque le même raisonnement que celui que je viens de faire pour un cas analogue, mais plus simple. Il dit qu'une machine thermique réversible est une machine parfaite; car, s'il en était autrement, nous pourrions supposer qu'il y en a une autre plus parfaite. Il vous est toujours possible de vous servir de ces deux machines accouplées. Employons la machine la plus parfaite (c'est-à-dire celle qui dépense le moins) à transporter une certaine quantité de chaleur de la chaudière au condenseur et à produire une plus grande quantité de travail que ne pourrait en produire la machine réversible. Vous pouvez maintenant vous servir de la machine réversible pour pomper la chaleur et pour la renvoyer en sens contraire. Chaque fois que la chaleur descend, elle passe par la machine la plus parfaite ; chaque fois qu'elle remonte, elle passe par la machine la moins parfaite ; par conséquent la chaleur produit plus de travail en descendant qu'il n'en faut dépenser pour la faire remonter ; de cette manière, chaque fois que la machine aura fait un tour complet, ou aura parcouru le double cycle d'opérations, une des parties aura fourni un travail plus grand que celui qui aura été dépensé par l'autre. On a donc ainsi une machine qui, non seulement marcherait toujours, mais qui en outre produirait constamment un travail extérieur.

Or, ceci, comme nous avons vu, est incompatible avec tous nos résultats expérimentaux, et nous pouvons affirmer que l'hypothèse de la possibilité d'une machine plus parfaite qu'une machine réversible, qui nous a amené à ce résultat, est fausse. C'est ainsi que Carnot prouve (dans l'hypothèse de la matérialité de la chaleur) qu'une machine réversible est une machine parfaite. Un moment de réflexion vous montrera qu'il suffit d'une très légère modification pour mettre ce raisonnement en accord avec nos connaissances modernes sur la chaleur.

Nous avons à considérer le cycle en nous plaçant au point de vue, de la conservation de l'énergie ; à ce point de vue, lorsqu'on produit du travail avec de la chaleur, une partie de cette dernière doit disparaître et se convertir en travail. Par conséquent, si la machine produit un travail extérieur, la quantité de chaleur qui arrive au condenseur n'est jamais égale à celle qui est sortie de la chaudière. La différence entre ces deux quantités, si rien n'a été perdu par conductibilité ou d'une manière inutile, — la différence entre la quantité de chaleur qui sort de la source et celle qui arrive au condenseur pendant un cycle complet, doit être exactement équivalente au travail extérieur produit. Cela dit, supposons que l'on puisse faire une machine plus parfaite qu'une machine réversible. Accouplons les deux machines, comme précédemment. Servez-vous de la machine réversible pour faire remonter autant de chaleur que l'autre en fait tomber. Comme elle est moins parfaite, elle exigera, étant renversée, pour restituer à la source, ou à la chaudière, la chaleur qu'on lui avait emprunté, moins de travail que l'autre n'en produit en transportant la chaleur en sens contraire. En somme, après une période complète du jeu de la double machine, une quantité de chaleur est prise au foyer, une autre lui est restituée, et toutes les deux se compenseront mutuellement ou sembleront se compenser exactement, au moins en ce qui concerne la source, et un travail extérieur sera produit. C'est là la seule difficulté, s'il y en a une. La machine accouplée produira du travail, il n'y a pas de doute à cet égard. La machine la plus parfaite fait tomber une certaine quantité de chaleur dans le condenseur. L'autre machine pompe de la chaleur dans ce condenseur et la fait remonter à la chaudière. Elle lui restitue exactement la même quantité de chaleur que l'autre lui avait prise. Comment ce double système peut-il travailler si l'on sait que la chaleur n'est pas de la matière ? Il ne peut travailler qu'à condition de dépenser du travail ; il doit donc travailler, non pas en enlevant de la chaleur à la chaudière, mais en *refroidissant le condenseur*. Il en résulte donc que s'il y avait une machine plus parfaite qu'une machine réversible, en partant du cycle de Carnot et en le modifiant de manière à le rendre compatible avec nos connaissances modernes, les deux machines travaillant ensemble, l'une restituant à la chaudière exactement ce que l'autre lui a pris, ne peuvent produire un travail extérieur qu'en refroidissant de plus en plus le condenseur. En somme, notre résultat revient à ceci : en prenant pour condenseur de cette machine accouplée une portion limitée quelconque de notre univers, nous pourrions en retirer du travail en la rendant de plus en plus froide jusqu'à ce que toute la chaleur lui soit enlevée. Or, nous pouvons admettre en toute sûreté, comme une axiôme, que cela est impossible. Toutes les lois expérimentales sont contre la possibilité d'une telle opération. Et comme c'est l'hypothèse de l'existence d'une machine plus parfaite qu'une machine réversible, qui nous a conduit à cette absurdité, nous arrivons *ex absurdo* à cette conclusion, qu'il ne peut y avoir une machine plus parfaite qu'une machine réversible. Ce que je viens de vous exposer est, sous une forme un peu plus détaillée, le point principal de quelques remarques publiées en 1851 par sir W. Thomson.

L'année précédente Clausius avait tenté d'obvier au défaut du travail de Carnot, en faisant appel à la propriété générale de la chaleur de passer d'un corps plus chaud à un corps plus froid. J'ai donné ailleurs des raisons pour lesquelles cette preuve paraît inadmissible (1).

Quelque complète et satisfaisante que puisse paraître la démonstration que je viens de vous donner, je dois vous dire maintenant qu'il est possible, mais seulement d'une manière très curieuse et dans des limite extrêmement restreintes, de tourner cette difficulté, de rendre un corps plus froid que les objets environnants et d'en retirer ainsi du travail. Ce fait (qui met en défaut le raisonnement de Clausius, même avec sa dernière modification) a été indiqué pour la première fois par Clerk-Maxwell, il n'y a pas bien longtemps : il a mon-

(1) Voyez toute la correspondance dans le Phil. Mag. 1872, I, pp. 106, 338, 443, 516, et II, pp. 117, 240. Voyez aussi 1879, I, p. 344. C'est à ce dernier renvoi que se rapportent les citations de la *Préface*.

tré que le moyen d'échapper à la difficulté serait de faire intervenir des êtres finis, mais beaucoup plus subtiles et plus habiles que tout être humain (même que l'idéal le plus parfait qu'un être humain puisse concevoir), pour effectuer un transport de chaleur *sur une échelle finie.* La base sur laquelle sir W. Thomson a réétabli les résultats de Carnot serait ainsi détruite. Le raisonnement de Clerk-Maxwell repose sur la théorie moléculaire des gaz. Un des points essentiels de cette théorie est l'inégalité de vitesse que peuvent présenter des particules gazeuses d'une masse qui n'est pas troublée par des courants et qui a une température uniforme. Il montre que si de tels êtres imaginaires, que sir W. Thomson appelle provisoirement démons — de petites créatures sans inertie, d'une agilité merveilleuse, ayant des sens et une intelligence excessivements subtils — si ces êtres étaient chargés de veiller sur les molécules contenues dans un vase divisé en deux compartiments, séparés par des trappes également sans inertie ; s'ils étaient chargés d'ouvrir et de fermer les trappes de manière à laisser passer les particules plus rapides du premier compartiment dans le second, et de faire passer un nombre égal de particules du second compartiment dans le premier, ils pourraient, sans produire aucun travail eux-mêmes, donner au système le pouvoir de produire une certaine quantité de travail sans l'intervention des corps extérieurs. Vous devez cependant faire attention et ne pas vous imaginer qu'il y ait là gain ou création d'énergie ; même un démon ne saurait le réaliser ; il y a un gain de transformabilité, une faible élévation de la valeur de l'énergie, pas plus. Comme je vous montrerai dans une autre conférence, cette restauration de la valeur de l'énergie se produit dans chaque masse gazeuse, mais sur une échelle très restreinte. Si dans un petit vase rempli de gaz il y avait seulement quelques centaines de particules, et que nous le coupions brusquemment en deux parties, il y aurait des chances de voir une différence sensible de température entre ces deux parties. Mais, vu le nombre énorme de particules dans un centimètre cube d'un gaz, *même le plus raréfié*, la forme complétée du raisonnement de Carnot, que nous venons de donner, doit être considérée comme valable pour toute machine thermique. En effet, nous ne sommes pas des démons (dans le sens de Maxwell), hélas ! Par suite, dans les limites de l'expérience et des applications pratiques, nous devons considérer cette forme perfectionnée de la démonstration de Carnot comme absolument décisive et la conclusion, qu'il ne peut y avoir de machine plus parfaite qu'une machine réversible, comme définitivement établie. C'est cette proposition qui constitue la deuxième loi de la thermo-dynamique, la première loi étant celle de l'équivalence de la chaleur et du travail.

La considération qui vient immédiatement après est la suivante : si toutes les machines réversibles sont parfaites, elle doivent avoir toutes le même coefficient économique. Elles doivent toutes être capables de vous donner pour la même quantité de chaleur la même quantité de travail, dans les mêmes conditions. Il en résulte que ce sont ces conditions seules qui déterminent la quantité de travail que peut produire une machine parfaite avec une quantité donnée de chaleur. Or, quelles sont ces conditions ? Les seules que je vous aie citées sont les températures de la chaudière et du condenseur. Ces températures seraient donc la seule chose que ce genre de machines parfaites aurait de commun. Supposons qu'elles aient travaillé toutes pendant une période de temps telle, qu'elles aient toutes employé la même quantité de chaleur : elles auraient toutes produit la même quantité de travail. Donc, après avoir établi le principe de Carnot d'une manière indépendante de son hypothèse erronée, nous sommes en droit de conclure qu'une machine parfaite convertit en travail une fraction de la chaleur qu'elle emploie, fraction, dont la valeur dépend uniquement des températures entre lesquelles la machine travaille. Il en résulte immédiatement la conséquence la plus importante de la méthode de Carnot. Elle a été indiquée, comme j'ai déjà dit, par sir W. Thomson en 1848, lorsque pour la première fois il appela de nouveau l'attention sur le travail de Carnot. Il montra qu'il y avait là une méthode absolue pour la mesure des températures. Toutes les méthodes antérieures dépendaient des propriétés d'une substance particulière. On n'a pas à s'occuper du zéro ou du point fixe de Newton, nous pouvons les supposer définis par la glace fondante ou l'eau bouillante. Prenez un certain nombre de thermomètres soigneusement construits et bien calibrés. Remplissez l'un d'eux de mercure, un autre d'acide sulfurique, un troisième d'eau. Tous, s'ils sont bien réglés, coïncideront aux points de congélation et d'ébullition de l'eau ; mais en général il n'y en aura pas deux qui coïncident à un point intermédiaire. En effet, le thermomètre à eau sera le siége d'un phénomène très curieux : à partir du point de fusion de la glace jusqu'à un certain nombre de degrés au-dessus, l'eau se contracte au lieu de se dilater. L'eau, chauffée à partir de son point de congélation, commencera d'abord par descendre le long de l'échelle, puis montera avec une rapidité croissante vers le point de l'ébullition. Le mercure au contraire montera presque uniformément, et ainsi de suite. Donc, lorsqu'on emploie de tels instruments, on doit, non seulement noter les degrés de l'échelle, mais encore indiquer le liquide particulier que l'on emploie. Il en résulte que la température d'un corps, mesurée avec différents thermomètres remplis de substances différentes, s'exprimera en général par autant de quantités différentes qu'il y aura de thermomètres ; et si l'on n'indique pas le liquide particulier employé et même le verre particulier qui a servi à la construction de l'appareil, le lecteur ne pourra pas être certain des températures données dans un livre. Sir W. Thomson a montré que le cycle réversible de Carnot nous fournissait le moyen de définir la température d'une manière *absolue ;* c'est-à-dire d'une manière complètement indépendante des propriétés d'une substance particulière quelconque, et cela grâce à ce fait que la machine de Carnot est parfaite, si elle est réversible. Nous n'avons pas besoin de nous préoccuper de la substance qui travaille, que ce soit de l'air, de l'eau, du chloroforme, de l'éther ou autre chose : toutes les machines sont équivalentes, et la partie de la chaleur employée qu'elles transforment en travail, dépend uniquement des deux températures entre lesquelles la machine travaille. Nous avons vu que, pour qu'une machine soit réversible, il est nécessaire que la substance servant à transformer la chaleur en travail ne soit jamais en contact avec un corps ayant une température différente de la sienne, à moins que ce corps ne soit absolument imperméable à la chaleur. Supposons, maintenant, que nous puissions maintenir un corps à la température de l'eau bouillant dans certaines conditions, telles, par exemple, que le baromètre soit à la hauteur de 760^{mm}, ou 30 pouces environ, et que nous maintenions un autre corps à la température de la glace fondante, dans les mêmes conditions barométriques. Supposons en outre que nous puissions mesurer les quantités de chaleur prise et rendue par une machine parfaite travaillant entre ces deux températures : nous trouverions que ces deux quantités de chaleur sont entre elles, et très approximativement, dans le rapport de 374 à 274. En ce moment, je ne fais qu'énoncer la proposition; nous verrons plus tard par quel procédé ces nombres approchés ont été obtenus. Dans l'échelle centigrade ordinaire, nous appelons température zéro le point de congélation de l'eau, et nous appelons température 100° la température de l'eau bouillant sous la pression atmosphérique. Les deux nombres indiqués plus haut ont été choisis de telle manière que leur différence soit égale à 100, et cela pour une raison qui sera donnée tout-à-l'heure. Il est évident que nous pouvons maintenant définir les températures de la chaudière et du condenseur d'un machine parfaite, à l'aide d'une fonction quelconque des quantités de chaleur prise et restituée. La première méthode de sir W. Thomson n'était pas celle qu'il a finalement adoptée. Pour que le nouveau procédé différât aussi peu que possible des procédés ordinaires de mesure de température, il a été trouvé que la meilleure définition et la plus simple était la suivante : Lorsqu'une machine parfaite prend de la chaleur à une certaine température et la restitue à une autre, les températures de la source et du réfrigérant sont proportionnelles aux quantités de chaleur prise et restituée; de sorte que, dans le cas cité plus haut, où de 374 parties de chaleur prises 274 sont restituées, la température de la chaudière sera représentée dans cette échelle par 374° et celle de la fusion de la glace par 274°, la différence entre les deux étant les 100 degrés ordinaires de l'échelle centigrade. Nous arrivons donc à un résultat curieux: si nous pouvions abaisser la température d'un corps assez loin au-dessous de zéro — et nous avons beaucoup de procédés artificiels pour produire du froid, nous pouvons abaisser la température d'un corps à 140° au-dessous du point de congélation de l'eau, — si nous pouvions abaisser la température du double, ou de 274 degrés au-dessous de zéro, nous lui aurions enlevé toute la chaleur qu'il contient, nous l'aurions amené à la température du zéro absolu. Il serait impossible de refroidir le corps au-dessous du zéro absolu, qui se trouve, comme nous le voyons, à 274° C. au-dessous du point de congélation de l'eau; car autrement on pourrait construire une machine qui retirerait d'une quantité donnée de chaleur plus de travail que son équivalent mécanique. Et cette machine travaillerait en prenant de la chaleur à un corps qui en est déjà plus qu'entièrement dépourvu.

Je vais tâcher de rendre cette conclusion un peu plus claire. On sait depuis longtemps que la pression d'un gaz, tel que l'air, dans un vase clos, devient plus forte lorsque le gaz est échauffé. Prenons un vase contenant une quantité de gaz, interceptons sa communication avec l'extérieur et chauffons-le. Nous savons que la pression du gaz sur les parois du vase deviendra plus grande. D'autre part, si, au lieu de chauffer, nous immergions le vase dans un mélange réfrigérant, la pression diminuerait. L'augmentation de pression pour un accroissement de température égal à un degré, de même que la diminution de pression pour chaque abaissement de température d'un degré, ont été soigneusement mesurées, et voici ce qu'on a trouvé : Si l'on suppose un gaz refroidi à 274° au-dessous du point de fusion de la glace et qu'on calcule la pression du gaz à cette température, en admettant que les résultats expérimentaux cités soient vrais pour toute la série des températures, on voit que cette pression, ainsi déduite, est presque nulle : elle n'est pas tout-à-fait nulle, pour une raison qui sera donnée plus tard, mais elle en est assez près pour le but que nous nous proposons maintenant. Donc, en admettant que les formules de dilatation des gaz, trouvées expérimentalement pour une petite série de températures, soient aussi vraies pour une longue série, un gaz, s'il pouvait être refroidi à 274° au-dessous du point de congélation de l'eau, cesserait d'exercer la moindre pression sur les parois du vase qui le contient, le nombre de degrés entre le point de congélation et le point d'ébullition de l'eau étant 100, comme dans l'échelle centigrade. Ce fait, comparé avec le résultat de Carnot, paraît montrer que la pression d'un gaz est due à un mouvement de ses particules. C'est la chaleur qui produirait le mouvement des particules gazeuses, en vertu duquel elles se répandent en se heurtant contre les parois du vase. L'énergie de leur mouvement est la chaleur contenue dans le gaz. Dès qu'on les refroidit, leur mouvement devient plus lent, et finalement, lorsque le gaz serait amené au zéro absolu de température, leur mouvement cesserait et il n'y aurait aucune pression contre les parois du vase.

Je vais maintenant vous citer un fait qui est lié à la transformation de la chaleur en travail et qui peut en donner une idée nette. Supposons que nous puissions nous procurer une machine à vapeur remplissant les conditions de réversibilité de Carnot, c'est-à-dire que nous puissions empêcher tout contact de la vapeur avec des corps n'ayant pas la même température qu'elle, et prévenir toute perte de chaleur par conductibilité, etc.; en d'autres termes, supposons que nous ayons une machine parfaite ; je vous ferai voir que la fraction de la chaleur qui serait convertie en travail n'est pas grande. Les données dont je me servirai sont empruntées à Joule et elles sont tirées d'une observation prise dans la pratique. Supposons que la machine soit à haute pression, et travaille avec une pression de trois atmosphères et demie ou environ 53 livres de pression par pouce carré, ce qui exigerait que la température de la chaudière fût à peu près de 300° F (environ 149° C). D'après Joule, lorqu'une telle machine travaille avec une vitesse ordinaire, il est presque impossible de maintenir la température du condenseur au-dessous de 110° F (43, 3° C). Quelle partie de la chaleur totale dépensée dans cette machine serait alors transformée en travail utile ? Reportons-nous encore au cycle de Carnot. Nous savons que la quantité de chaleur prise à la chaudière est à la quantité abandonnée au condenseur comme la température absolue de la chaudière est à celle du condenseur. Le problème devient donc une simple question d'arithmétique. La température absolue de la chaudière est 422, 8° C, celle du condenseur est 317, 3°. Par conséquent de 422, 8 unités de chaleur prises à la chaudière, 317, 3 seulement ont été rendues au condenseur; et comme la machine est parfaite, tout le reste, c'est-à-dire 105, 5 unités, ou le quart environ, est transformé en travail. Dans ces conditions, qui sont à peu près aussi favorables que possible en pratique, notre machine, supposée en outre parfaite — chose tout-à-fait irréalisable — ne transforme en travail utile qu'un quart de la chaleur prise au foyer. Les autres trois quarts passent au condenseur et sont en général complètement perdus.

J'arrive maintenant à l'examen de ces progrès de la science pure, que la découverte de Carnot a rendus possibles ou dont elle a, dans tous les cas, avancé l'époque. En premier lieu, il faut citer la découverte de James Thomson, qui est certainement une des conséquences les plus importantes du principe de Carnot: elle se rapporte à l'effet de la pression sur le point de congélation de l'eau. Vous comprenez aisément que tout l'effet, même s'il est obtenu avec de grandes pressions, est extrêmement faible ; néanmoins, selon toute probabilité, ce phénomène aura fait de la glace un des agents les plus efficaces qui modifient la géographie physique de la terre.

Considérons d'abord le phénomène de la dilatation de l'eau pendant sa congélation. Il suffit que l'eau subisse un très faible changement de température, dans le voisinage de son point de solidification, pour éprouver un changement de volume très considérable. Prenons de nouveau la machine de Carnot : supposons qu'au lieu de mettre dans notre cylindre une certaine quantité d'eau chaude avec un peu de vapeur au-dessus de l'eau, nous y mettions une quantité d'eau froide contenant un peu de glace, qui passerait par la même série d'opérations. Alors — et c'est presque exactement la méthode qu'a suivie James Thomson — il est facile de montrer qu'en vous servant de la dilatation qui a lieu pendant la congélation, vous pouvez obtenir, avec une machine à mélange d'eau et de glace, telle quantité de travail que vous voulez sans aucune dépense de chaleur. Le seul moyen de tourner cette difficulté est d'admettre que le point de fusion de la glace dépend de la pression. Si cette hypothèse est permise, tout s'explique ; si non, une machine à glace nous donnerait nécessairement du travail sans aucune dépense. Ainsi, le principe de Carnot — à l'énoncé duquel on a seulement changé un ou deux mots — et l'impossibilité du mouvement perpétuel, démontrée expérimentalement, ont conduit James Thomson à ce résultat, que le point de congélation de l'eau doit nécessairement baisser avec la pression. On peut, en admettant que le point de congélation reste fixe, calculer la quantité de travail que produit une telle machine à chaque coup de piston. On peut comparer ce travail à celui que produit l'eau, quand elle se dilate en se changeant en glace, et à la quantité de chaleur latente qu'elle dégage dans cette transformation ; on peut, d'après cela, calculer réciproquement quel doit être l'accroissement de pression pour que le point de congélation s'abaisse d'un degré, ou inversement, de combien le point de congélation varierait pour une augmentation de pression égale à une atmosphère. M. Thomson fit ces deux calculs. Le résultat fut très petit : il trouva que le point de congélation de l'eau s'abaisse de 0°, 0075 C pour chaque accroissement de pression égal à une atmosphère. Vous pouvez déduire de là qu'il faudrait appliquer une pression de 133 atmosphères, c'est-à-dire 133 fois la pression de 15 livres, ou 2000 livres environ par pouce carré (environ 137 kilog. par centimètre carré), à une quantité de glace ayant une température d'un degré au-dessous de zéro, pour que cette glace fonde. En exerçant sur la glace une pression suffisamment grande, on peut donc toujours la faire fondre. Mais si vous faites descendre la température de la glace très loin au-dessous de son point de fusion ordinaire, la pression nécessaire pour la faire fondre devient tellement grande que l'on peut à peine concevoir qu'une telle pression puisse jamais être obtenue. Ce n'est que lorsque la température de la glace est assez voisine de son point de fusion ordinaire que l'on peut exercer une pression assez grande pour que sa température actuelle devienne son point de fusion ; et, bien entendu, si sa température actuelle représente son point de fusion, la glace fond. Je vous ai fait voir dans ma dernière conférence une expérience destinée à montrer la fusion de la glace par l'effet de la pression, expérience qui a été décrite par M. Bottomeley dans la *Nature.* Elle consiste à couper un bloc de glace à l'aide d'un fil, tout-à-fait comme on coupe du savon ou du fromage. Seulement la glace se comporte tout autrement que le savon ou le fromage dans les mêmes conditions. Si la glace était à un ou à deux degrés au-dessous de son point de fusion, le fil resterait suspendu sans produire aucun effet. Ce n'est que lorsque la température de la glace est très voisine du point de fusion que le fil, portant des poids modérés à ses extrémités, peut la faire fondre. Pendant que la glace fond, l'eau de fusion passe derrière le fil en le contournant et, échappant ainsi à la pression, se solidifie de nouveau. De cette manière, pendant que la pression vient s'appliquer à de la glace fraîche, à mesure que le fil avance, il y a une fusion constante de la glace en avant du fil et un regel permanent derrière lui ; le bloc de glace reste ainsi continu dans toute sa masse, excepté à l'endroit où le fil est en train de le couper. Or, il y a plusieurs siècles que cette propriété de la glace est connue dans certains de ses effets, au moins de tous ceux qui avaient vu des glaciers ; mais il y a relativement peu de temps qu'elle a attiré directement l'attention des savants. Le premier dans cette voie paraît avoir été Dollfus-Ausset. Il a fait voir expérimentalement qu'en comprimant un certain nombre de fragments de glace dans une machine de Bramah, on peut les faire fondre ; mais, dès que la pression cesse, ils se solidifient de nouveau en une seule masse compacte. Cependant l'expérience ne réussissait pas avec de la glace très froide. En effet, nous comprenons maintenant que, pour opérer cette fusion, il ne pouvait pas exercer une pression assez grande, même avec une presse de Bramah. Cette propriété de la glace devait être bien connue depuis des centaines d'années ; en effet, nous exécutons la même expérience chaque fois que nous faisons une boule de neige. Les écoliers savent bien qu'après une nuit de forte gelée la neige ne prend pas en boule ; leurs mains ne peuvent pas exercer une pression assez grande. Mais, si l'on tient la neige entre les mains assez longtemps pour que sa température devienne voisine du point de fusion, elle acquiert de nouveau la propriété de se serrer en boule. Chaque fois que nous regardons des traces de roues dans la neige, nous voyons qu'elle est écrasée, et même, après le passage d'une seule voiture chargée, la neige écrasée est transformée en glace transparente ; ce phénomène s'observera certainement après le passage de deux ou trois voitures. Le même fait se produit graduellement lorsqu'une foule a passé sur un pavé couvert de neige : dans tous ces cas, c'est le faible abaissement du point de congélation qui produit l'effet observé. Ceci nous fournit l'explication de la lenteur avec laquelle se meut l'énorme masse d'un glacier, qui se déplace comme un corps visqueux. Grâce à cette propriété tout-à-fait extraordinaire de la glace dont nous parlons, la masse du glacier se comporte sous une grande pression tout-à-fait comme si c'était un corps visqueux. La pression sur la partie inférieure du glacier doit en effet être très grande, et comme la masse est infiltrée d'eau, surtout en été, sa température ne peut tomber, d'une manière notable, au-dessous du point de congélation (sauf des cas exceptionnels, et encore près de la surface). Or, pendant le déplacement de la masse sur son chemin, il y aura à chaque instant des endroits où la pression sera très considérable, où un corps visqueux mis à la place de la masse du glacier s'affaisserait. Toutefois, la glace n'a pas cette propriété de céder à la pression, mais elle en possède une qui produit le même résultat : à l'endroit où une forte pression se trouve concentrée, elle fond, et comme l'eau occupe un volume moindre que la glace dont elle provient, il se produit un allégement immédiat et la pression se transporte sur un autre point ou une autre partie de la glace. La pression sur l'eau est ainsi allégée par l'affaissement produit à cause de la diminution de son volume. Dès que la pression cesse, l'eau qui est au-dessous de son point de congélation, se retransforme instantanément en glace. Le seul effet qui se produit est la fusion du glacier pendant un instant à l'endroit où s'exerce la plus forte pression ; il s'ensuit un affaissement pareil à celui qui se produirait dans un corps visqueux. Mais au moment où l'eau a cédé et s'est soustraite à la pression, elle redevient solide, et cette opération se poursuit continuellement à travers toute la masse. De cette manière, le glacier se comporte, quoique pour des raisons spéciales, tout-à-fait comme un liquide visqueux dans les mêmes conditions extérieures.

Sixième Conférence.

Transformation de l'Énergie.

Conséquences ultérieures des idées de Carnot. Anomalies offertes par l'eau et la gutta-percha. Application aux masses rocheuses et à l'état intérieur de la terre. Valeur de l'énergie ; dégradation de l'énergie. Pour restaurer la valeur d'une portion d'énergie, il faut qu'une autre portion subisse une dégradation. Dissipation de l'énergie. Sources de l'énergie terrestre et de l'énergie solaire. Énergie des plantes et des animaux. Mesure de l'énergie radiante du soleil. Énergie actuelle du système solaire.

JE commencerai aujourd'hui par vous exposer quelques autres conséquences des grandes idées de Carnot, que je vous ai développées longuement dans ma dernière conférence. Chaque fois que nous rencontrons un résultat physique anormal, nous le trouvons presque toujours lié à un autre fait anormal ; et c'est peut-être sous ce rapport que les idées de Carnot sont de la plus grande importance, car elles nous fournissent des aperçus tout-à-fait nouveaux.

Prenons, par exemple, un fait que j'ai incidemment mentionné dans ma dernière conférence à propos des thermomètres. Je vous ai dit que l'eau serait une substance excessivement mauvaise pour remplir un tube thermométrique. En effet, même en supposant que le tube ne casse pas par la congélation de l'eau, et que ce thermomètre ne serve que pour les températures comprises entre 0° et 100° de l'échelle centigrade, il serait mauvais ; le liquide commencerait par se contracter au premier échauffement au-dessous de zéro et il continuerait à se contracter ainsi jusqu'à la température de 40° C ; à partir de là, il commencerait à se dilater comme la plupart des autres liquides. Voici donc une substance qui diminue de volume quand elle est chauffée : elle se contracte au lieu de se dilater. Nous pouvons nous attendre, par conséquent, à ce que l'eau présente une autre anomalie, qui serait au fond la même si nous pouvions bien comprendre le fond de cette question de physique, mais qui nous paraîtra très frappante quand elle se présentera comme un phénomène complètement nouveau et différent de ceux que nous connaissons.

Examinons de plus près les circonstances dans lesquelles ce phénomène se produit : nous fournissons de la chaleur à l'eau, et elle se contracte au lieu de se dilater. Supposons que nous prenions l'eau à une température entre 0° et 4° C et que nous la comprimions. Que se passera-t-il ? Une pression exercée sur l'eau prise à une température quelconque au-dessus de 4° C, ou sur la plupart des autres liquides pris à des températures quelconques, produit un dégagement de chaleur. Or, le raisonnement de Carnot montre justement que la même cause qui détermine un dégagement de chaleur, lorsqu'on comprime un liquide qui se dilate par l'échauffement, doit produire un refroidissement lorsqu'on soumet à une pression un liquide, par exemple l'eau entre 0° et 4° C, qui se contracte quand sa température monte. De sorte que l'eau prise à une température quelconque entre ces limites étroites, et comprimée dans une presse de Bramah, devient plus froide par la diminution de volume qu'elle subit.

Un autre phénomène curieux est fourni par l'anomalie que présente une lame de caoutchouc, et la majorité d'entre vous connaît certainement cette anomalie. Vous savez tous, je pense, qu'une lame de caoutchouc étirée brusquement et appliquée aux lèvres paraît plus chaude qu'auparavant. La plupart des corps deviennent plus froids lorsqu'ils se détendent; c'est ce qui se passe par exemple avec l'air, quand il se dilate. Si l'on détend un ressort d'acier, il devient plus froid, comme l'a montré Joule par une expérience directe; mais le caoutchouc est une exception : non seulement il devient plus chaud quand on l'étire, mais si, en le maintenant tendu, on le laisse se refroidir jusqu'à la température de l'air, et qu'alors on le laisse se contracter brusquement, il deviendra bien plus froid qu'auparavant. On peut s'en rendre compte en l'appliquant contre les lèvres.

Or, les autres corps, tels que l'air ou un ressort d'acier, se dilatent lorsqu'on les échauffe. Un ressort d'acier chargé d'un poids s'allonge, lorsqu'on élève sa température, et abaisse le poids. Au contraire, lorsqu'on chauffe du caoutchouc tendu, il se contracte au lieu de se dilater, comme je me propose de vous le faire voir par une disposition très simple. Ce fait est parfaitement d'accord avec les prévisions théoriques que sir W. Thomson a déduites du raisonnement de Carnot appliqué à ce cas particulier.

Vous voyez probablement tous la tache de lumière traversée par une ligne horizontale noire bien nette, située près de l'extrémité de l'échelle. La lumière d'une boule de chaux incandescente passe à travers une lentille et (après avoir été réfléchie par un miroir plan) vient former son foyer sur l'échelle. La ligne horizontale noire est l'image d'un fil métallique tendu devant la boule de chaux. C'est cette ligne qui nous sert d'index, et non la tache lumineuse un peu trop vague. Ici, j'ai suspendu un morceau de tube de caoutchouc vulcanisé. A l'extrémité inférieure du tube est attaché un plateau de balance, et cette extrémité est fixée en même temps à un levier qui déplace le miroir. Pour vous montrer les mouvements que l'appareil peut accuser, mon préparateur mettra un ou deux poids additionnels dans le plateau de la balance suspendu au tube, et vous verrez que l'effet de ces poids, qui se traduit par une extension du caoutchouc, produit un déplacement de la lumière réfléchie vers le haut de l'échelle. Donc, si la chaleur avait pour effet de dilater le caoutchouc davantage, nous verrions la tache lumineuse continuer son mouvement ascendant le long de l'échelle. Or, c'est le contraire qui se produit, dès que l'on échauffe le caoutchouc à l'aide de la lampe à alcool : la tache lumineuse descend le long de l'échelle et montre ainsi que le caoutchouc se contracte au lieu de se dilater. Le caoutchouc est en effet

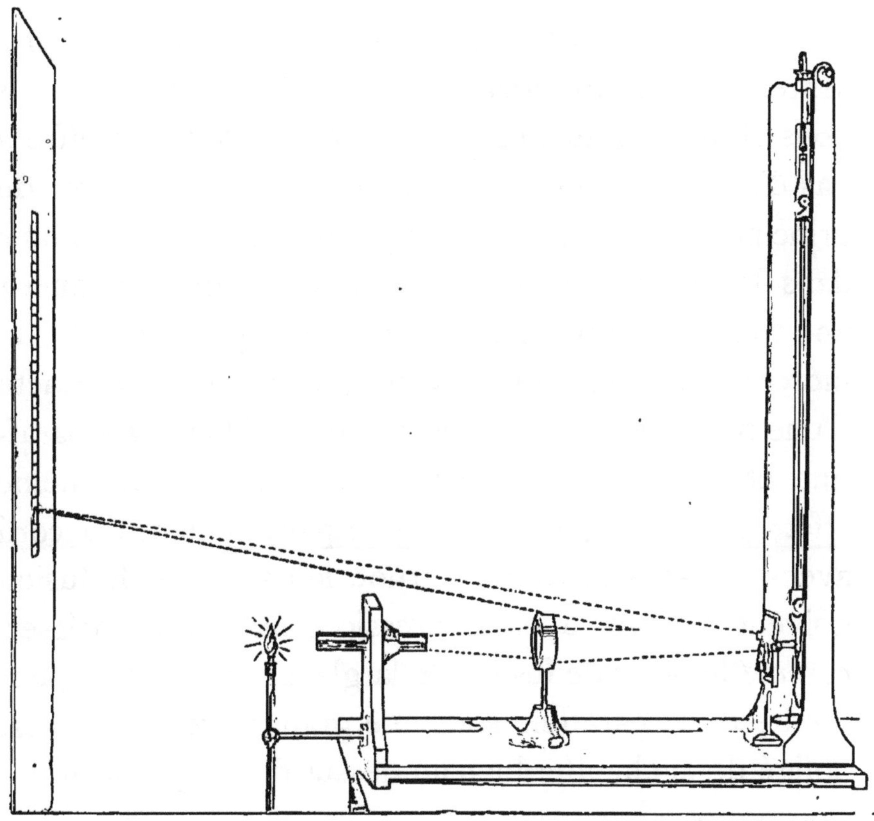

un très mauvais conducteur de la chaleur, et demande un certain temps pour se refroidir. Mais si on lui laissait ce temps, on le verrait revenir à sa longueur primitive. Donc, lorsqu'on le chauffe pendant qu'il est tendu, il se contracte, et lorsqu'on le refroidit dans les mêmes conditions, il se dilate. Clerk-Maxwell a récemment perfectionné cette expérience : il chauffe un tube de caoutchouc en le faisant traverser par un courant de vapeur. Le raccourcissement produit peut ainsi être rendu visible directement à un grand auditoire.

Il y a un grand nombre d'autres substances qui présentent des propriétés anormales de ce genre. Mais nous allons maintenant revenir aux cas qui n'offrent pas d'anomalies, et nous verrons que l'application du principe de Carnot conduit, dans ces cas-là comme dans les autres, à des résultats qui peuvent acquérir une très grande importance. Prenons, par exemple, un morceau de cire. Nous savons que la cire se contracte d'une manière considérable en se solidifiant. La paraffine et beaucoup d'autres corps subissent le même effet; par conséquent, pour être parfaitement d'accord avec le raisonnement de Carnot, leurs points de fusion doivent s'élever avec la pression, au lieu de baisser, comme le point de fusion de la glace ; si bien que, pour fondre de la paraffine sous une grande pression, on est obligé de la chauffer bien au-dessus de son point de fusion ordinaire.

Ceci est tout-à-fait analogue au cas de la transformation de l'eau en vapeur. Lorsque l'eau se vaporise, il y a un énorme accroissement de volume, et nous savons que le point d'ébullition de l'eau monte considérablement quand la pression augmente. Dans une machine à vapeur à haute pression, et en général chaque fois que nous voulons avoir de la vapeur sous une haute pression, il faut chauffer la chaudière à une température correspondante, au-dessus du point d'ébullition ordinaire de l'eau. Nous savons tous que la marmite de Papin est fondée sur ce principe, et qu'elle est construite dans le but de pouvoir chauffer de l'eau à une température plus élevée que son point d'ébullition ordinaire. On s'en sert quand on veut utiliser le pouvoir dissolvant de l'eau surchauffée pour dissoudre des os et d'autres substances analogues. L'eau ne possède pas ce pouvoir dissolvant à son point d'ébullition ordinaire. Nous savons de même que les touristes alpestres éprouvent des difficultés pour faire cuire du thé ou d'autres aliments au sommet des montagnes, parce qu'à cette altitude, il est impossible de porter l'eau à 100° C, son point d'ébullition ordinaire, sans l'enfermer dans une chaudière munie d'un couvercle fermant bien. Au sommet du Mont-Blanc, l'eau bout dans un vase ouvert à 85° C. Examinons maintenant quelques faits, où toutes les considérations précédentes s'appliquent sur une échelle vraiment gigantesque.

Nous pouvons, en effet, les appliquer aux matières (primitivement fluides) qui forment actuellement toute la masse de notre terre. Il est certain que, dans un passé assez éloigné, l'intérieur de la terre, à une grande profondeur, était à l'état visqueux ou même parfaitement liquide : des faits physiques et géologiques le prouvent. Lorsque cette masse commença à se refroidir, ce qui se faisait à coup sûr bien plus rapidement à la surface, ce refroidissement devait amener une contraction, en sorte que l'écorce solide devenait plus dense que le liquide au-dessous, et il devait y avoir un état d'équilibre très instable. En effet, à mesure que l'écorce, qui se formait graduellement, augmentait, toujours en se contractant, la pression sur le liquide au-dessous allait en croissant. Il se produisait ainsi une énorme tension horizontale à travers toute la masse de l'écorce. Selon toutes probabilités, celle-ci devait se déchirer sous la tension superficielle, nécessaire pour contrebalancer la pression interne (comme la tension d'une bulle de savon contrebalance la pression de l'air comprimé qu'elle contient), et tomber en morceaux qui s'enfonçaient dans la masse fluide. Puis la solidification recommençait à la surface du liquide ainsi mis à découvert. Mais, à certains endroits du globe, il peut y avoir, même à de faibles profondeurs (environ 500 milles au-dessous de la surface), des portions qui ont abandonné la masse primitivement liquide à la température du rouge, ou même à celle du blanc — à des températures de toute manière supérieures à leur point de fusion sous des pressions ordinaires — et qui, malgré cela, sont à l'état solide, comme sir W. Thomson l'a montré, à l'aide du phénomène de la précession et de certaines autres considérations astronomiques. Toute la masse de la terre est virtuellement solide ; en fait elle est plus rigide qu'une masse de verre, très approximativement aussi solide qu'une masse d'acier. Je dis, cependant, qu'il pourrait y avoir à l'intérieur de la terre des portions qui ne soient même pas à une profondeur de 500 milles au-dessous de la surface, dont la température est celle du blanc, et, malgré cela, elles gardent l'état solide. En effet, à cause de l'immense pression venant des couches supérieures, leurs points de fusion ont pu monter à une valeur telle, que même la température du blanc est insuffisante pour les liquéfier.

Les expériences que je vous ai montrées dans cette conférence ont été consacrées principalement à la loi de la transformation d'une forme d'énergie en une autre, et les exemples que j'ai donnés étaient simplement des applications du grand principe de Carnot, légèrement modifié pour le mettre en harmonie avec nos connaissances modernes sur la nature de la chaleur. Mais nous avons encore à faire sur le même sujet d'autres considérations qui se rapportent surtout à la condition remarquable imposée aux opérations de Carnot. Nous savons que la plus grande partie de la chaleur employée tombe, sans subir aucune transformation, d'une température élevée, à laquelle elle possédait une grande quantité d'énergie utilisable, à une température plus basse, où elle en possède beaucoup moins.

Bien entendu, il y a toujours la même quantité d'énergie dans une quantité donnée de chaleur emmagasinée dans un corps, à quelque température qu'il soit ; car une quantité de chaleur, à quelque température qu'on la prenne, représente toujours son équivalent de travail.

Néanmoins, son utilité varie beaucoup suivant les conditions. Si vous avez cette chaleur dans un corps très chaud, vous pouvez en utiliser une grande partie. Au contraire, si vous l'avez dans un corps relativement froid, vous ne pouvez en utiliser que très peu. Nous sommes ainsi amenés à parler de la valeur d'une certaine quantité d'énergie calorifique.

La *valeur* de l'énergie est la capacité qu'elle possède de se transformer en quelque chose de plus utile, c'est-à-dire de s'élever plus haut dans l'échelle de l'énergie. Pour ce qui est de la chaleur, sa valeur dépend entièrement de la température à laquelle elle se trouve. Nous avons vu qu'une machine thermique, même parfaite, ne peut transformer en travail qu'une partie de la chaleur employée. Nous avons tout le bénéfice de cette partie-là, mais l'autre partie de la chaleur mise en jeu n'est pas abandonnée à la chaudière : elle est dégradée, elle est tombée par toute la série des températures comprises entre celle de la chaudière et celle du condenseur, et elle ne peut plus être convertie en travail utile, quoiqu'elle soit encore équivalente à la même quantité de travail, que si elle avait été à une température supérieure. De plus, pour qu'une transformation puisse avoir lieu, il nous faudrait une nouvelle machine travaillant entre la température du condenseur et une température inférieure. Par conséquent, cette partie de la chaleur, quoique identique à l'autre au point de vue de l'équivalence à l'énergie mécanique, ne peut pas être utilisée, parce que nous n'avons aucun moyen de la transformer. Elle a, pour ainsi dire, perdu son rang : elle a perdu sa valeur. Il y a donc une tendance permanente à la dégradation de la plus grande partie de la chaleur employée, même dans une machine parfaite que nous ne pourrons jamais réaliser.

Les considérations précédentes nous conduisent à examiner la cause de la dégradation. Pour cela, il nous faudrait peut-être prendre un autre exemple d'une machine parfaite réalisant le cycle de Carnot. Un tel exemple nous est fourni par l'air comprimé, ou une autre source de force, qui n'implique pas nécessairement l'intervention de la chaleur.

Le cas de l'air comprimé est très instructif et en même temps très simple. Il a été complètement étudié par Joule, et de la manière suivante. Il prit un vase solide contenant de l'air comprimé et le mit en communication avec un autre vase dans lequel l'air avait été raréfié. Les deux vases étaient plongés chacun dans un réservoir rempli d'eau. Après avoir soigneusement agité l'eau du réservoir, de manière à rendre sa température uniforme, on ouvrit brusquement un robinet dans le tube de communication des deux vases. L'air comprimé se précipita violemment dans le vase vide, et ce passage de l'air d'un vase à l'autre se continua jusqu'au moment où la pression fut la même dans les deux vases. Comme on pouvait s'y attendre, l'opération eut pour résultat un abaissement de température du vase d'où l'air était sorti avec violence. Il avait dépensé une partie de son énergie en forçant l'air à passer dans l'autre vase. Mais l'air, en pénétrant dans ce dernier, venait se heurter contre les parois, et l'énergie avec laquelle il avait traversé le conduit était retransformée en chaleur. De cette manière, l'air arrivé dans le vide s'était échauffé, tandis que celui qui était resté dans l'autre vase s'était refroidi. En agitant l'eau autour de ces vases, après le passage de l'air du premier vase dans le second, et en fermant le robinet, Joule trouva que le nombre d'unités de chaleur perdues d'un côté par le vase et l'eau était presque exactement égal à la quantité de chaleur gagnée de l'autre côté.

Il répéta ensuite l'expérience, en mettant les deux vases dans un même réservoir rempli d'eau au lieu de mettre chaque vase dans un réservoir séparé. En faisant passer une partie de l'air d'un vase à l'autre, et en remuant l'eau jusqu'à ce qu'elle ait pris partout la même température, il trouva qu'il y avait à peine une variation de température sensible. Ces expériences prouvent d'une manière incontestable que la quantité de chaleur perdue par une partie de l'air, est égale à la quantité de chaleur gagnée par l'autre partie, au moins autant qu'une expérience de ce genre permet d'en juger. Or, ce fait vous montre que l'air comprimé possédait une certaine capacité de produire du travail.

Vous auriez pu vous en servir pour mettre en mouvement une machine à air comprimé, ou bien pour chasser les boulets d'un canon à air, ou pour une autre opération de ce genre. Mais dans l'état final, lorsque l'air s'était dilaté de manière à occuper le double de son volume primitif, il n'avait plus rien de cette puissance motrice utilisable. Il y a donc eu une dissipation de l'énergie, ou d'une partie de l'énergie que l'air possédait primitivement ; et, cependant, comme vous avez vu, l'appareil et son contenu n'avaient point perdu de chaleur.

En somme, il n'y a eu aucune perte de chaleur ; car l'un des vases avait gagné ce que l'autre avait perdu. Aucune chaleur n'a été cédée aux corps extérieurs et aucun travail utile n'a été produit. On a simplement laissé l'air se dilater, changer de volume, sans mettre en marche aucun piston, sans faire exécuter aucun travail à des corps extérieurs. Par conséquent, il possède finalement la même quantité d'énergie qu'au début ; mais il ne possède plus la même quantité d'énergie utilisable. L'air avait saisi l'occasion qui s'est présentée pour dissiper une partie de son énergie, et il l'a dissipée, autant que cela était possible dans les conditions du dispositif.

Voici maintenant le point réellement curieux dans cette question. Pour restituer la valeur perdue à l'énergie de l'air, pour replacer cet air dans les conditions primitives, de manière à le rendre capable de produire la même quantité de travail qu'auparavant, il serait nécessaire de dépenser du travail. Il faudrait, en effet, le transvaser à l'aide d'une pompe du vase double dans le vase simple ; mais la quantité de chaleur ainsi dépensée à pomper l'air a pour effet d'échauffer toute la masse d'air. Quand on a dépensé assez de travail pour forcer l'air à passer du second vase dans le premier, on trouve que la quantité de chaleur dégagée pendant l'opération, qui peut être mesurée avec beaucoup de précision, est presque exactement équivalente au travail dépensé pour forcer l'air à revenir à son état initial.

Donc, pour restituer à l'énergie sa valeur primitive, vous n'avez pas besoin de dépenser de l'énergie : vous n'avez besoin que de faire subir une dégradation à une certaine portion d'énergie. Vous avez dépensé du travail, et en échange vous avez obtenu l'équivalent de la dépense en chaleur moins utile. Pour restituer sa valeur à l'énergie que la masse d'air possédait primitivement et qu'elle a perdue par sa dilatation graduelle, vous êtes obligés de perdre une certaine quantité d'énergie, ou mieux, de l'échanger contre une mauvaise forme d'énergie.

On peut rendre cette question plus claire, et d'une manière très instructive, à l'aide d'une expérience empruntée à l'électricité. Cette expérience, je pense, est bien connue, en tant qu'expérience de cours, mais sa véritable importance, son explication reposant sur la théorie de l'énergie et surtout sur le principe de Carnot, ne paraissent pas être généralement connues. Voici deux bouteilles de Leyde dont les armatures, intérieures et extérieures, sont également isolées, contrairement à ce qu'on fait dans la pratique ordinaire. Les bouteilles sont supportées par des colonnes de verre verni. Je vais maintenant charger, à l'aide de la machine, l'une de ces bouteilles seulement. Tout

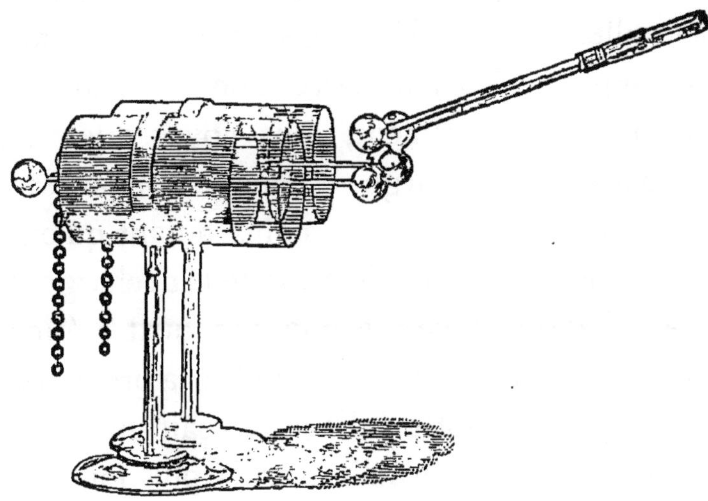

d'abord, nous allons la charger et la décharger, et vous pourrez juger approximativement de la quantité de travail correspondant à sa charge entière, d'après le bruit et l'éclat de l'étincelle. Après cela, je rechargerai la bouteille, autant que possible, de la même quantité d'électricité, puis je partagerai la charge entre les deux bouteilles en réunissant d'abord leurs armatures extérieures, puis leurs armatures intérieures. La charge sera ainsi également répartie entre les deux bouteilles (à cause de leur égalité).

Le bruit et l'éclat de l'étincelle de décharge vous donnent maintenant une idée de la quantité de travail accumulée dans la bouteille quand elle est chargée. La bouteille étant rechargée, jc mets simplement la chaîne sur les deux armatures extérieures, puis je réunis les armatures intérieures à l'aide du déchargeur. Remarquez que, dans cette opération, il se produit une étincelle. Aucune partie de l'électricité ne disparaît, si les bouteilles sont isolées ainsi que le déchargeur. Mais en séparant les deux jarres l'une de l'autre et en les déchargeant séparément, vous voyez que chacune d'elles contient une charge et que ces charges sont aussi égales que possible, au moins autant qu'on peut en juger d'après l'aspect et le bruit de la décharge. Vous devez aussi avoir remarqué que, des quatre étincelles que vous venez de voir et d'entendre, la première était de beaucoup la plus forte ; elle produisait un bruit bien plus considérable et elle était aussi la plus longue et la plus brillante. La seconde étincelle venait après celle-ci, au point de vue de la grandeur, et les deux dernières, comme nous aurions pu nous y attendre, étaient presque égales entre elles ; mais leur intensité n'était pas comparable même à celle de la seconde, qui était déjà plus faible que la première.

Cette expérience vient confirmer le principe que je vous ai expliqué. Lorsque l'une des jarres était complètement chargée, nous avions une quantité définie de ce que nous appelons provisoirement, pour fixer les idées, électricité positive, sur l'armature intérieure, et une quantité égale d'électricité négative sur l'armature extérieure. Puis, quand à l'aide de la chaîne j'ai mis en communication les armatures extérieures des jarres, dont l'une seulement était chargée, elles formaient, pour ainsi dire, l'armature extérieure d'une seule jarre; mais pour que les deux armatures extérieures soient dans des conditions électriques correspondantes, j'ai mis entre elles le déchargeur, et vous avez remarqué qu'en les touchant ainsi, j'ai provoqué une étincelle. Celle-ci se produit nécessairement pendant l'opération, au moins lorsque l'arc métallique du déchargeur est court et gros.

Or, cette étincelle représente une portion d'énergie perdue, une certaine quantité de travail dépensé à produire un son de la lumière et de la chaleur. Donc, ce simple fait qu'une étincelle a jailli au moment où j'ai établi la communication entre les deux bouteilles, prouve que de l'énergie a dû disparaître. Mais comment cette énergie a-t-elle pu se perdre si la quantité d'électricité libre est restée la même? L'électricité libre qui était primitivement à l'intérieur de l'une des jarres a été simplement partagée entre les deux jarres. Il y avait dans chacune d'elles exactement la moitié de l'électricité positive et la moitié de l'électricité négative. Les quantités d'électricité sont restées les mêmes, et cependant il y a eu de l'énergie dissipée pendant l'opération. La réponse à cette question est très simple (elle a été donnée d'abord comme un cas tout-à-fait particulier des théorèmes généraux énoncés pour la première fois par Green, puis interprétés et appliqués par sir W. Thomson et M. Helmholtz) : le travail correspondant à une charge électrique, ou le travail qui doit être dépensé dans la machine électrique pendant la charge du conducteur, dépend du carré de la quantité d'électricité. Quelle que soit la forme du conducteur ou de la jarre, l'énergie de la charge ou la quantité de travail qu'elle pourrait produire dépend du carré de la quantité d'électricité. Nous pouvons maintenant interpréter convenablement le résultat de notre expérience. Désignons par 1 la quantité d'électricité que contenait la première jarre quand elle était chargée seule. Lorsque je l'ai déchargée toute seule dans le premier cas, vous avez vu une étincelle qui correspondait à la quantité d'énergie égale au carré de l'unité ou à l'unité. Mais lorsque j'ai mis les deux jarres ensemble et que j'ai ainsi partagé la charge, chaque jarre n'avait plus que la moitié de l'électricité positive et la moitié de l'électricité négative, et alors la décharge de chacune des jarres prises séparément, ou son énergie, était proportionnelle au carré de 1/2, ou à 1/4. Chacune d'elles après le passage de la charge contenait une quantité d'énergie égale au quart de l'énergie primitive ; par suite, les deux ensemble ne contenaient que la moitié de l'énergie primitive. Nous pouvons maintenant comprendre la cause de l'étincelle qui a jailli au moment du partage de la charge : cette étincelle est équivalente à l'autre moitié de l'énergie, à cette moitié qui devait être nécessairement perdue. On avait perdu toute l'énergie en déchargeant la première jarre toute seule ; mais en mettant simplement les deux ensemble, on a perdu la moitié de l'énergie, et ce qui restait correspondait aux deux quarts conservés dans les deux jarres (1).

Dans tous les exemples que je vous ai montrés — qu'ils se rapportent à la dissipation de l'énergie ordinaire ou à la dissipation par le son ou le frottement, ou même par production de chaleur, de lumière et ainsi de suite, par décharges électriques — dans tous, vous constatez que l'énergie utilisable a une tendance à baisser chaque fois qu'une transformation a lieu, que, la quantité restant invariable, la qualité s'altère et son utilité diminue. En nous basant sur des résultats analogues fournis par toutes les branches de la physique, nous sommes en droit d'énoncer le principe de la dissipation de l'énergie dans la nature, comme le fit sir W. Thomson, peu après l'introduction dans la science des idées nouvelles.

Le principe de la dissipation ou de la dégradation,

(1) Si, au lieu d'un déchargeur court et gros, je m'étais servi d'un fil mécanique fin et très long ou d'un autre conducteur ayant une grande résistance, comme, par exemple, d'un certain nombre de personnes se tenant par les mains, la seconde étincelle aurait pu être réduite indéfiniment ; mais alors la moitié de l'énergie inévitablement perdue se serait manifestée sous forme de chaleur dans le fil, ou d'effets physiologiques du choc.

comme j'aimerais mieux l'appeler, consiste en ceci : Comme chaque opération qui se produit dans la nature entraîne une transformation d'énergie, et que chaque transformation est accompagnée d'une certaine dégradation (on entend par énergie dégradée de l'énergie devenue moins capable d'être transformée qu'auparavant), il en résulte que l'énergie devient de moins en moins transformable.

Tant que des changements se produisent dans la nature, l'énergie de l'univers se dégrade de plus en plus, et vous voyez de suite quelle doit en être la forme finale, autant que nos connaissances permettent de le prévoir. Ce doit être de la chaleur répandue uniformément, de manière que tous les corps aient la même température. Que cette température soit haute ou basse, cela importe peu, car lorsque la chaleur est distribuée de manière à maintenir partout une température uniforme, elle se trouve dans un état d'où elle ne peut plus s'élever. Pour produire un travail quelconque avec de la chaleur, il est absolument nécessaire d'avoir un corps chaud et un corps froid ; mais si toute l'énergie de l'univers est transformée en chaleur et si elle se trouve dans tous les corps à la même température, il est impossible, au moins par tous les procédés que nous connaissons, de transformer la moindre portion de cette énergie en une forme plus utile.

Nous avons ainsi vu quelle doit être la fin ultime de toute l'énergie de l'univers, si les lois que nous venons d'expliquer restent des lois physiques. Cette forme finale est une conséquence à laquelle ces lois nous conduisent. Nous pouvons maintenant nous demander d'où viennent ces énormes quantités d'énergie, pour ne prendre que celles qui sont employées à la surface de notre petite planète ; quelles sont nos sources principales d'énergie et quelles sont les transformations que nous faisons subir à cette énergie pour la rendre utile dans les différentes applications pratiques ; en particulier, pour la rendre utile à la vie, qui, en tant que simple vitalité, est un phénomène physique.

Eh bien! le travail musculaire qu'un animal exécute et la chaleur animale qu'il dégage (dans des quantités qui dépassent de beaucoup l'équivalent du travail produit) sont certainement dus, nous le savons tous, à la nourriture. Sous ce mot *nourriture*, je comprends non seulement les aliments solides et liquides, mais encore (et ceci est très important) la nourriture gazeuse que nous respirons. Tout cela peut être classé sous le titre général de nourriture. Certains corps sont introduits dans l'organisme, d'autres en sont éliminés, comme l'acide carbonique, l'eau, etc. Ceux-ci peuvent être appelés les cendres de notre organisme. Ils ont absorbé dans leurs réactions chimiques une partie de l'énergie dégradée de la nourriture introduite. La partie de l'énergie qui n'a pas subi de dégradation correspond au travail musculaire effectué et à la réserve en muscles et autres substances qui s'accumulent dans l'organisme.

Si cette opération se produisait continuellement, il y aurait une consommation permanente de l'oxygène de l'atmosphère et, par suite de sa combinaison avec les éléments de la nourriture, une production de gaz acide carbonique, gaz inutile ou plutôt nuisible pour l'animal. Laissons de côté, pour le moment, cette partie de la question, parce qu'elle offre une difficulté. En effet, l'oxygène de l'air serait ainsi consommé graduellement et serait remplacé, dans une large mesure, par le gaz acide carbonique, dans lequel un animal ne peut pas vivre. Il y a, de plus, une autre difficulté : les animaux peuvent vivre, en grande partie, de nourriture animale. Partons de l'homme. Il consomme des animaux d'une certaine espèce, ceux-ci en consomment d'autres, et ainsi de suite. Il doit y avoir alors, ou bien un cycle dans lequel le dernier animal mange l'homme, ou bien une série infinie d'animaux de manière que tous puissent vivre de nourriture animale.

Nous savons qu'il n'en est pas ainsi, qu'il y a une grande classe d'animaux qui vit exclusivement de végétaux. Et c'est justement la différence, vraiment merveilleuse, entre la manière dont les lois de l'énergie s'appliquent à la nutrition des animaux et à celle des végétaux, qui nous expliquera la difficulté signalée plus haut, à propos de la grande quantité d'acide carbonique qui, si on ne s'en débarrassait pas, tuerait avec le temps tous les animaux, soit en les empoisonnant directement, soit en les privant d'oxygène. Voici l'explication, elle est fort simple : les animaux absorbent l'oxygène, et avec lui une nourriture animale ou végétale, et ils dégagent de l'acide carbonique. D'un autre côté, les plantes absorbent cet acide avec de l'eau et autres substances, et le décomposent ; elles restituent l'oxygène à l'air, tandis que le carbone et les autres substances s'accumulent sous forme de nourriture végétale, dont vivront beaucoup d'animaux. Ces derniers constituent à leur tour la nourriture de l'homme.

Or, il est évident que si les plantes n'avaient pas le concours de quelque énergie extérieure, nous aurions là un phénomène qui reviendrait au mouvement perpétuel réalisé sur la plus grande échelle que l'on puisse concevoir. Si les plantes étaient capables, simplement en vertu de leur organisation spéciale, de prendre, pour ainsi dire, les cendres du combustible brûlé dans la machine animale, et de les retransformer en nourriture sans l'intervention d'une énergie extérieure, ce phénomène pourrait se poursuivre indéfiniment, et pendant ce temps les animaux dégageraient toujours de la chaleur animale et produiraient du travail musculaire.

Ce serait le mouvement perpétuel réalisé sur une échelle que les chercheurs mêmes de ce mouvement n'avaient jamais rêvée. Il est donc évident que, pour échapper à cette difficulté — et elle n'est autre chose que la contradiction d'une loi physique — il faut qu'une source d'énergie quelconque vienne au secours des plantes, pour les aider à défaire l'acide carbonique et à former la partie utilisée pour la nourriture des animaux.

Stephenson a reconnu, il y a longtemps — peut-être pour la première fois, d'une manière bien précise — que c'est au moyen de l'énergie fournie par le soleil, sous forme de radiations, que les plantes peuvent décomposer l'acide carbonique. Et, chose curieuse, les rayons *actiniques* ou chimiques, qui sont les plus aptes à provoquer la décomposition de l'acide carbonique par les feuilles des plantes, sont précisément ceux que les feuilles vertes absorbent le plus. L'absorption de ces radiations-là s'effectue d'une manière toute particulière, et vous pouvez vous en convaincre en comparant la photographie d'un arbre en pleine verdure à celle de quelque autre objet. En effet, les photographies des feuilles (au moins celles que fournissent les procédés en usage), sont presque toujours excessivement pâles, même sombres, ce qui prouve que les rayons chimiques actifs, excepté ceux qui ont été réfléchis par les surfaces polies des feuilles, ont été absorbés. Dans cette opération, les rayons ont rempli leur fonction, en décomposant l'acide carbonique et l'eau.

Nous pouvons faire une comparaison grossière, qui n'est pas tout-à-fait exacte, mais assez approchée pour notre but actuel. Nous pouvons comparer un animal à un élément de pile, où la nourriture est fournie sous forme de zinc et d'acide sulfurique dilué. L'élément qui met en marche une machine magnéto-électrique ou qui développe de la chaleur dans un fil à l'aide du courant électrique, peut être comparé à l'animal qui fait un travail musculaire ou dégage de la chaleur animale. D'autre part, vous pouvez, presque avec la même approximation, comparer une plante à un vase dans lequel l'énergie fournie par une source extérieure est employée à décomposer de l'eau, à séparer l'oxygène de l'hydrogène, et à produire cette forme élevée d'énergie potentielle que je vous ai montrée expérimentalement dans une des conférences précédentes. De cette manière, des matériaux, pour ainsi dire frais, sont encore une fois séparés, et ces matériaux récupèrent leur énergie potentielle, qu'on leur restitue dans le vase où se produit la décomposition. Ce vase est analogue à une plante. Vous pouvez restituer ces matériaux à l'élément de pile qui reproduirait un courant électrique, et ainsi de suite.

Il est évident qu'une opération de ce genre ne peut pas se produire sans l'intervention d'une énergie extérieure. L'élévation de l'énergie d'une forme inférieure à une forme supérieure exige toujours l'intervention de quelque énergie nouvelle venant de l'extérieur, qui subit elle-même une dégradation dans l'opération. Cette idée a été émise par Joule, dès le début de ses recherches. Il a montré que, non seulement un animal ressemble, par ses fonctions, bien plus à une machine magnéto-électrique qu'à une machine à vapeur, mais encore qu'il constitue une machine bien plus économique qu'une machine à vapeur, c'est-à-dire que, pour la même quantité d'énergie potentielle fournie par la nourriture ou le combustible (on peut l'appeler combustible par analogie avec les autres machines), un animal convertit en travail une plus grande quantité de cette énergie que toute autre machine que nous pouvons construire physiquement.

Nous pouvons dire, en nous servant de termes techniques, que le rendement d'une machine animale est bien plus grand que le rendement de toute autre machine — soit à vapeur, soit magnéto-électrique — que nous puissions construire pour utiliser du combustible. (On sait que le rendement est la proportion de l'énergie du combustible que la machine peut convertir en énergie utile.) Remarquez que ce que nous disons, ne serait pas nécessairement vrai, si nous considérions des moulins à eau et d'autres machines de ce genre, car, dans ce cas, l'énergie mise en jeu est en général d'une forme supérieure à celle de la nourriture ou du combustible.

Vous pouvez conclure, de ce que j'ai dit, que cette énergie extérieure, indispensable aux plantes, vient du soleil. Nous sommes donc amenés à la question suivante : quelle est l'origine de l'énergie du soleil ? Or, si pour répondre à cette question, nous faisons quelques calculs, nous trouvons que les résultats de ces calculs détruisent complètement les premières idées que nous

nous faisions sur cette matière. En effet, cette vieille idée que le soleil est en feu, peut seulement venir à ceux qui réfléchissent sur la question pour la première fois. Mais nos connaissances chimiques modernes et le simple raisonnement physique que je viens de vous donner, nous permettent d'affirmer que le soleil, malgré son énorme masse, ayant 40.000 milles (64.000 kilomètres environ) de rayon, n'aurait pu entretenir son rayonnement actuel que pendant 5.000 ans environ, même en admettant que les substances qui le constituent soient les meilleurs combustibles au point de vue de la chaleur qu'elles peuvent dégager, par cette réaction que nous appelons sur la terre combustion. Une masse de houille égale à celle du soleil produirait une quantité de chaleur bien moindre. Les substances ayant la plus grande énergie chimique que nous connaissions, prises (en une masse égale à celle du soleil) dans des proportions convenables pour produire, par une combinaison chimique, la plus grande quantité de chaleur, ne pourraient certainement pas réparer la perte actuelle du soleil, pendant 5.000 ans, si nous jugeons d'après les propriétés connues de ces substances.

Or, nous savons que les faits géologiques — sans parler des autres — montrent que le rayonnement du soleil était au moins aussi intense qu'à présent, il y a déjà quelques milliers de siècles, même, comme nous verrons plus loin, il y a quelques millions d'années. Ces faits indiquent peut-être aussi que, dans des temps très reculés, le rayonnement solaire était plus intense qu'actuellement. Il devient évident pour nous, en partant de ces faits, que la chaleur solaire ne peut être fournie par aucune des réactions chimiques que nous puissions imaginer.

Si, d'un autre côté, nous pouvons trouver une explication physique de ce phénomène, quelle que soit cette explication, pourvu qu'elle reste compatible avec nos connaissances actuelles, nous sommes obligés de l'accepter et de nous en servir, plutôt que de renoncer à la possibilité d'expliquer l'origine de l'énergie solaire ; à moins qu'il ne se produise sur le soleil des réactions chimiques d'une puissance bien plus grande que celle que nous observons sur la surface de la terre. Si nous pouvons concevoir une source de chaleur admissible qui, tout en provenant d'une cause autre que la combustion, peut expliquer comment le soleil possède une quantité de chaleur tellement grande, que, pendant ces derniers cent millions d'années, il a pu rayonner avec la même intensité qu'aujourd'hui, nous sommes, dis-je, obligés de mettre notre hypothèse à l'épreuve, de la discuter, pour voir si elle n'est pas incompatible avec quelque fait connu. Et si nous n'y trouvons rien de contraire aux faits connus, si elle est parfaitement capable d'expliquer la difficulté que nous éprouvons, alors il n'est pas seulement logique de dire que telle est probablement l'origine de l'énergie solaire, mais nous nous sentons nous-mêmes contraints d'admettre l'hypothèse.

Newton nous a indiqué depuis longtemps cette nécessité dans ses *Principes des raisonnements philosophiques*. Pour vous faire bien comprendre ce fait simple et très important, et cela d'une manière facile et en peu de mots, je vous ferai voir que si l'on prend une masse formée des combustibles les plus parfaits que nous connaissions, de ceux qui fournissent la plus grande quantité d'énergie par leur combustion, et qu'on laisse tomber cette masse sur le soleil, seulement de la distance de la terre, le travail produit par l'attraction du soleil pendant la chute, communiquerait à la masse une quantité d'énergie cinétique énorme. En arrivant à la surface du soleil, elle produirait un choc qui représenterait 6.000 fois la quantité d'énergie qu'elle pourrait produire par sa simple combustion. En effet, il est très facile de démontrer qu'une masse capable de développer la plus grande quantité d'énergie possible par la combustion, fournirait 6.000 fois autant par sa chute sur la surface du soleil, d'une distance égale à celle de la terre à ce dernier.

Il semble donc que, jusqu'au jour où il sera prouvé que, dans le monde physique, il peut ou pouvait y avoir une quantité d'énergie cinétique supérieure à celle qui pourrait résulter du choc des masses qui composent le soleil et les étoiles, lorsque ces masses viendraient à tomber les unes sur les autres, — notre explication naturelle et la plus vraisemblable de l'origine de la chaleur solaire, dans le présent, dans le passé et dans l'avenir, doit reposer sur une hypothèse très analogue à ce que l'on appelle hypothèse des nébuleuses de Laplace. Notre hypothèse n'est pas tout-à-fait identique à celle de Laplace, qui a été admise avec empressement lorsqu'elle fut proposée pour la première fois. Il admet que la matière formant actuellement les divers soleils avec leurs planètes, s'est accumulée à la suite d'une conflagration de cette matière, qui était à l'origine disséminée dans l'espace. Un calcul qui ne comporte pas de grande erreur, nous montre que cette hypothèse peut très bien nous rendre compte du rayonnement solaire, qui s'effectuerait depuis 100 millions d'années avec la même intensité qu'à présent, ou peut-être même avec une intensité plus grande. Elle peut nous expliquer comment le soleil peut, pendant des milliers d'années, abandonner de l'énergie avec cette énorme vitesse, sans se refroidir apparemment d'une manière appréciable.

Il est bon d'ajouter, pour confirmer ce que nous venons de dire, que non seulement cette hypothèse peut elle-même expliquer les quantités d'énergie en question, mais que des recherches récentes, complétées par des études spectroscopiques dont je vous parlerai en détail dans une autre conférence, nous ont montré qu'il y a, à une grande distance de notre système solaire, des systèmes de nébuleuses gigantesques, dans un état de dégradation (physique) qui se produit justement de la manière que nous venons d'indiquer. Les masses, disséminées dans l'espace, tombent les unes sur les autres, et au moment de leur rencontre, il se produit un grand dégagement de chaleur, par suite du choc. Les étoiles appelées temporaires fournissent un autre exemple, très beau et encore plus frappant, de ce même phénomène. L'étoile apparaît tout d'un coup, avec l'éclat d'une étoile de première grandeur, même plus brillante ; elle surpasse en éclat les planètes pendant un ou deux mois ; puis, après quelque temps, elle devient invisible, même avec le plus puissant télescope. Des phénomènes de ce genre se produisent constamment, sur une échelle plus ou moins grande, et tous s'expliquent facilement par l'hypothèse du choc entre les masses qui s'attirent mutuellement.

Si nous admettons que telle soit la cause de l'énorme quantité d'énergie que le soleil abandonne sous forme de radiations, voyons quelle fraction de toutes ces radiations parvient à notre petit globe. Nous savons que la quantité de chaleur solaire qui arrive à notre terre est énorme ; même celle qui arrive sur notre petit coin de la terre est très grande. Elle n'est, bien entendu, qu'une très petite partie de la chaleur qui arrive sur toute la surface de la terre. Mais rappelez-vous que la terre, vue du soleil, paraîtrait bien plus petite que Jupiter ou Mars, vus de la terre, c'est-à-dire qu'elle présenterait un disque invisible à l'œil nu, de sorte qu'un observateur placé à une distance égale à celle du soleil, aurait besoin d'un télescope d'un certain grossissement, cependant assez faible, pour constater l'existence de ce disque. Rappelez-vous aussi que le soleil rayonne, très approximativement, d'une manière uniforme dans toutes les directions, et vous verrez combien doit être faible la fraction de la somme totale des radiations solaires, qui peut parvenir à cette petite tache, à la distance de quatre-vingt-dix millions de milles (148.464.000 kilomètres). Un disque circulaire de 4.000 milles (6.400 kilomètres environ) de rayon, à la distance de quatre-vingt-dix millions de milles, semble occuper moins d'une deux-mille-millionième partie de la sphère céleste. Vous voyez ainsi que la quantité de chaleur envoyée sur toute la terre par le soleil est d'un ordre de grandeur inférieur à un deux-mille-millionième de la chaleur totale émise par le soleil. Or, des expériences ont été faites, et des expériences très satisfaisantes, pour déterminer la quantité de chaleur que nous recevons, et pour évaluer la quantité d'énergie qui arrive sur la surface de la terre en un temps donné. Bien entendu, ces expériences avaient été très contrariées, à cause de l'absorption d'une partie des radiations par les différents éléments constitutifs de l'athmosphère terrestre, dans les différentes régions du globe. Les meilleurs résultats expérimentaux sont donc ceux qui ont été obtenus à des altitudes considérables, dans des ballons, par exemple, ou au sommet de hautes montagnes, où l'absorption est relativement faible.

Cet instrument que vous voyez là, le pyrhéliomètre, a été construit dans le but de mesurer la quantité de radiations émises par le soleil. Il est en argent, et il

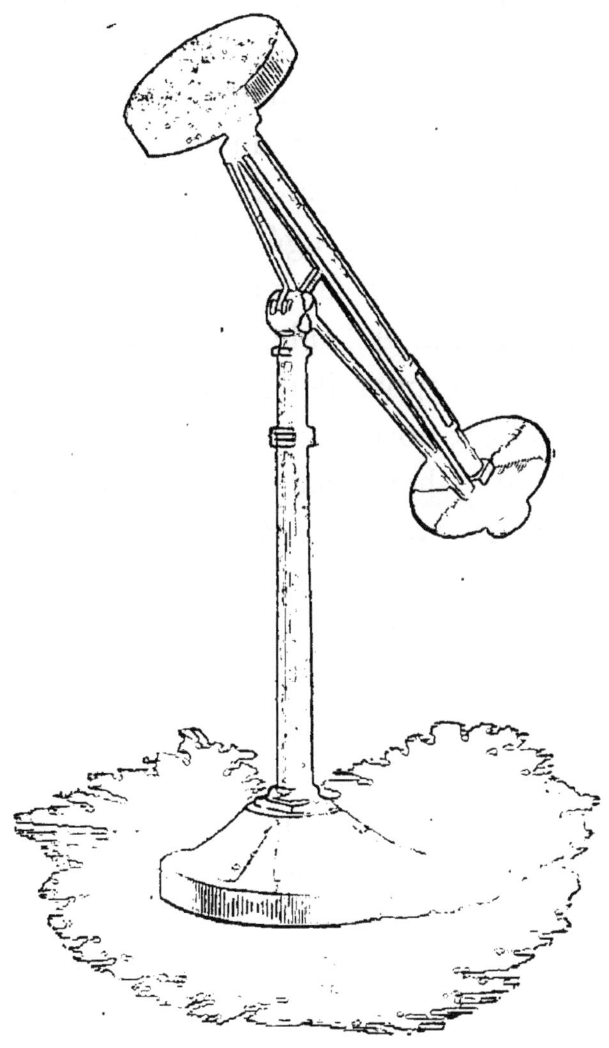

est poli sur la partie cylindrique et sur le dos, l'argent poli émettant très peu de chaleur. De cette manière, l'instrument perd par les côtés une portion très faible de la chaleur recueillie par la face noircie. Celle-ci possède un pouvoir absorbant très grand et est tournée directement vers le soleil. Ce petit vase d'argent est rempli d'eau, et toute la chaleur rayonnante et la lumière venant du soleil, tombent toutes les deux, sous forme de rayons, sur le noir de fumée. Ce dernier les absorbe et leur fait subir une dégradation, en les transformant en chaleur qui se communique à l'eau. Au milieu de l'eau est plongé le réservoir d'un thermomètre dont la tige est dirigée vers le bas, suivant l'axe de l'instrument. A l'aide d'un artifice très simple, on peut disposer l'appareil de manière que les rayons solaires y tombent normalement. A cet effet, à l'autre extrémité du tube thermométrique, se trouve un autre disque de métal ayant les mêmes dimensions que le premier, et l'appareil est disposé de telle sorte que les ombres portées par les deux disques se superposent exactement. On est alors sûr que l'appareil est bien tourné vers le soleil. On enlève le couvercle de l'instrument et on le remet au bout d'un certain temps mesuré avec soin. Après avoir bien agité le vase, afin que la température de l'eau soit uniforme, on lit l'accroissement de température indiqué par le thermomètre. On corrige cette indication de la perte de chaleur due au rayonnement pendant l'expérience. Pour cela, on observe la perte graduelle de chaleur que l'instrument subit lorsqu'il est tourné vers le ciel, à l'abri des radiations solaires. A l'aide de cet instrument, on peut faire une évaluation très approchée de la quantité de chaleur qu'il reçoit du soleil par sa surface noircie, dans un temps donné, et en comparant la surface du disque avec celle de toute la terre exposée au soleil, nous pouvons évaluer, au moins approximativement, la quantité d'énergie que le soleil nous envoie par seconde, sous forme de rayons calorifiques, lumineux, actiniques et autres. Nous pouvons ainsi évaluer la quantité d'énergie que le soleil abandonne, chaque seconde, par toute sa surface, c'est-à-dire le nombre de kilogrammètres que le soleil dépense par unité de temps.

D'après Thomson (qui a fait ses calculs avec les données de Pouillet et de Herschel), le rayonnement solaire équivaut à 7.000 chevaux-vapeur par pied carré de sa surface, ce qui est environ trente fois la chaleur que dégage, par une surface égale, un fourneau de locomotive. Toute la surface solaire émet, pendant une année, environ 6×10^{30} unités de chaleur (C).

J'ajouterai, pour terminer, deux ou trois autres données à celles que je viens de citer. Prenons le cas du mouvement de la terre dans son orbite. L'énorme masse de la terre, décrivant en une année une circonférence de 90.000.000 de milles de rayon (148.464.000 kilomètres), se meut avec une vitesse bien plus grande que celle d'un boulet de canon (environ 80 fois plus vite), et cependant, toute l'énergie qu'elle pourrait fournir si elle venait se heurter accidentellement contre une immense cible (comme un projectile Armstrong contre une plaque d'acier), serait négligeable en comparaison de celle que nous venons de considérer. La quantité de chaleur qui se produirait par ce choc effroyable, serait seulement égale à la perte qu'éprouve le soleil en 80 jours environ. Mais si, au lieu de l'énergie de son mouvement dans l'orbite, nous prenions son énergie potentielle, comme celle d'un corps lourd capable de tomber sur la surface du soleil et de produire un énorme développement de chaleur par le choc, les calculs montrent que la masse de la terre, en tombant, arriverait à la surface solaire avec une vitesse telle, que l'énergie provenant du choc serait équivalente à la chaleur que le soleil dégage actuellement en 91 ans. Jupiter qui, non seulement possède une masse bien plus considérable que la terre, mais qui est aussi plus éloigné du soleil, produirait, pour ces deux raisons, en tombant sur le soleil, un dégagement de chaleur bien plus considérable. Les calculs faits avec les données correspondantes, donnent pour Jupiter 32.000 ans, c'est-à-dire que Jupiter, en tombant sur le soleil, suffirait pour compenser sa perte pendant 32.000 ans.

Je vous citerai encore une donnée, et c'est par elle que je vais finir aujourd'hui. Je vous en donnerai l'explication plus détaillée dans ma prochaine conférence, mais je veux la mentionner avant de finir notre séance. L'évaluation la plus faible de la capacité calorifique du soleil que nous puissions faire, nous montre qu'en se refroidissant avec la vitesse actuelle, en perdant de l'énergie comme il en perd à présent, le soleil ne peut pas se refroidir de plus d'un degré centigrade en 7 ans. D'après la plus haute évaluation de sa capacité calorifique, il se refroidirait d'un degré en 7.000 ans. Ces données sont très incertaines, mais nous pouvons dire que ce sont les deux limites entre lesquelles doit se trouver le refroidissement vrai. Si frappants que soient quelques-uns des faits que je vous ai cités aujourd'hui, je ne puis m'empêcher de vous rappeler encore une fois le plus frappant de tous : le soleil possède une capacité calorifique tellement grande, qu'avec l'énorme perte de chaleur qu'il subit actuellement par rayonnement, il lui faudrait au moins 7 ans pour se refroidir d'un degré centigrade.

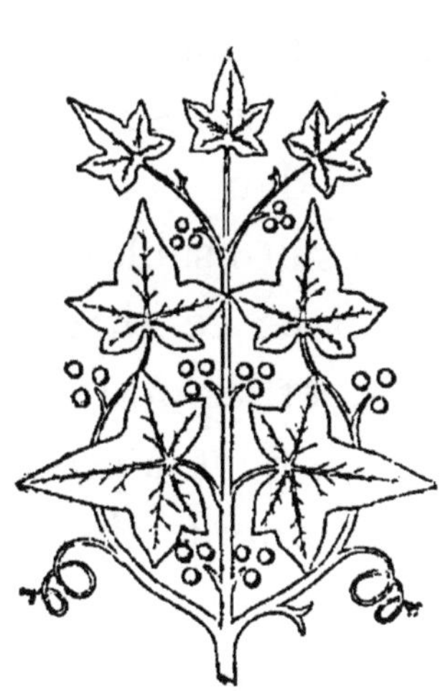

Septième Conférence.

Sources de l'énergie et son transport.

Sources d'énergie utile de la terre. Leur origine. École de géologues uniformistes. Arguments de sir W. Thomson relativement à l'époque depuis laquelle la vie aurait pu être possible sur la terre. Transport de l'énergie à travers les solides, les fluides et l'éther. Preuve du pouvoir qu'un corps ou un système de corps possède d'absorber de l'énergie, sous forme de mouvements vibratoires. Analogues physiques servant d'introduction à l'analyse spectrale.

DANS ma dernière conférence, j'ai examiné avec tous les détails possibles dans un temps aussi limité, l'origine de l'énergie du système solaire. Dans une partie de ma conférence d'aujourd'hui, je me propose d'étudier un sujet moins considérable, mais bien plus important, parce qu'il nous touche de bien plus près. Je veux parler des sources utiles de l'énergie terrestre. Dans mon petit livre sur la thermo-dynamique, j'ai réparti ces sources dans l'ordre suivant :

D'abord nos sources utilisables d'énergie potentielle.

1° Combustibles. Sous ce titre, je comprends non seulement la houille et les autres combustibles de ce genre, mais tout ce qui peut, à proprement parler, être appelé combustible, comme le zinc consommé dans les piles galvaniques, et d'autres substances analogues.

2° Nourriture des animaux.

3° Force motrice ordinaire fournie par l'eau.

4° Force motrice de la marée.

Toutes ces formes d'énergie sont à l'état d'énergie potentielle.

En second lieu, nous avons sous une forme cinétique :

1° Les vents.

2° Les courants d'eau, en particulier les courants océaniques.

3° Les sources chaudes et les volcans.

Il y a encore quelques autres sources d'énergie, mais tout-à-fait insignifiantes. Celles que nous venons d'énumérer comprennent nos sources principales.

Vient maintenant la question de savoir comment ces sources s'alimentent. J'ai montré qu'elles s'alimentaient de quatre manières différentes.

La première est l'affinité chimique primitive. Nous pouvons supposer que cette affinité chimique existait entre les particules de matière, depuis les temps les plus reculés, et qu'elle existe encore, si ces particules ne sont pas combinées entre elles ou avec une autre substance. Par exemple, si, à l'époque où les substances formant actuellement notre terre s'accumulaient et s'échauffaient par leur choc, des particules de fer météorique et de soufre natif, précédemment séparées les unes des autres par de grandes distances, ne s'étaient pas combinées pendant très longtemps, l'énergie potentielle chimique résultant de l'affinité mutuelle du fer et du soufre aurait formé une portion de l'énergie primordiale de l'univers qui nous est restée. Mais, autant que nous savons, il y a sur la terre très peu de cette énergie, du moins près de sa surface. Dans son intérieur, il peut y avoir des masses énormes de fer et de soufre non combinées, de même que différentes autres substances à l'état natif, mais à la surface, où ces substances pourraient nous être utiles, il y en a fort peu.

La seconde source d'alimentation est le rayonnement solaire, que j'ai déjà mentionné plusieurs fois. C'est la source de beaucoup la plus abondante que nous possédions.

Nous avons encore deux autres formes d'énergie très intéressantes, qui sont : l'énergie de la rotation de la terre autour de son axe, et sa chaleur interne.

Reprenons maintenant, une à une, les différentes espèces d'énergie que nous pouvons utiliser et dont je vous ai donné l'énumération, et comparons-les avec les sources qui les alimentent ; nous verrons facilement comment elles se rattachent les unes aux autres.

Prenons d'abord le combustible. Eh bien, toute notre provision de combustible est due entièrement au soleil. En effet, pendant les temps passés, l'énergie des rayons solaires, absorbée par les feuilles vertes des plantes, servait à décomposer l'acide carbonique et à accumuler le carbone. Ce dernier et diverses autres substances, emmagasinées avec lui pendant les âges passés, existent actuellement sous forme d'une immense provision de houille.

Vient ensuite la nourriture des animaux. Nous la

devons encore tout entière au soleil; en effet, la nourriture des animaux est, sous sa forme dernière, d'origine végétale, même celle des animaux qui consomment une nourriture animale. Quant à la puissance motrice ordinaire de l'eau, elle provient encore du soleil ; car c'est surtout l'énergie du rayonnement solaire, sous forme de chaleur, qui produit l'évaporation de l'eau des plaines et des mers. Grâce à cette énergie, l'eau peut retomber d'une certaine hauteur, et, en vertu de cette élévation, elle possède de l'énergie potentielle. Les courants d'eau ordinaires représentent une simple transformation de cette énergie potentielle : l'eau qui se trouve sur une hauteur convertit une partie de son énergie potentielle en l'énergie cinétique d'un mouvement visible, quand elle coule en descendant dans la plaine.

Mais, quand nous arrivons à la puissance que la marée prête à l'eau, nous sommes obligés de rechercher une autre source. Si nous nous servions de la force de la marée pour mettre en marche une machine, nous emprunterions cette force à l'ascension de l'eau pendant la marée montante. Nous enfermerions une portion de l'eau arrivée à une certaine hauteur et nous attendrions que la marée soit redescendue pour utiliser la chute de la portion de l'eau enfermée. Si maintenant nous exécutions cette opération pendant une longue période de temps et sur un grand espace le long de la côte, nous trouverions qu'à la longue, notre mécanisme aurait pour effet de ralentir le mouvement de rotation de la terre. De sorte que, si nos grandes sources de force, comme la houille et le rayonnement solaire direct, venaient à nous manquer en grande partie, et si nous étions amenés à avoir recours à la force de la marée, comme à la dernière source, il pourrait en surgir une question internationale très sérieuse entre les puissances qui possèdent des côtes et celles qui n'en ont pas. En effet, si la marée fournissait de la force motrice pendant assez longtemps, la période de rotation de la terre serait sérieusement affectée au bout d'un nombre d'années, même pas trop grand, et les nations qui ne posséderaient pas une grande étendue de côtes dans la zône tempérée ou torride — seules zônes où cette source de force pourrait être utilisée avantageusement — n'auraient aucune compensation.

A côté de ces sources de force, nous avons encore les vents et les courants océaniques. Ceux-ci sont presque entièrement dus au soleil. Viennent enfin les sources chaudes et les volcans, qui n'ont jamais été employés pour produire du travail, mais qui pourraient être utilisés dans ce but. Leur énergie provient, en majeure partie au moins, de la chaleur interne de la terre, et en partie peut-être, de l'énergie potentielle de l'affinité chimique.

Vous voyez ainsi que les différentes provisions d'énergie que nous avons à notre disposition sont dues, en majeure partie, au rayonnement solaire, mais en partie aussi, à trois autres sources. Tout ce qui précède n'est, toutefois, qu'une simple énumération. Il m'aurait fallu plusieurs conférences pour donner à ce vaste sujet un développement plus considérable. Dans ces quelques mots, je ne vous ai indiqué que les grands chapitres et, avec le temps dont nous disposons, il nous est presque impossible de consacrer, à ce sujet, encore une ou deux conférences, pour l'étudier dans tous ses petits détails. Je vais maintenant traiter une question qui est intimement liée avec ce que nous venons de voir. Je vais examiner depuis combien de temps l'état de choses actuel existe sur la surface de la terre. C'est une question extrêmement importante, et elle peut être abordée de différents côtés. On peut l'aborder par son côté géologique, par exemple, en examinant l'épaisseur des stratifications, l'étendue de l'érosion, et ainsi de suite. Mais on peut aussi l'aborder directement, au point de vue de l'énergie, et c'est à ce point de vue que je vais essayer de la traiter brièvement.

D'après une ancienne idée qui dominait chez les géologues de *l'école uniformiste*, les choses se sont passées, il y a quelques millions d'années, et se passeront dans quelques millions d'années, à très peu près de la même manière.

Le soleil nous fournira constamment de la chaleur, et si l'énergie (à ce moment-là on ne l'appelait pas énergie) ou quelque source d'approvisionnement, appelez-la comme vous voulez, venait à disparaître quelque part à l'intérieur de la terre, elle produirait, au moment de sa disparition, des courants électriques qui décomposeraient certaines substances composées. De manière qu'une combinaison chimique amenant une perte à un endroit, des courants électriques feraient naître à un autre endroit quelque chose d'équivalent à la perte de manière à la réparer, si bien que le total serait maintenu approximativement dans le même état.

Or, cette idée est tout-à-fait incompatible avec nos connaissances physiques modernes sur la dissipation de l'énergie. Les transformations se produisent actuellement (en moyenne du moins) bien plus lentement qu'autrefois. Le refroidissement de la terre peut être assimilé à celui d'une sphère portée au rouge qu'on retire d'un fourneau : la sphère se refroidit avec une certaine vitesse, mais à mesure qu'elle devient de plus en plus froide, son refroidissement devient de plus en plus lent. Et ceci n'est pas une simple analogie, c'est presque absolument identique à ce qui se passe sur la terre et le sur le soleil. Il n'est pas douteux qu'à une époque très reculée, la terre était comme plastique, sinon tout-à-fait liquide, dans toute sa masse. Il est certain que le soleil est encore à présent en grande partie liquide et même gazeux, malgré ses dépenses énormes d'énergie pendant des milliers de siècles. Or, nous pouvons appliquer la théorie de l'énergie, en particulier les idées de Carnot, à l'état de la terre et du soleil, et évaluer approximativement depuis combien de temps la terre a commencé à être habitable pour les animaux et les plantes que nous trouvons à sa surface. Bien entendu, nous ne voulons pas dire qu'elle ait toujours été habitée par des animaux et des plantes identiques aux espèces actuelles connues, vivantes ou fossiles. Nous pouvons évaluer, d'une manière approchée, le temps depuis lequel la vie est possible sur la terre ; c'est le problème que nous nous proposons de résoudre.

Cette question a été étudiée ces dernières années, avec beaucoup de soin, par sir W. Thomson. Le résumé succinct que je vais vous donner du résulat de ses recherches renferme, à peu près, tout ce qui est définitivement acquis à la science, relativement à cette question. Sir W. Thomson donne trois arguments fondés sur trois genres de considérations différentes. Le premier argument est tiré de la chaleur interne de la terre ; le second, du retard que la marée fait subir à la rotation de la terre ; le troisième est tiré de la température du soleil.

En ce qui concerne la chaleur interne de la terre, nous savons, par l'observation, que lorsqu'on descend dans une mine, la température croît avec la profondeur, d'une manière presque uniforme. Nous savons aussi que si un corps est, dans une de ses parties, plus chaud que dans l'autre, la chaleur a toujours une tendance à passer de la partie chaude du corps à la partie froide. Il en résulte donc que dans l'écorce terrestre, qui est de plus en plus chaude à mesure que l'on descend dans son intérieur, il doit y avoir un courant permanent de chaleur de l'intérieur à la surface. La terre éprouve donc, même à présent, des pertes de chaleur avec une vitesse parfaitement mesurable et qui peut être calculée.

Puisqu'elle perd encore de la chaleur, nous pouvons, à l'aide de procédés mathématiques connus et en nous appuyant sur des lois physiques établies, trouver, par un calcul rétrospectif — c'est-à-dire en partant de la distribution actuelle de la température — la distribution de la chaleur qui existait il y a cent mille ans ou même un million d'années. En admettant que les lois physiques existaient dans le passé telles que nous les connaissons, nous pouvons faire le calcul en question aussi exactement que nous pourrions déterminer, à l'aide d'une analyse mathématique, la distribution de la chaleur pour n'importe quelle époque à venir, si ces lois physiques ne changent pas d'ici là. Une étude approfondie de cette question a montré que, l'accroissement de température étant, en moyenne, de 1 degré par 100 pieds de profondeur (dans toute l'étendue de la terre), il y a environ dix millions d'années, la croûte terrestre venait de se former ou était à peine devenue solide. Au bout d'un nombre de milliers d'années relativement petit, la surface terrestre solidifiée était arrivée à une température assez modérée pour que la vie, telle que nous la connaissons, pût exister sur sa surface, du moins en certains endroits. C'est-à-dire que la température à la surface n'était pas supérieure, au moins dans quelques régions, à celle que les animaux et les végétaux peuvent supporter, de nos jours, sous les tropiques. L'accroissement de la température avec la profondeur pouvait alors être d'un degré par 6 ou 10 pouces, et la végétation ne pouvait pas en être contrariée. Donc, en nous plaçant à ce point de vue, nous sommes amenés à une limite supérieure de 10 millions d'années environ, que nous pouvons accorder aux géologues pour leurs spéculations sur l'histoire des fossiles, même inférieurs.

Si nous cherchions à retracer l'état des choses tel qu'il était, il y a non seulement dix millions, mais cent millions d'années, nous trouverions, en admettant que la terre existait déjà à cette époque-là, que les lois physiques actuelles étaient en jeu pendant ces cent millions d'années, nous trouverions, dis-je, que la surface de la terre était alors certainement à l'état liquide et à la température du blanc, par suite, dans un état complètement incompatible avec l'existence d'une forme quelconque de vie, telle que nous la concevons d'après nos connaissances actuelles. Ainsi, nous pouvons donc dire aux géologues que, si nous partons de ces prémisses, que les lois physiques sont restées telles qu'elles sont de nos jours et que nous connaissons toutes les lois physiques qui étaient en jeu pendant la période de temps à laquelle se rapportent nos calculs, nous ne pouvons leur accorder, pour leurs spéculations, plus de dix millions d'années environ, ou, tout au plus, quinze millions.

Mais je pense que beaucoup d'entre vous connaissent les idées de Lyell et d'autres naturalistes, en particulier celles de Darwin (1). Ils prétendent que, même pour une période relativement courte de l'histoire géologique récente, trois cent millions d'années ne suffiraient pas !

Eh bien ! nous dirons tant pis pour la géologie telle qu'elle est comprise par ses principaux représentants, car vous verrez bientôt que des considérations physiques fondées sur des points de vue différents, et tout-à-fait indépendants les uns des autres, prouvent qu'il est impossible d'admettre une période supérieure à quinze millions d'années.

Vous voyez ainsi que l'argument tiré de la chaleur interne de la terre consiste à traiter le problème, pour ainsi dire, en sens inverse, et à trouver la limite extrême du temps compté en arrière, où la surface de la terre est devenue propre à la vie des animaux ou des plantes.

Ceci m'amène à dire quelques mots sur l'un des résultats les plus remarquables des recherches de ce genre, recherches purement mathématiques et fondées entièrement sur des données expérimentales, à savoir sur les lois observées de la propagation de la chaleur. Dans la grande majorité des problèmes où les données

(1) Origine des espèces, p. 287. (Édition anglaise de 1859).

sont dans le genre de celles qui se rapportent à la température intérieure de la terre, la question est complètement définie lorsqu'il s'agit de l'avenir. Si nous connaissions l'état thermique actuel de toutes les parties de la masse terrestre, nous pourrions calculer la température qui existera, à une profondeur quelconque, à un moment donné dans l'avenir;et nos résultats s'expliqueront très bien, pourvu que tout se passe dans les mêmes conditions qu'à présent. Mais si nous voulons traiter le problème dans un sens contraire, si nous nous demandons quel devait être l'état thermique d'un corps comme la terre à tel moment, dans le passé, nous trouvons toujours (ou presque toujours) que nos équations ne peuvent s'interpréter que pour une certaine limite de temps. Ces équations n'ont plus de sens dès qu'on les applique à une époque au-delà de cette limite. Si nos équations représentent bien la marche de la nature dans l'hypothèse de l'immuabilité des lois physiques, il faut admettre qu'à cette époque-là, il a dû s'établir un nouvel état de choses résultant d'un état primordial, par le jeu de réactions dont nous n'avons pas tenu compte dans nos recherches.

Quant à la terre, il est aisé de voir quel devait être cet état de choses primordial. Nous pouvons retracer les différents états par lesquels la terre a passé jusqu'au moment où toute sa masse était en fusion. En reculant de plus en plus dans le passé, nous arriverions à une distribution calorifique presque tout-à-fait uniforme dans toute sa masse. Une telle distribution uniforme de la chaleur n'aurait pu exister, autant que nous sachions, que pendant un instant, et nous ne pouvons pas concevoir qu'elle eût pu provenir de quelque autre distribution calorifique antérieure. Mais nous pouvons concevoir l'élévation de température qui a dû se produire dans toute la masse terrestre au moment où les matières qui la composent se sont rencontrées, après leur chute les unes sur les autres. Si ces matières se sont accumulées de manière que toute la masse de la terre s'est agglomérée presque d'un seul coup, et si les différentes parties se sont heurtées les unes contre les autres avec des vitesses convenables, il est possible que la terre aurait pu être agglomérée de manière à avoir, pendant un instant, la même température partout, nous donnant ainsi un état analogue à celui qui résulte de nos formules. Mais remarquez l'état des choses avant et après. Avant, il y avait des masses froides de matière, séparées peut-être par des millions de kilomètres, ou par des distances encore bien plus grandes, mais possédant une énergie potentielle d'attraction qui se transformait graduellement en énergie cinétique, à mesure que les masses se rapprochaient. Puis, au moment du contact, survint le changement critique. Au lieu de masses froides de matière disséminées, il y avait une masse brusquement agglomérée, ayant partout une température presque uniforme et qui, à partir de ce moment-là, se contractait en se refroidissant.

Le deuxième argument de sir W. Thomson est tiré du retard de rotation produit par la marée. Dans ma première conférence, je vous ai mentionné l'existence de cet effet et je vous ai dit qu'il avait été observé par les astronomes, d'une manière tout-à-fait curieuse. En calculant le mouvement que la lune avait dans le passé, d'après son mouvement actuel connu, il a été trouvé que, dans ce mouvement, il devait y avoir quelque particularité inconnue, que les calculs fondés sur la gravitation universelle, agissant, soit comme force attractive, soit comme force perturbatrice, n'avaient pas mis en évidence. Le mouvement de la lune paraît, en effet, s'être accéléré avec le temps, depuis les éclipses du cinquième et du huitième siècle avant notre ère. Laplace, pour rendre compte de ce phénomène, fit intervenir ce qu'il appela « l'accélération séculaire du mouvement moyen de la lune ». Cela veut dire, en d'autres termes, que la vitesse angulaire moyenne avec laquelle la lune tourne autour de la terre, paraît avoir augmenté depuis 2,000 ans.

Il montra qu'on pouvait expliquer ce fait par une perturbation planétaire de l'orbite terrestre, et, d'après ses calculs, cette explication paraissait rendre compte de toute l'accélération observée dans le mouvement de la lune. Si l'on se sert de ses formules et des nombres qu'il a obtenus, et si l'on fait les calculs pour ces temps reculés, on peut arriver presque aux éclipses, telles que les historiens les ont décrites.

Heureusement, Adams revit, il y a quelques années, les calculs de Laplace et trouva qu'il avait négligé une partie des termes nécessaires, et que son explication, convenablement corrigée, ne rend compte que de la moitié du phénomène observé ; il restait donc encore à expliquer l'autre moitié de l'accélération. La perturbation produite par les autres corps qui attirent la lune ne pouvait pas l'expliquer. Nous pouvons donc nous demander quelle est la cause qui tend à accélérer le mouvement de la lune à chacune de ses révolutions autour de la terre. Eh bien ! le seul moyen de trouver une explication de ce phénomène, après avoir tenu compte de tous les effets de perturbation possibles produits par les autres planètes, est simplement de rechercher si notre unité de temps reste invariable.

Nous mesurons le temps de révolution de la lune en heures, minutes, secondes ; mais ces heures, minutes et secondes ne sont pas évaluées à l'aide de nos horloges, comme vous pourriez le penser au premier abord. Nous réglons nos horloges d'après la rotation de la terre ; par conséquent, c'est au moyen de la rotation de la terre que nous mesurons la durée de révolution de la lune autour de la terre. La lune paraîtra donc se mouvoir, de plus en plus vite, autour de la terre, même en supposant que sa propre orbite ne soit pas troublée, si la rotation de la terre autour de son axe, d'où nous tirons l'unité de temps servant à mesurer la durée de sa révolution, se ralentit avec le temps. Il s'agit donc de savoir s'il y a une cause qui tend à ralentir la rotation de la terre. Newton a établi, dans sa première loi du mouvement, qu'un mouvement où le mobile ne subit aucune résistance, reste toujours uniforme, et il a appliqué ce principe au cas particulier de la terre. Dans l'attraction du soleil ou de la lune, ou dans la perturbation causée par les autres planètes, il n'y a rien qui puisse affecter la vitesse de rotation de la terre autour de son axe. C'est à Kant que revient l'honneur d'avoir montré le premier que les mouvements de la marée opposent une résistance à la rotation de la terre, et d'avoir même évalué approximativement la valeur de cette résistance. Il fit voir qu'à cause de la marée, la terre est d'un côté soulevée vers la lune et que du côté opposé elle est soulevée dans une direction contraire à la précédente. De cette manière, elle tourne dans ce qu'on appelle pratiquement un frein à frottement. L'eau est retenue par l'attraction du soleil et de la lune, et la terre doit tourner à l'intérieur de ce manchon d'eau. Il y a là un frottement permanent, et ce frottement produit toujours un dégagement de chaleur. Cette dernière doit provenir d'une certaine quantité d'énergie transformée, et dans le cas considéré, l'énergie transformée en chaleur est une partie de l'énergie de rotation de la terre autour de son axe. Tant qu'il y aura des marées, la vitesse de rotation de la terre sera toujours retardée.

Voyons maintenant à quel moment la rotation de la

terre cessera de se ralentir. Évidemment, cela arrivera au moment où la terre cessera de tourner à l'intérieur de l'immense vague formée par l'eau que la marée soulève, ou, en d'autres termes, lorsque cette vague tournera en même temps que la terre, c'est-à-dire lorsque la marée haute sera toujours sur la même portion de la surface terrestre, étant, pour ainsi dire, fixée sur la surface de la terre. Or, la marée est toujours dirigée, au moins approximativement, vers la lune; la partie de la surface terrestre où la marée sera fixée, devra donc être tournée constamment vers la lune. En d'autres termes, s'il n'y avait pas le soleil qui produit aussi des marées, s'il n'y avait que la lune seule, l'effet final des marées, tendant à arrêter ou à amortir le mouvement de rotation de la terre, serait d'amener la terre à tourner vers la lune toujours la même portion de sa surface, et, par suite, à faire une révolution autour de son axe pendant la même période que la lune emploie pour exécuter sa révolution autour de la terre. La lune a déjà subi cet effet final; c'est pour cette raison que nous voyons la lune tourner toujours vers la terre presque exactement la même portion de sa surface. La faible déviation que nous observons quelquefois, s'explique par ce fait, que l'orbite de la lune n'est pas tout-à-fait une circonférence de cercle; par suite, elle ne se déplace pas dans son orbite avec la même vitesse lorsqu'elle se trouve plus près de la terre que lorsqu'elle en est plus éloignée. Nous pouvons ainsi, quelquefois, voir un peu autour du bord. La lune tourne actuellement tout-à-fait de la même manière que la terre tournera, avec le temps, lorsqu'une quantité très grande (aussi grande que possible) de son énergie de rotation aura été transformée en chaleur par le frottement de la marée.

Nous ne devons pas être surpris de voir la lune arrivée à cet état si longtemps avant la terre. Les lacs de la lune (si elle en a eu) étaient formés de lave en fusion, bien plus visqueuse que l'eau. La force qui produisait la marée dépendait de la masse de la terre, qui est quelque chose comme *quatre-vingts* fois plus grande que celle de la lune, le principal agent de nos marées, comparativement faibles. Il faut encore ajouter, de plus, que le moment d'inertie de la lune est très petit, par rapport à celui de la terre.

Nous avons donc établi que la vitesse de rotation de la terre se ralentit constamment. Nous pouvons maintenant nous poser la question suivante : combien de temps s'est-il écoulé depuis l'époque où la terre était assez solide pour présenter aux pôles le même aplatissement que nous constatons aujourd'hui ? Supposons, par exemple, que ce temps ne soit pas moindre qu'un milliard d'années. Le calcul nous montre qu'à cette époque-là, même en prenant l'évaluation la plus modérée, la terre devait tourner avec une vitesse au moins deux fois plus grande qu'à présent. Cela veut dire que la journée devait être de 12 heures au lieu de 24 heures. S'il en était ainsi, et si la terre était à l'état liquide ou même visqueux dans toute dans sa masse, cette vitesse de rotation, deux fois plus grande, produisant à l'équateur une force centrifuge quatre fois plus grande qu'à présent, par suite, l'aplatissement aux pôles et l'élargissement à l'équateur étaient bien plus considérables qu'à présent.

Nous pouvons donc dire que, puisque la terre est si peu aplatie, elle devait tourner, au moment de sa solidification, avec la même vitesse, à peu près, qu'à présent. Or, comme il est certain que la vitesse de sa rotation se ralentit, on ne peut pas admettre que la terre se soit solidifiée, il y a un grand nombre de millions d'années, car, s'il en était ainsi, elle aurait dû avoir un aplatisssement plus considérable que celui que nous constatons. Cet argument, ajouté au premier, réduit probablement la période possible qu'on peut accorder aux géologues, à moins de 10 millions d'années.

Vient maintenant le troisième argument, qui n'exige pas de périodes aussi courtes que les deux premiers. Il est tiré de la durée pendant laquelle le soleil peut, par son rayonnement, avoir maintenu la terre dans un état propre à la vie des animaux et des végétaux. L'argument qui repose sur ce point de vue, dis-je, n'est pas aussi décisif que les autres, car nous pouvons imaginer que, lorsque le soleil était excessivement chaud, comme il devait l'être à une certaine époque primitive — beaucoup plus chaud qu'à présent — nous pouvons imaginer que l'un des effets de cette chaleur était de dégager, à sa surface, des nuages de vapeurs absorbantes, qui se refroidissaient à mesure qu'elles s'éloignaient, et si énormes, que la quantité effective de radiations qui parvenait à la terre pouvait ne pas être plus grande qu'à présent. On peut ainsi concevoir une sorte d'état uniforme dans le rayonnement du soleil. Nous pouvons l'expliquer en disant que, lorsque le soleil était au plus haut degré de température et le rayonnement le plus intense possible, il y avait en même temps une forte absorption des radiations émises par sa surface. Un argument analogue peut être imaginé relativement aux vapeurs dont un rayonnement solaire plus intense tendrait à augmenter la quantité dans l'atmosphère terrestre où elles se condenseraient. Toutefois, même en supposant que le soleil se refroidissait avec une vitesse uniforme, nous sommes amenés, par le calcul, à admettre que, malgré l'énorme quantité de chaleur qui a dû se développer par le choc des matières, au moment où elles se sont accumulées pour former sa masse, il n'aurait pu, même d'après les évaluations les plus élevées, alimenter la terre, ne serait-ce qu'avec l'intensité actuelle, pendant plus de 15 ou 20 millions d'années (1).

Cette considération, je le répète, ne constitue pas un argument aussi décisif que l'un ou l'autre des deux pré-

(1) Plusieurs critiques, ainsi que certains grands écrivains, ont voulu voir une contradiction entre ce passage et un autre à la page 187. Mais il n'y en a pas. A la page 187, il s'agit de toute la quantité de chaleur que le soleil peut fournir, tandis qu'ici nous parlons de la chaleur *dépensée*.

cédents. Mais il ne faut pas croire que la conclusion qui repose sur tous les trois arguments n'est pas plus rigoureuse que le plus faible, comme le prétendent quelques-uns des contradicteurs de M. Thomson. Pour détruire les conclusions tirées de ces arguments, il est nécessaire d'en réfuter deux et d'infirmer fortement le troisième. Mais chacun d'eux est tout-à-fait indépendant des autres, et tous tendent à démontrer la même chose, à savoir que dix millions d'années c'est, au point de vue physique, la plus grande durée que l'on puisse admettre pour tous les changements qui ont eu lieu sur la surface de la terre, depuis que la vie végétale, de la forme la plus infime, y pouvait exister.

Je laisse de côté, pour quelque temps, cette partie de notre sujet. Ce qui précède est une application de la théorie de l'énergie au système solaire d'abord, et ensuite à notre globe.

Je passe maintenant à une ou deux autres applications de la deuxième loi de la thermo-dynamique, en particulier, de la plus belle partie de cette théorie, fournie par le raisonnement de Carnot. Nous avons à examiner le transport de l'énergie d'un corps sur un autre, mais non pas le passage de l'énergie d'une partie d'un corps à une autre. Cette dernière question est, en général, celle de la propagation de la chaleur, à laquelle nous consacrerons une autre conférence. Pour le moment, je veux parler du rayonnement de chaleur ou de lumière d'un corps à un autre.

Mais, avant d'aborder cette question, j'appellerai votre attention sur quelques expériences, les unes connues depuis longtemps, mais à peine expliquées, et les autres faites tout récemment.

Prenons d'abord, comme milieu de communication entre les deux corps, c'est-à-dire comme milieu à travers lequel l'énergie sera transportée d'un corps sur un autre, ce support solide de bois. J'ai deux pendules, dont les lentilles sont très pesantes; ils sont faits de manière à être, autant que possible, de même longueur, en sorte que leurs durées de vibration sont très approximativement les mêmes. Les deux pendules sont maintenant au repos, mais supposons que je mette l'un d'eux en vibration, sans toucher à l'autre, vous verrez celui-ci se mettre à osciller, au bout d'un temps assez court; ses amplitudes deviendront de plus en plus grandes et il ne s'arrêtera que lorsque le premier pendule sera revenu au repos. Cette expérience représente évidemment un cas du transport d'énergie de l'un des pendules sur l'autre, transport effectué, comme vous voyez, à travers la masse de bois. Ce transport ne s'est produit d'une manière aussi complète que grâce à ce simple fait, que les deux pendules ont été, pour ainsi dire, accordés ensemble; c'est-à-dire, on s'est arrangé de manière à leur faire exécuter une oscillation, pendant le même temps. Nous allons maintenant faire l'expérience avec deux pendules non accordées. Vous verrez qu'il y aura transport d'énergie pendant quelques minutes, mais il sera bien moins complet, et, au bout d'un temps très court, toute l'énergie sera retournée au premier pendule, puis le même phénomène recommencera, et ainsi de suite. Dans le cas que nous avons devant nous, il suffit d'un temps très court pour que toute l'énergie soit transportée de l'un des pendules à l'autre et que les choses se passent tout-à-fait comme si nous avions retourné tout l'appareil de 180 degrés. Le deuxième pendule oscillera à la place du premier avec toute son énergie initiale ; puis le transport s'effectuera en sens contraire, et le premier pendule recouvrera ce qu'il avait perdu, sauf la portion inévitablement dépensée à produire les vibrations de l'air, à développer de la chaleur dans le support, qui n'est pas un corps parfaitement élastique, et à fournir tout ce que le frottement et les causes perturbatrices peuvent engendrer. Remarquez, surtout, que dans le cas que nous examinons, le transport de l'énergie s'effectue à travers un corps solide et simplement par les vibrations du corps solide.

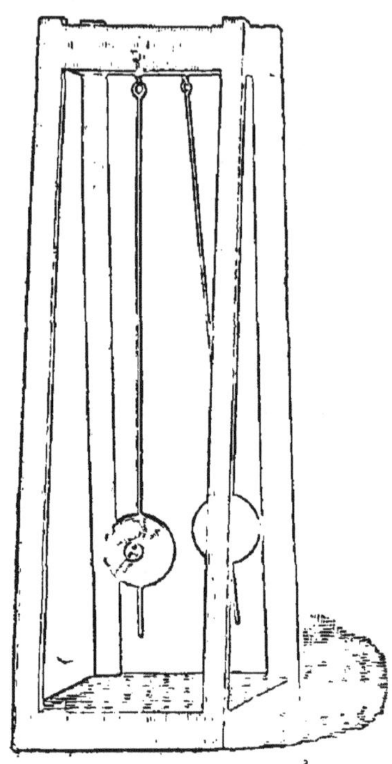

Je vais maintenant examiner le cas du transport par l'intermédiaire des corps gazeux. Nous pouvons facilement le réaliser à l'aide d'une paire de diapasons. Ceux-ci sont accordés exactement à la même note. Ils sont

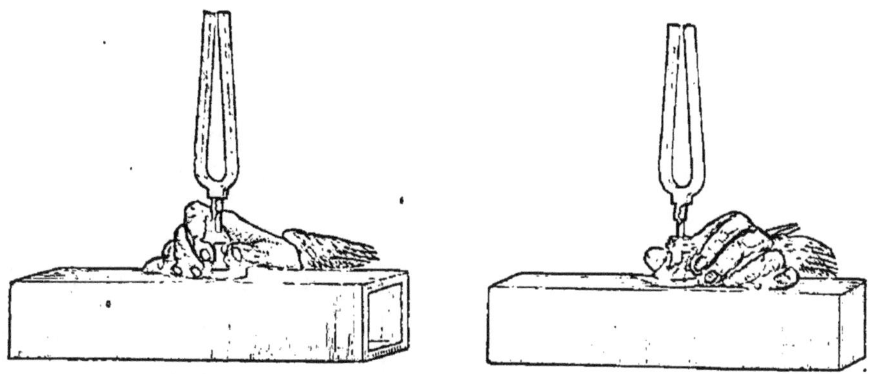

munis de caisses de résonnance, afin qu'ils puissent communiquer à l'air la plus grande partie possible de leur énergie. Si je mets en vibration l'un des diapasons, la caisse de résonnance aura pour effet de mettre en vibration rapide l'air ambiant et de lui faire exécuter ces vibrations dans la même période de temps que le diapason. Mais il y a là une autre caisse accordée de façon à vibrer dans cette même période. Le diapason qu'elle supporte est aussi accordé exactement à la même note. Le premier diapason étant mis en vibration, je le retourne de manière à placer l'ouverture de sa caisse de résonnance en face de l'ouverture de la caisse du deuxième diapason. Il y aura un transport d'énergie à travers l'espace rempli de gaz qui sépare les deux diapasons, et ce transport est tel que, si au bout d'une ou deux secondes j'arrête brusquement, à l'aide de mon doigt, les vibrations du premier diapason, vous entendrez l'autre résonner, avec une intensité notable. Le transport de l'énergie s'est donc opéré, dans ce cas, à travers l'air, au lieu du corps solide, comme cela se faisait dans le cas des pendules.

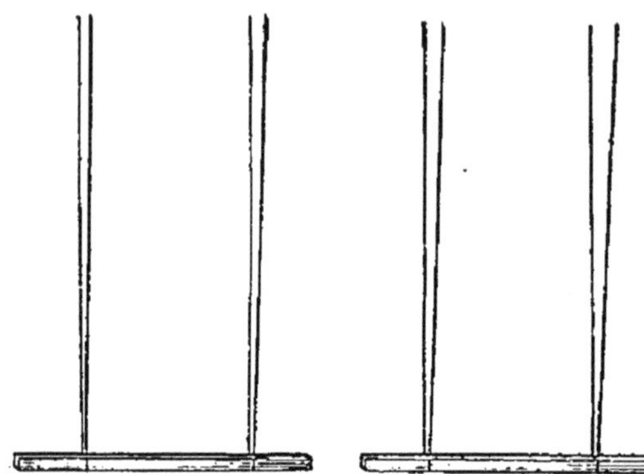

[J'appelle encore une fois votre attention sur les pendules, car le premier a de nouveau transmis la plus grande partie de son énergie au second. Mon assistant va les désaccorder et nous allons recommencer l'expérience.]

Aux expériences précédentes se rattache une autre qui s'explique à l'aide des mêmes principes physiques. Considérons cette troisième disposition, où le transport de l'énergie ne s'effectue, ni à travers une barre solide, comme dans le cas des pendules, ni à travers un milieu gazeux, comme dans le cas des diapasons, mais simlement à l'aide d'une action magnétique, à l'aide de cette force qui agit entre deux barreaux d'acier. Cette action, comme vous savez, n'est pas affectée par l'interposition d'un corps magnétique quelconque; elle est aussi énergique à travers le milieu que nous appelons vide, qu'à travers l'air. Ces barreaux magnétiques sont, autant que possible, de masses égales, et sont supportés par des fils métalliques de même longueur. Si j'enlève l'un de ces barreaux, le temps d'oscillation de l'autre sera toujours le même, quel que soit celui qu'on enlève. Ils sont suspendus de manière que, dans leur position d'équilibre, ils se trouvent sur la même ligne horizontale. En ce moment tous les deux sont au repos. Supposons que je communique à l'un d'eux une oscillation dans la direction de sa longueur. Remarquez avec quelle vitesse l'énergie est transportée de l'un à l'autre. L'aimant, qui était d'abord au repos, a maintenant gagné la plus grande partie de l'énergie, et vous verrez qu'au bout de quelques secondes, l'autre l'aura complètement perdue. Tenez : le voilà maintenant arrêté, mais seulement un instant : l'opération recommence maintenant en sens contraire. Le second sera, à son tour, amené au repos après un intervalle de temps exactement égal à celui qui s'est écoulé depuis le commencement de l'expérience, jusqu'au moment où le premier aimant s'est arrêté. Le voilà au repos, mais il n'y reste qu'un instant, et le même transport recommence de nouveau, et ainsi indéfiniment. Quelle est la cause du transport de l'énergie, dans ce cas ? Ce transport est entièrement dû à l'attraction magnétique que l'un des barreaux exerce sur l'autre. Quoique l'appareil paraisse construit à peu près de la même manière que celui dont je me suis servi, il y a quelques minutes, pour les pendules lourds, les masses de ces barres ne sont pas suffisantes pour produire un effet appréciable sur la poutre qui les supporte ; de sorte que, si nous désaimantions les deux barres, il serait impossible d'obtenir un transport appréciable de l'énergie de l'un à l'autre. Dans le cas que nous examinons, le transport de l'énergie de l'un des corps sur l'autre ne s'effectue, ni à travers un solide, ni à travers un gaz, comme dans les expériences précédentes, mais à travers le milieu magnétique, quel qu'il soit. Clerk-Maxwell nous a donné de bonnes raisons pour croire que ce milieu est le même que celui qui transmet la lumière et la chaleur rayonnante. Nous avons donc là un troisième mode de transport d'énergie d'un corps sur un autre; et ce mode ressemble beaucoup plus qu'aucun des deux précédents à celui auquel j'arrive maintenant.

[Avant d'aborder l'étude de ce nouveau cas, je vous prie de remarquer que nous avons maintenant désaccordé les deux pendules massifs suspendus à la charpente de bois, et vous pouvez observer comment les oscillations se transportent de l'un à l'autre. Vous voyez que le transport est beaucoup plus faible que précédemment, et non seulement il est plus faible, mais il cesse après un temps très court et recommence en sens contraire. L'énergie du second pendule, tantôt diminue, tantôt augmente, mais n'atteint jamais, à beaucoup près, celle qui reste dans le premier. En effet, les périodes de leurs oscillations ne sont pas égales, et chaque pendule se trouve tantôt dans une position où il peut gagner de l'énergie aux dépens de l'autre, et, une ou deux secondes plus tard, dans une position où il peut en perdre, et ces alternatives se continuent. Au contraire, si les deux pendules étaient toujours en accord parfait, si, à un moment donné, ils étaient dans une position telle que l'un céderait de l'énergie à l'autre, ils resteraient pendant une longue période dans cette position relative. L'un se trouverait, pendant toute cette période, dans une position plus favorable pour céder de l'énergie à l'autre, et cela uniquement parce que leurs périodes d'oscillation sont les mêmes. Si les périodes d'oscillation diffèrent, alors tantôt l'un s'éloigne de l'autre, tantôt il s'en rapproche.]

Vous avez tous entendu sonner une cloche massive. Même un enfant peut faire sonner une cloche très lourde en mettant en jeu très peu de force, pourvu qu'il imprime les impulsions exactement aux mêmes moments. A l'instant où la cloche est prête à descendre, donnez-lui une impulsion de manière à accélérer le mouvement; mais il faut la laisser se ralentir, si le mouvement est tel qu'une poussée tendrait à l'arrêter. En choisissant exactement le moment convenable et en réglant bien l'impulsion, un enfant est capable de communiquer de grandes oscillations à une masse, qu'autrement il lui serait presque impossible de mettre en mouvement.

On peut, de la même manière, l'arrêter en lui imprimant des retards exactement aux moments propres. Ces retards devraient se produire à des intervalles de temps parfaitement égaux, représentant les durées de vibration de la cloche abandonnée à elle-même.

Ainsi, toutes ces expériences ont pour base le transport de l'énergie, sous forme cinétique, d'un corps à un autre, et la condition nécessaire pour que l'un des corps soit capable de recevoir l'énergie envoyée par l'autre et que les durées de vibration des deux corps soient, autant que possible, égales. Aujourd'hui, je n'ai pas le temps de traiter ce sujet avec plus de détails, mais, pendant les quelques minutes qui me restent encore, je vais tâcher de vous indiquer brièvement comment ces expériences, purement mécaniques, se rattachent à la science moderne.

Supposez que nous ayons une substance qui exécute des vibrations si rapides, qu'au lieu de rendre un son, elle produise de la lumière d'une certaine couleur, ou de la chaleur rayonnante. La substance qui sera la plus apte à absorber la lumière d'une couleur donnée ou la chaleur rayonnante, sera une autre substance, de même espèce que la première, car les deux spécimens de la même matière vibreront dans les mêmes circonstances, d'après les mêmes lois. Par conséquent, si l'on définit un faisceau de lumière donnée par la substance particulière incandescente qui l'a émis, un autre spécimen de la même substance trouvera, dans le faisceau, précisément ces périodes de vibration particulière qui lui conviennent le mieux, et sera, par conséquent, le plus apte à les absorber.

Tel est, en quelques mots, le principe dynamique auquel M. Stokes est arrivé, il y a plus de vingt ans, et si les applications de ce principe avaient été poursuivies convenablement à cette époque-là, il aurait fait avancer de dix ans nos connaissances en chimie céleste. Voici comment M. Stokes se représentait les choses : il se figurait un espace, tel que cette chambre, rempli de diapasons (que nous supposons munis de boîtes de résonnance), ou bien de cordes de piano, tendues dans toutes les directions, de manière à ne pas interférer les unes avec les autres et à remplir, autant que possible, tout l'espace. Si tous les diapasons ou toutes les cordes sont accordés à la même note, ce système formera un milieu capable de rendre, lorsqu'il est mis en vibration, cette note particulière. Faites vibrer tous les diapasons, ils tendront tous à se renforcer mutuellement et à rendre cette note particulière, et cette note seulement. Si ce dispositif, au lieu de servir comme source de son, servait de milieu à travers lequel on force un son à se propager, on trouverait — et cela résulte de ce que je viens de vous montrer — que ce milieu est particulièrement opaque pour la note en question et pour cette note seulement. Supposons qu'on joue, d'un côté de la pièce, d'un instrument rendant des sons intenses (tel qu'un cornet à piston) et qu'on écoute de l'autre côté. Une note quelconque rendue par l'instrument, excepté celle qui appartient à ces diapasons ou à ces cordes, sera entendue avec toute son intensité, si ce n'est que les cordes opposeront, en tant que simples obstacles, quelque résistance à la propagation du son.

Cette note sera entendue presqu'avec la même intensité qu'à l'autre côté de la pièce, comme s'il n'y avait ni diapasons, ni cordes. Mais dès que l'instrument rend la note particulière qui appartient à tous les diapasons ou à toutes les cordes, les choses se passent comme dans le cas des deux pendules, des aimants ou dans celui des deux diapasons que je viens de vous montrer. Le contenu de la pièce absorbe graduellement toutes les portions du son qui lui arrivent et se trouve ainsi mis en vibration. Si le nombre des cordes ou des diapasons est assez grand, ils s'empareront de toute l'énergie du son et empêcheront tout passage de celui-ci à travers le milieu, excepté pour la portion qu'ils rendront eux-mêmes.

Nous avons donc là un milieu qui peut rendre lui-même une note définie, et une seule note, quand il est employé comme source de son, et qui peut servir d'une sorte de tamis, pour séparer une note particulière d'un son mixte et confus. Nous avons là, au point de vue mécanique ou physique, une analogie avec les faits qui servent de base aux principes fondamentaux de l'analyse spectrale.

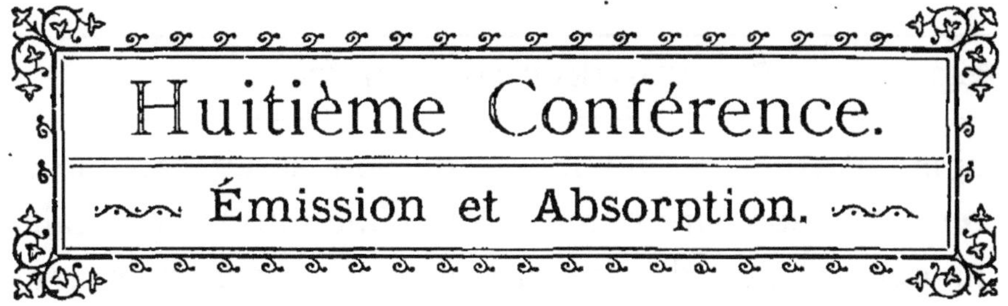

Huitième Conférence.

Émission et Absorption.

Historique de la découverte de la base physique de l'analyse spectrale. Premier résultat de l'analyse spectrale appliqué aux corps célestes. Découverte de la vapeur du sodium dans l'atmosphère solaire. Expériences de Stewart et de Kirchhoff. Identité de la lumière et de la chaleur rayonnante. Caractère distinctif d'une raie particulière. Égalité du pouvoir émissif démontrée à l'aide du principe de Carnot. Corps noirs, corps transparents et corps qui réfléchissent parfaitement.

J'AI terminé ma dernière leçon par l'examen de différents modes de transport de l'énergie de vibration d'un corps à un autre. J'ai pris en particulier trois cas : dans l'un ce transport s'opérait à travers un corps solide, dans le second, le véhicule était l'air ordinaire, et dans le troisième cas, le transport de l'énergie s'effectuait à travers le milieu qui transmet les actions électriques ou magnétiques. Mais, dans chacun des trois cas, nous avons trouvé la même condition nécessaire pour que la transmission de l'énergie d'un corps vibrant à un autre soit complète, quel que soit le milieu servant d'intermédiaire : il faut que la durée de vibration du second corps soit égale à la durée de vibration du corps qui reçoit l'énergie le premier.

J'ai ensuite considéré un espace limité rempli de corps vibrants, tous accordés, pour ainsi dire, à la même durée de vibration, et je vous ai montré qu'un tel espace, agissant comme une source de son, serait capable de rendre un son parfaitement défini, une note d'une certaine hauteur, et que, d'autre part, il pourrait absorber précisément cette note particulière et pas une autre. Tout autre son musical pourrait traverser cet espace sans une interruption marquée (à moins que les dimensions de l'espace soient très grandes); mais chaque fois que cette note particulière serait rendue dans le voisinage, pas une de ses vibrations ne traverserait ce milieu. Elles seraient toutes presque entièrement absorbées et conservées par le milieu, si celui-ci est assez étendu.

C'est là le principe dynamique qui a conduit le professeur Stokes, vers 1850, à poser le premier la base physique de l'analyse spectrale. Je serai obligé de faire une petite digression pour vous faire bien comprendre l'application qu'il fit de l'analogie entre la manière dont certains corps se comportent à l'égard de la lumière, et la manière dont les diapasons et les cordes en question se comportent vis-à-vis du son. Cette digression est relative à la réfrangibilité différente des diverses couleurs et des lumières de différentes longueurs d'onde. C'était une des découvertes les plus grandes et les plus simples de Newton en optique lorsqu'il a montré qu'un faisceau de lumière blanche traversant un prisme est décomposé en ses différents éléments. Ces éléments, ou rayons simples, ont des longueurs d'onde, ou des périodes de vibration, ou des réfrangibilités différentes, ces trois propriétés variant ensemble. En vertu de ces différences, les rayons émergeant du prisme suivent des directions différentes, si bien qu'ils se dispersent en une série de couleurs, se succédant par degrés insensibles, que Newton a appelée spectre solaire. La première méthode par laquelle Newton obtenait le spectre était parfaite pour le but qu'il avait en vue. Mais cette méthode est insuffisante pour une recherche plus approfondie de la composition de la lumière solaire, recherche qui peut seule nous montrer si certaines raies de couleur donnée manquent ou ne manquent pas dans cette lumière. Pour faire une telle étude, il faut avoir recours à un dispositif optique à l'aide duquel on empêcherait la superposition dans le spectre des raies de réfrangibilité différente.

La première méthode de Newton consistait simplement à faire pénétrer dans une chambre obscure un rayon lumineux à travers une ouverture pratiquée dans la fenêtre, à laisser le faisceau tomber sur un prisme de verre et à recevoir les rayons émergents sur un écran blanc.

Au début de l'explication que je vais vous donner, il nous faut éviter tout ce qui pourrait la compliquer. Pour cela nous ferons l'hypothèse la plus simple : nous supposerons la lumière solaire formée seulement de deux espèces distinctes de lumière homogène; nous la supposerons composée, par exemple, du rouge et du vert, homogènes, mélangés dans des proportions convenables pour produire du blanc. De cette manière nous aurions sur l'écran, avant l'interposition du prisme, une tache lumineuse blanche et circulaire. Après l'interposition du prisme, cette tache serait décomposée en deux autres taches : l'une rouge, formée par la lumière d'une espèce, et l'autre verte, formée par la lumière de l'autre espèce. Toutes les deux seraient déplacées par rapport à la position de la tache blanche primitive ; la tache verte serait plus déplacée que la rouge. Or, nous savons que la lumière solaire n'est pas uniquement composée d'un rouge particulier et d'un vert particulier, mais de presque toutes les nuances intermédiaires situées entre ces deux limites et en dehors d'elles. Il est donc évident que, dans cette méthode, il y aura superposition de taches circulaires égales, de réfrangibilité graduellement croissante, dont les centres formeront sur l'écran une ligne droite continue (ou presque continue). De cette manière, il y aura, en un point donné du spectre, un grand nombre de taches superposées, et il sera donc pratiquement impossible de constater par cette méthode l'absence de quelque nuance particulière.

Le procédé que Newton (1) a imaginé pour obvier à cet inconvénient est fort simple ; il mérite, cependant, qu'on en dise quelques mots, pour vous faire comprendre plus aisément les expériences que je me propose de vous montrer dans ma prochaine conférence. Au lieu d'une ouverture ronde, nous nous servons

(1) Newton, *Optics*, liv. I, part. I, exp. II.

actuellement d'une fente étroite à côtés parfaitement parallèles. A l'aide d'un mécanisme convenable, cette fente peut être rétrécie ou élargie à volonté. La lumière du soleil, d'une lampe électrique ou d'une autre source, traverse la fente sous forme d'une tranche mince et tombe sur une lentille achromatique, c'est-à-dire sur une lentille qui se comporte d'une manière identique à l'égard de tous les rayons de couleurs différentes qui tombent sur elle. En général il est avantageux de placer la lentille à une distance de la fente telle que l'image, en grandeur égale à la fente, soit formée à la même distance de la lentille sur un écran placé de l'autre côté. Les rayons solaires qui tombent alors sur la lentille, après avoir traversé la fente, donneront sur un écran placé à une distance convenable, une ligne brillante, blanche, formée de tous les rayons qui composent la lumière solaire. Mais si l'on place sur le trajet des rayons, immédiatement après leur sortie de la lentille, un prisme dont l'arête sera parallèle à la fente, il aura pour effet de changer la direction des cônes des rayons qui convergeaient vers l'image. Le prisme fera subir la plus grande réfraction aux rayons violets ; les autres seront de moins en moins réfractés, à mesure que leur longueur d'onde croît, jusqu'au rouge extrême du spectre. De cette manière, au lieu d'avoir, comme dans la première méthode, une rangée de disques colorés empiétant les uns sur les autres et dont les centres sont disposés sur une ligne droite, nous aurons une série d'images colorées dont chacune n'est pas plus large que la fente elle-même, et celle-ci peut être aussi étroite que vous voulez. Dans chaque partie du spectre, les images successives sont disposées l'une à côté de l'autre et se touchent. S'il manque des rayons d'une certaine réfrangibilité ou d'une certaine longueur d'onde, la place correspondant à ces rayons sera marquée par une ligne noire (une image obscure de la fente) à travers la bande colorée.

Vous voyez donc ce tableau coloré suspendu au mur : il représente le spectre solaire formé comme je viens de vous expliquer, et vous pouvez y distinguer des raies obscures. Mais on n'y a figuré que les principales. Le nombre de toutes les lignes dont la position a été soigneusement mesurée, ou enregistrée photographiquement, se monte à plusieurs mille (v. la fig. p. 247). Elles ont été remarquées, pour la première fois, par le docteur Wollaston au commencement de ce siècle ; mais il y fit peu d'attention. Elles furent de nouveau découvertes par le grand opticien Fraunhofer, et depuis, elles portent le nom de lignes de Fraunhofer.

Une des plus remarquables de ces lignes est la ligne que Fraunhofer désigna par la lettre D ; c'est cette ligne que vous voyez sur la limite, entre l'orangé et le jaune. Quand on emploie un très bon prisme et qu'on se sert d'une lunette au lieu de l'écran, on peut voir que cette ligne est double. Ce fait lui constitue un caractère remarquable : les deux lignes, d'un noir à peu près également intense, traversent le spectre et sont si près l'une de l'autre, qu'il est presque impossible de les séparer, sans l'emploi d'une lunette ou d'un grand nombre de prismes.

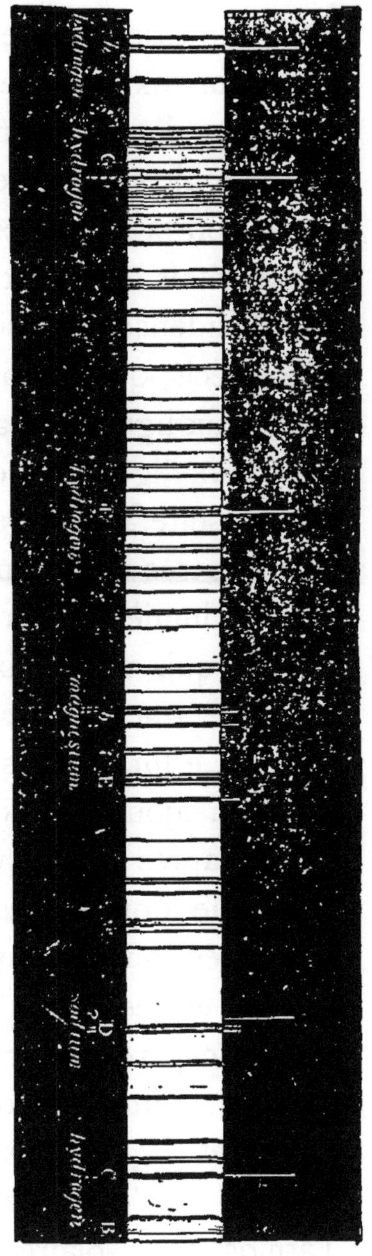

Fraunhofer a observé que, lorsqu'on soumet à l'essai la flamme d'une chandelle ordinaire, on voit, dans son spectre, deux lignes brillantes, bien plus brillantes que le reste du spectre continu. Il a vu aussi que, dans ce spectre, il n'y avait pas d'autres lignes en dehors de ces deux-là, et autant que ses mesures lui permettaient de juger, ces deux lignes occupaient dans le spectre de la flamme exactement la même place que la ligne D dans le spectre solaire. Cela veut dire que la lumière de la chandelle possède en excès l'une de ces parties constitutives qui manquent totalement ou en grande partie à la lumière solaire. Cette coïncidence remarquable n'avait provoqué aucune recherche jusqu'au moment où le professeur Miller de Cambridge a fait, en 1849 ou 1850, une expérience plus précise, dans le but de comparer ces lignes jaunes, fournies par la flamme d'une lampe à alcool, avec les lignes noires du spectre solaire, et de voir si la coïncidence entre ces deux espèces de lignes était bien précise. Ses mesures ont montré que la coïncidence était si parfaite, qu'avec l'instrument le plus précis, on n'aurait pu découvrir le moindre écart. Les deux lignes brillantes correspondaient exactement aux deux lignes obscures, quant à leur réfrangibilité, et, par suite, à la longueur d'onde. Swan a montré, d'une manière très concluante, que les deux lignes brillantes dans la lumière de la chandelle étaient dues au sel ordinaire qui, dans l'air, est répandu partout et dont la moindre trace est capable de produire cette lumière jaune. Ce fut Stokes qui fit le dernier pas dans cette voie, en ajoutant l'explication suivante des faits observés. D'après lui, la vapeur incandescente qui est capable de donner ces lignes brillantes, lorsqu'elle est employée comme source de lumière, absorbe ces mêmes lignes, et ces lignes seulement, lorsqu'elle sert de milieu transparent. Par conséquent, l'expérience de Miller, qui montra la coïncidence de ces lignes brillantes avec les lignes obscures du spectre solaire, est une preuve de l'existence de la vapeur du sodium dans l'atmosphère solaire.

Cela eut lieu en 1850, et depuis, le fait de l'existence de la vapeur de sodium à l'état incandescent dans l'atmosphère solaire était enseigné (comme une vérité démontrée expérimentalement) par sir W. Thomson et par beaucoup d'autres. Telle est l'origine de l'analyse spectrale appliquée aux corps célestes.

Il est curieux de constater que Foucault, célèbre à juste titre, avait fait, en 1849, la même expérience, sous une forme plus concluante que celle de Miller. Il trouva que la lumière de ce qu'on appelle arc électrique avait, dans son spectre, les deux lignes brillantes en question ; mais lorsqu'on décomposait la lumière solaire après lui avoir fait traverser l'arc voltaïque, en opérant de manière que cette lumière solaire fût plus intense que celle de l'arc, on voyait que les lignes D du spectre solaire devenaient plus noires qu'avant d'avoir fait passer la lumière solaire à travers la lumière électrique. Malgré l'intensité de ces raies dans la lumière électrique, non seulement elles étaient insuffisantes pour combler les lacunes dans le spectre solaire, mais elles rendaient ces lacunes plus nettes, plus complètes qu'auparavant. Pour s'assurer que la lumière de l'arc était bien capable d'absorber ces rayons particuliers, Foucault eut l'idée très ingénieuse de mettre à profit ce fait, que les pointes des charbons entre lesquelles l'arc jaillit, sont plus brillantes que l'arc lui-même. Il reçut la lumière blanche des points sur un petit miroir et dirigea les rayons réfléchis à travers l'arc. Il trouva que les lignes jaunes, dans cette lumière qui a traversé l'arc, au lieu d'être plus brillantes, étaient remplacées par des lignes obscures. Quand la lumière des pointes passait à côté de l'arc, les lignes n'y étaient pas supprimées. Chose assez curieuse, Foucault semble n'avoir tiré aucune conclusion de ces faits.

Les mêmes observations avaient été faites, en Suède, par Angström, en 1853. Il affirma, comme un résultat de ses expériences, qu'un gaz incandescent émet des rayons lumineux de la même réfrangibilité que ceux qu'il absorbe.

Chacun des trois savants que nous avons cités, avait donc découvert, par des expériences concordantes, la base physique de l'analyse spectrale avant 1854 ; mais Stokes fut le seul des trois qui appliqua sa découverte à la composition des corps célestes. Fox Talbot avait indiqué bien avant l'usage qu'on pouvait faire du prisme pour distinguer dans une flamme les substances terrestres.

Comme je vous ai déjà dit, sir W. Thomson enseignait régulièrement depuis 1852 (peut-être même un ou deux ans plus tôt), dans ses leçons publiques à l'Université de Glasgow, que la vapeur du sodium existait dans l'atmosphère solaire, et que, pour trouver les autres composés de cette atmosphère ou des atmosphères stellaires en général, il suffisait de comparer les lignes obscures de leurs spectres avec les lignes brillantes des vapeurs incandescentes provenant de diverses substances terrestres (1). Mais avant 1859 ou 1860 ces idées n'étaient pas répandues et n'avaient reçu aucune application autre que la constatation de la présence de la vapeur du sodium dans l'atmosphère solaire. Je voudrais vous lire un extrait de quelques remarques que j'ai faites à ce sujet, il y a un an ou deux, à la Société royale d'Édimbourg (2).

« Il est difficile de nos jours, quand beaucoup de physiciens s'occupent presqu'en même temps d'un même problème, de décider auquel des progrès successifs qu'ils réalisent on doit attribuer le titre de *découverte* (dans le sens le plus élevé de ce mot), pour le distinguer d'un simple *perfectionnement* ou d'une *généralisation.* Vous n'avez qu'à vous rappeler les discussions sans fin soulevées récemment au sujet du véritable fondateur du principe de la conservation de l'énergie, pour voir que des critiques peuvent être d'accord sur les faits et les dates et différer complètement sur les conclusions à en tirer (3). Quelques-uns attribuent habituellement les lois relatives aux gaz, les lois de Boyle et de Charles, à Mariotte et à Gay-Lussac, sans avoir l'air de se douter de l'erreur qu'ils commettent. Les gens qui persistent dans leur erreur sur un point aussi évident que celui-ci, prouvent par cela même qu'ils sont incapables de juger dans des cas offrant un peu plus de difficulté. D'autres, qui soutiennent énergiquement les droits de Meyer dans la question de la conservation de l'énergie et qui, pour être logiques, devraient défendre avec bien plus de force les droits de Talbot, de Stokes, de Angstrom, de Stewart, etc.,

(1) Discours présidentiel. *Brit. Ass. 1871.* N. Stokes, *Nature,* 6 janvier 1876. Thomson m'écrivait à ce sujet (23 janvier 1876) : « Je ne m'étais jamais imaginé que Stokes eût pu croire que j'avais généralisé trop vite ou même que j'avais fait des généralisations. Je savais que j'avais appris la chose de lui et qu'elle était absolument certaine... Tout ce que j'ai dit dans mon discours d'Édimbourg, je le crois irréfutable. »

(2) Proceedings. R. S. E. 15 Mai 1871.

(3) Quelques admirateurs fanatiques de Papin voudraient refuser à Watt presque tout mérite dans la machine à vapeur ! Il est inutile de citer d'autres exemples.

dans la question de la découverte de l'analyse spectrale, attribuent à Kirchhoff seul tout l'honneur de cette découverte.

« La question de priorité à laquelle je viens de faire allusion, fait voir d'une manière curieuse le caractère singulier et regrettable, quoique très honorable à un certain point de vue, d'un grand nombre des premiers savants anglais : ils sont toujours disposés à croire que tout ce qui leur paraît évident, à eux, doit nécessairement être connu de tout le monde. Je ne pense pas que ceci puisse être appelé de la modestie ; c'est plutôt une sorte de défiance d'eux-mêmes qui provient de leur certitude de n'être bien au courant que de ce qui a été fait dans les branches dont ils s'occupent spécialement. Leurs rivaux à l'étranger (en particulier les Allemands) connaissent, au contraire, à fond tout ce qui a été fait, ou, au moins, ils ont à leur portée quelqu'un qui possède cette érudition. Ils peuvent ainsi vérifier, lorsqu'une idée nouvelle se présente à leur esprit, si elle est réellement nouvelle, la faire publier et s'en assurer la priorité. Ni Stokes, ni Thomson, en 1850, ne pensaient avoir fait une découverte: la chose leur parut très simple et tout-à-fait évidente, et ce fait même que, depuis, Thomson exposait les idées en question dans ses leçons publiques, devrait écarter toute espèce de réclamation de priorité.

Cet état de choses pourrait être rendu impossible par la publication périodique, à de courts intervalles, d'un recueil de tous les nouveaux progrès de la science (1).

J'arrive maintenant à l'état de la question en 1858 et 1859. La première de ces dates appartient à Balfour Stewart et la seconde à Kirchhoff. Balfour Stewart traitait la question entièrement au point de vue de la doctrine appelée Théorie des Échanges, et il a établi

(1) Ce desideratum est actuellement satisfait, dans une large mesure, grâce à la publication des *Beiblätter zu den Annalen der Physik*, publication que le monde scientifique doit au travail désintéressé des MM. Wiedemann.

une généralisation remarquable de la loi énoncée bien avant lui par Prévost. Kirchhoff étudiait la même question à un point de vue théorique, au premier abord, bien plus élevé ; son raisonnement est plus compliqué et plus mathématique. Mais en réalité le point fondamental sur lequel reposent les recherches de ces deux savants est le même. Ce qu'ils ont établi par leurs différentes méthodes, c'est l'égalité absolue entre le pouvoir émissif et le pouvoir absorbant d'une substance pour chaque radiation donnée. Ce n'était pas le simple fait, connu par Leslie et d'autres, qu'un corps ayant la propriété de bien absorber la chaleur l'émet aussi en grande quantité, ou quelque autre proposition vague de ce genre ; c'était une loi s'appliquant à chaque longueur d'onde particulière, et non seulement à des rayons d'une couleur déterminée, mais, ce qui plus est, à des rayons polarisés dans des plans donnés. Stewart et Kirchhoff arrivèrent ainsi à cette conclusion : Que l'on considère une lumière d'une couleur quelconque, polarisée dans un plan donné, la substance qui aura un certain pouvoir d'absorber cette lumière, aura le même pouvoir d'émettre ces rayons. On suppose ces pouvoirs émissifs et absorbants mesurés à l'aide des mêmes unités. De cette manière, les nombres qui donneront la mesure des pouvoirs absorbants des corps pour une radiation particulière quelconque (radiation bien déterminée, comme je viens de le dire), donneront aussi la mesure des pouvoirs émissifs pour la même radiation.

Stewart a montré d'abord, par un raisonnement très simple, que le pouvoir absorbant d'un corps, à une température donnée, est égal à son pouvoir émissif pour chaque espèce de chaleur donnée. Il démontra ensuite expérimentalement qu'une plaque de sel gemme, qui absorbe très mal la chaleur, en émet aussi fort peu. Puis il montra qu'un corps est en général plus opaque pour des radiations émises par une autre portion de sa propre substance, que pour des radiations d'autres corps à la même température ; en d'autres termes, si vous mesurez la portion de la chaleur émise par un morceau de verre chaud, qui peut être absorbée par du sel gemme, et si vous mesurez de même la quantité de chaleur émise par un égal morceau de sel gemme chauffé et que le sel gemme peut absorber, vous trouverez que ce dernier absorbe une proportion bien plus grande de la chaleur émise par le sel gemme que de celle qui est émise par le verre à la même température. Stewart a fait voir que le même énoncé, en y changeant un ou deux mots, s'applique au mica, au verre et à d'autres substances. Il a encore montré — et ceci est très important — qu'une plaque épaisse de sel gemme émettait plus de rayons qu'une plaque mince à la même température. Il résulte de là que les radiations émises par un corps chaud n'émanent pas seulement de sa surface, mais aussi des couches situées au-dessous de sa surface, voire même, dans certaines substances, de couches assez profondes. Si bien que l'émission, comme l'absorption, n'est pas un simple phénomène superficiel: elle dépend aussi, lorsque le corps est absolument transparent, de l'épaisseur de la substance qui émet ou absorbe les radiations.

Pour montrer expérimentalement quelques-uns de ces résultats, ne fût-ce qu'au point de vue qualitatif, Stewart soumit à l'essai un morceau de faïence dont la surface présentait des parties blanches et noires. Lorsqu'on regardait ce morceau de faïence à la lumière du jour, certaines parties étaient plus sombres que d'autres parce que les premières absorbent une plus grande partie de la lumière incidente. Nous avons donc là un corps dont certaines parties ont un pouvoir absorbant plus considérable que les autres. Donc, si la loi énoncée plus haut est vraie et si des rayons calorifiques elle peut être étendue aux rayons lumineux, lorsque ce même morceau de faïence devient — par un échauffement convenable — la source lumineuse, les portions qui paraissaient sombres à l'état froid, à cause de leur absorption plus considérable, devront maintenant être plus brillantes, car ce sont ces parties-là qui doivent rayonner le plus. Chacun de vous peut faire cette expérience très facilement : il suffit de prendre un morceau de faïence ayant à sa surface un dessin bien marqué ; dès que ce morceau sera porté à la température du blanc, vous verrez, en le regardant dans l'obscurité, après l'avoir retiré du feu, un dessin blanc sur un fond noir. Et ce qui sera encore plus frappant, c'est que si, tout en le regardant ainsi, vous faites tomber brusquement la lumière du jour, les deux nuances seront immédiatement renversées.

Je ne puis faire voir le même phénomène qu'à quelques personnes à la fois, mais il ne sera pas bien net à une certaine distance. Je prendrai une lame mince de platine et j'y inscrirai quelques lettres à l'encre. Quand cette lame est chauffée, il se forme sur la surface polie du platine, à la place des lettres, un dépôt d'oxyde de fer qui, à ces endroits-là, ternit la surface ; ces parties absorbent donc plus de lumière qu'une surface réfléchissante polie. Nous devons nous attendre à voir des lettres blanches sur fond noir lorsque cette lame sera fortement chauffée (comme je la chauffe en ce moment dans une flamme très chaude, mais peu éclairante) et sera devenue une source lumineuse. La différence d'éclat n'est pas aussi marquée que dans le cas précédent, mais ceux qui sont assis très près de moi voient le phénomène assez distinctement. Mais vous remarquerez un autre phénomène, encore plus frappant, en regardant la face opposée de la plaque, celle qui ne porte pas les lettres. Vous avez vu de faibles traces de lettres brillantes sur un fond noir, quand la face portant les lettres était tournée vers vous ; mais quand je tourne vers vous la face opposée, vous voyez des lettres noires sur un fond blanc. Le fait que, dans un cas, nous avons des lettres brillantes sur un fond noir, et, dans l'autre, des lettres noires sur un fond blanc, confirme encore mieux l'explication qu'a donnée Stewart de ce phénomène, à savoir que les lettres à l'état froid paraissent noires parce qu'elles absorbent plus de rayons que le reste de la plaque polie. Ces lettres paraissent plus brillantes quand elles sont chauffées, parce qu'elles émettent plus de rayons. Or, puisqu'elles émettent plus de rayons, elles doivent être plus froides, et demeurer constamment plus froides que le reste de la plaque ; par suite, les parties sur le dos, situées derrière les lettres qui rayonnent le plus, doivent être toujours plus froides. C'est ce que nous voyons : la face opposée à celle qui porte les lettres est partout homogène, mais nous constatons, par l'éclat relatif, une différence marquée entre les parties plus et moins chaudes. Ce fait démontre encore mieux la théorie de Stewart.

Ce savant a étendu son raisonnement aux verres colorés, portés à de hautes températures. Lorsqu'on regarde une flamme brillante à travers un verre rouge, par exemple, ce verre absorbe les rayons verts et laisse passer les rayons rouges tant qu'il reste froid, c'est-à-dire qu'il absorbe seulement de la lumière, mais n'en émet pas. C'est justement parce qu'il absorbe les rayons verts et presque tous les autres, excepté les rouges, que ce verre est rouge. Mais si on le met dans le feu et qu'il acquière la même température que les charbons incandescents, il paraît incolore, et on ne peut pas le distinguer des charbons. En effet, il transmet la lumière rouge, mais il émet des rayons verts et certains autres, précisément ceux qu'il est capable d'absorber, et par sa propre émission il complète ce qu'il a absorbé. Par conséquent la lumière qui vient des charbons derrière le verre et qui le traverse est renforcée par l'émission de ce dernier dans la même proportion qu'elle est affaiblie par son absorption, et elle arrive finalement à nos yeux tout-à-fait incolore. Si vous mettiez un charbon moins chaud derrière ce verre, pendant qu'il est au feu à une température très élevée, le charbon paraîtrait vert, parce que le verre est alors plus chaud que le charbon et enlève à ce dernier moins de rayons verts qu'il n'en émet lui-même, et la lumière qui parvient à l'œil, en partie par transmission, en partie par émission, est plus verte que celle du charbon mis derrière le verre. Ainsi le verre coloré perd sa couleur lorsqu'il est à la même température que les objets placés derrière lui, et prend une couleur complémentaire lorsqu'il est plus chaud que ces objets.

M. Kirchhoff a publié un grand nombre d'expériences servant à établir la relation entre l'émission et l'absorption, et je vais vous en citer deux ou trois. La première est très simple : il prend un fragment d'un sel transparent, le met dans une boucle faite avec un fil de platine, et le chauffe à l'aide d'un chalumeau. Quand le fil de platine et le fragment de sel sont à une même température très élevée, le fil devenu incandescent brille, mais le fragment de sel fondu est à peine brillant. Cette expérience montre qu'un corps complètement transparent et, par suite, très mauvais absorbant, émet très peu de rayons. D'un autre côté, le fil de platine est parfaitement opaque : il absorbe bien les rayons ; par conséquent, il en émet aussi beaucoup.

M. Kirchhoff appliqua immédiatement ses expériences à la lumière solaire. Il savait que la vapeur incandescente du lithium émet une raie rouge particulière bien définie, et il remarqua que dans le spectre solaire il n'y a pas de raie noire correspondant à cette raie brillante. Il essaya alors de produire dans le spectre solaire une nouvelle ligne noire : il fit passer la lumière solaire par une fente derrière laquelle il disposa un bec Bunsen ordinaire, dont il colora en rouge la flamme peu éclairante, au moyen de vapeurs de lithium. La flamme émettait ainsi des rayons d'un rouge homogène. Quand la lumière solaire traversait cette flamme, la vapeur de lithium lui enlevait ses rayons rouges particuliers, et une nouvelle ligne noire était ainsi formée dans le spectre solaire. Quand on diminuait graduellement l'intensité des rayons solaires, cette ligne disparaissait petit à petit, quoiqu'il restât encore une certaine quantité de rayons solaires. Mais après un affaiblissement plus considérable de la lumière solaire, la ligne brillante du lithium reparaissait sur le fond noir. Donc, en réglant convenablement l'intensité des rayons solaires, on peut à volonté obtenir à cet endroit déterminé du spectre une ligne noire, ou une ligne brillante, ou une absence complète de toute ligne. Cette expérience était très concluante : elle a montré qu'on pouvait produire ces lignes noires à des endroits nouveaux au moyen d'un certain gaz incandescent.

Kirchhoff a aussi montré que si, au lieu de la lumière solaire diminuant graduellement d'intensité, on prend une source lumineuse terrestre, on ne peut produire les raies noires que si la flamme absorbante est plus froide que la source. Donc, pour développer de nouvelles lignes noires dans le spectre solaire, il faut employer des substances absorbantes à une température inférieure à celle du soleil; ce qui, du reste, n'offre aucune difficulté, puisqu'il nous est impossible de produire sur la terre une température égale à celle du soleil. Il était très important de pouvoir produire ces bandes d'absorption dans le spectre continu d'une lumière artificielle, comme, par exemple, dans la lumière d'une sphère de chaux incandescente. La température de cette dernière est très basse, comparée même à celle de l'arc électrique, et extrêmement basse quand on la compare à la température du soleil, mais sa lumière donne un spectre parfaitement continu. Si nous voulions produire dans ce spectre les raies noires du lithium ou du sodium par le procédé que nous venons de décrire, nous trouverions notre procédé en défaut. A la place des raies noires apparaîtraient des raies brillantes. La flamme du bec Bunsen n'est pas assez froide. Autrement dit, s'il y avait du sodium dans la flamme du bec Bunsen, les vapeurs de ce métal absorberaient bien la lumière orangée particulière provenant de la chaux, mais en même temps elle émettrait une quantité bien plus considérable de cette même lumière, si bien qu'à la place des lignes noires on aurait des lignes brillantes. Mais si, au lieu d'un bec Bunsen, on prend une lampe à alcool ordinaire dans laquelle on introduit des vapeurs de sodium, on trouve des raies noires dans le spectre de la lumière émise par la chaux. Kirchhoff démontre ainsi expérimentalement que, pour produire une ligne d'absorption (au moins lorsque la source lumineuse et le corps absorbant se trouvent tous les deux derrière la fente), il est nécessaire que la source incandescente ait une température plus élevée que celle de la vapeur absorbante.

Nous verrons que ce résultat n'est pas seulement très important en lui-même, mais qu'il est de la plus haute importance quand il s'agit d'interpréter les spectres fournis par différentes portions du disque solaire et par différentes étoiles. Il permet de voir quelle est la plus chaude des deux substances rayonnantes.

Je dois, en dernier lieu, vous parler d'une découverte faite presque simultanément par Kirchhoff et Stewart : c'est la belle application du phénomène de la polarisation de la lumière aux corps absorbants. Il y a des substances transparentes presque incolores ou très faiblement colorées et qui, malgré cela, absorbent toutes les vibrations lumineuses s'effectuant dans une certaine direction. La plus simple est une plaque de tourmaline, taillée parallèlement à l'axe du cristal. Il n'est pas encore absolument certain si les rayons qu'elle absorbe sont ceux qui vibrent parallèlement ou perpendiculairement à l'axe du cristal, mais pour le moment nous n'avons pas à nous en préoccuper. La lumière qui a traversé une telle lame cristalline vibre dans une seule direction définie, et pour cette raison elle est dite polarisée. Comme nous savons par expérience que la lumière ordinaire n'est pas soumise à cette condition de vibrer dans un seul plan, les vibrations, dans la portion de la lumière incidente qui a été absorbée, devaient être perpendiculaires à celles de la lumière transmise ; par suite, la lumière absorbée était aussi polarisée. Nous avons donc là un corps qui absorbe de la lumière polarisée. Faisons de ce corps une source lumineuse par un échauffement convenable. Si la proposition dont nous nous occupons est vraie dans tous les cas, ce corps, devenu source lumineuse, devra émettre de la lumière polarisée. Eh bien, l'expérience a été faite et elle a complètement réussi. La lumière émise par le cristal porté au rouge est polarisée lorsqu'elle est placée devant un fond noir ; mais si le corps qui sert de fond est aussi chaud que le cristal même (et ne polarise pas la lumière), il n'y aura pas de polarisation : le cristal transmet une partie de la lumière sans l'altérer, et quoiqu'il arrête l'autre partie, il la remplace par la lumière qu'il émet lui-même.

Avant d'aller plus loin, je ferai une petite digression sur les raisons que nous avons pour admettre l'identité de la lumière et de la chaleur rayonnante. Je vais vous faire voir comment nous pouvons nous convaincre qu'il n'y a pas plus de différence entre la chaleur rayonnante et la lumière qu'entre les ondes sonores, ou les ondes à la surface de l'eau, de longueurs différentes. Il ne s'agit pas ici de la vraie nature de la vibration qui forme l'onde lumineuse.

Nous savons tous que, pratiquement, les ondes sonores diffèrent des ondes à la surface de l'eau. Dans le cas des ondes sonores, les particules d'air exécutent des vibrations longitudinales dans la direction de la propagation du son ; mais, dans le cas des ondulations à la surface de l'eau, les particules d'eau exécutent en partie des vibrations transversales (de haut en bas), en partie des vibrations longitudinales ; de sorte que, près de la surface, chaque particule décrit à peu près une circonférence de cercle.

Quant aux ondes lumineuses, nous savons tous que les vibrations sont transversales par rapport à la direction de la lumière, quelle que soit, du reste, la nature de ces vibrations. La preuve de l'identité de la chaleur rayonnante et de la lumière — qui ne seraient que des manifestations différentes d'un même phénomène — résulte de diverses comparaisons de leurs propriétés. Je ne puis pas entrer dans tous les détails de ces comparaisons ; je ne vous citerai que quelques-unes de ces propriétés pour vous montrer à quel point l'identité en question est évidente.

Remarquons tout d'abord que toutes les deux se propagent en ligne droite. La chaleur rayonnante venant du soleil se superpose à la lumière ; si vous supprimez l'une, en plaçant un écran opaque de manière à intercepter les rayons, vous interceptez l'autre en même temps. Pendant une éclipse solaire, on a une partie de la chaleur solaire tant qu'on peut voir la moindre portion du disque du soleil. Dès que la dernière portion de ce disque est cachée, la chaleur disparaît en même temps que la lumière. Cela prouve que, non seulement la chaleur et la lumière suivent le même chemin, mais qu'elles mettent le même temps pour venir jusqu'à nous. Si l'une était tant soit peu en retard sur l'autre — si la chaleur disparaissait avant la lumière, ou la lumière avant la chaleur — cela prouverait que l'une se meut plus vite que l'autre, quoique toutes les deux se propagent en ligne droite. Mais les mesures les plus délicates montrent que le temps employé par la chaleur ou la lumière pour venir de la lune à la terre, c'est-à-dire pour franchir une distance d'un quart de million de milles (384.436 kilomètres), est sensiblement le même. Il en résulte donc que la chaleur rayonnante se propage avec la vitesse de 186.000 milles (300.000 kilomètres) par seconde, ce qui est la vitesse de la lumière. Les analogies entre les deux phénomènes que nous avons établies tout d'abord deviennent donc des identités.

Vous savez tous que, pour concentrer en un foyer la chaleur solaire à l'aide d'une lentille ou d'un miroir, on fait converger vers ce foyer les rayons lumineux. On forme une image à l'aide de la lumière, et les rayons calorifiques se trouvent concentrés au même point. Cela veut dire que les lois de la réflexion et de la réfraction sont exactement les mêmes pour la lumière et pour la chaleur rayonnante.

Vous savez probablement tous, que deux faisceaux lumineux peuvent interférer l'un avec l'autre et produire de l'obscurité — ceci a été prouvé au commencement de ce siècle et, grâce à cette découverte, on a pu expliquer certains phénomènes connus de Newton et même avant lui. — Cette expérience établit d'une manière très concluante la non-matérialité de la lumière et montre que la lumière doit être une certaine espèce de vibrations ; de sorte que deux mouvements contraires qui se rencontrent en un même endroit, ou, mieux, qui affectent simultanément la même portion du milieu, doivent produire un simple repos ou une absence de tout mouvement. Si l'on fait l'expérience avec la lumière solaire, comme l'ont faite Foucault et M. Fizeau, nous trouvons qu'aux endroits où la lumière disparaît, la chaleur disparaît en même temps.

La chaleur rayonnante a donc la propriété d'interférer tout-à-fait comme la lumière. Cela veut dire que deux portions de l'une ou de l'autre peuvent, dans certaines conditions, se détruire mutuellement.

L'absorption fournit une autre analogie très frappante entre les deux agents en question. Examinons d'abord le cas de la lumière. Je prends un certain nombre de fragments du même verre bleu : la lumière qui aura traversé l'un de ces verres, en traversera un second en plus grande proportion, et celle qui en aura traversé deux, en traversera un troisième en proportion encore plus grande, et ainsi de suite. La même chose s'applique à la chaleur rayonnante. Le verre appelé incolore est souvent opaque pour la chaleur rayonnante, surtout pour les formes inférieures. Mais si, à l'aide d'une source très intense, on force un grand faisceau de chaleur rayonnante à traverser une seule vitre on trouvera que, malgré l'opacité extrême de la vitre pour cette chaleur en général, celle qui l'aura traversée passera en bien plus grande proportion à travers une deuxième lame, et en proportion encore plus considérable à travers une troisième lame, et ainsi de suite. Et puisque Melloni s'est servi du mot thermochrose, nous pouvons dire qu'une vitre qui est incolore ou presque incolore au point de vue de la lumière, paraîtrait colorée à des êtres bien plus grands que nous-mêmes, à des êtres munis d'appareils optiques tellement grossiers, que les ondes qui provoquent chez nous la sensation de chaleur rayonnante, produiraient chez eux la sensation de lumière. De telles créatures considéreraient nos glaces les plus transparentes comme excessivement opaques ; au contraire, le sel gemme leur semblerait transparent, parce qu'il transmet la chaleur aussi bien que la lumière.

Il y a encore différentes autres analogies : par exemple, l'intensité de la lumière d'une source varie en raison inverse du carré de la distance de la source. Il en est de même de la chaleur rayonnante. Cette loi s'applique du reste à tout ce qui émane d'un centre et se propage en ligne droite, pourvu qu'il n'y ait pas d'absorption, de sorte qu'elle ne fortifie pas notre argument. Cette loi est plutôt une conséquence de cette vérité géométrique, que la surface d'une sphère est proportionnelle au carré de son rayon.

En outre — et c'est la meilleure preuve — P. Forbes a découvert la polarisation de la chaleur. On peut polariser la chaleur rayonnante comme on polarise la lumière, et c'est l'argument le plus concluant. Chacune des analogies que je vous ai indiquées, ajoutée à celle que je viens de citer, conduit d'une manière inévitable à cette conclusion, que la seule différence entre la chaleur rayonnante et la lumière est la même que celle qui existe entre une note grave et une note haute. Par conséquent, dans tous les raisonnements que nous faisons sur les radiations en général, il est tout-à-fait indifférent de considérer la chaleur rayonnante des rayons lumineux ou même des ondulations encore plus rapides qui ne sont plus visibles à l'œil qu'à l'aide de la fluorescence. Donc, chaque fois que nous n'aurons à parler que des radiations en général, nous comprendrons sous cette dénomination toutes les espèces.

Nous pouvons nous demander à quel caractère on peut distinguer une radiation donnée des autres. Eh bien, on peut caractériser une radiation de la même manière qu'on définit un son. Un son se caractérise par trois propriétés : par son intensité, sa hauteur et son timbre. Le timbre dépend de la superposition d'autres sons (harmoniques) au son fondamental, comme M. Helmholtz l'a montré par ses belles méthodes analytiques et synthétiques. Ainsi, prenons le timbre le plus simple, celui qui est dépourvu d'harmoniques ; alors le son musical, ou la note, est complètement défini si nous connaissons son intensité et sa hauteur. Inversement, une perturbation de l'air qui produirait cette intensité et cette hauteur ferait entendre ce son particulier, si le timbre était le plus simple. C'est par ces caractères que nous pouvons distinguer un mouvement particulier de l'air.

De même, nous avons des caractères tout-à-fait analogues pour définir une radiation d'une espèce particulière. Prenons-en une de la forme la plus simple — c'est-à-dire, une dont le timbre est le plus simple. Il y a trois autres propriétés à distinguer : d'abord l'intensité, ensuite la longueur d'onde ou la couleur qui correspond à la hauteur, et, en troisième lieu, sa polarisation, ou si elle est ou n'est pas polarisée. Si ces caractères sont connus pour une certaine radiation, et si une autre satisfait aux mêmes conditions, cette autre sera nécessairement la même radiation. Cette identité des propriétés est la preuve de l'identité des deux radiations.

Nous arrivons maintenant à la question de savoir

comment on peut prouver que le pouvoir émissif d'un corps doit être égal à son pouvoir absorbant, dans les mêmes conditions. Nous avons vu de quelle manière on peut s'assurer de l'égalité ou de l'identité de deux radiations ; ces préliminaires établis, il nous reste à expliquer, à l'aide d'un raisonnement rigoureux, l'égalité nécessaire des pouvoirs émissif et absorbant.

La meilleure méthode pour y arriver est d'appliquer un raisonnement analogue à celui de Carnot, mais, dans le cas que nous considérons maintenant, ce raisonnement peut se faire d'une manière bien plus simple. Considérons un espace entouré de murs qui soient, ou des réflecteurs parfaits, ou maintenus constamment à une température définie. On sait que des corps, quels qu'ils soient, enfermés dans une enceinte pendant un temps assez long, finissent par acquérir la température de l'enceinte. C'est là un fait confirmé par un grand nombre d'expériences. Nous disons que des corps sont à la même température lorsqu'aucun d'eux ne cède de chaleur à un autre, lorsque, ces corps étant en contact, il n'y a aucun transport de chaleur de l'un des corps à l'autre. Supposons que l'un de ces corps soit capable d'absorber plus de radiations qu'il n'en émet : ce corps absorberait constamment plus de chaleur qu'il n'en renverrait. Il en résulterait que les autres corps, tout en absorbant la chaleur que ce corps émettrait, se refroidiraient, parce qu'ils recevraient de lui moins de chaleur qu'ils ne lui en auraient cédé ; mais ce corps-là deviendrait au contraire plus chaud aux dépens des autres qui se trouveraient dans l'enceinte.

Au premier abord, ce raisonnement paraît complet; pourtant il ne l'est pas, car nous avons considéré toutes les radiations en bloc. Supposons qu'à l'intérieur de l'enceinte, entre deux de ces corps, il y en ait un troisième que nous appellerons écran, et que ce corps laisse passer certaines radiations définies en réfléchissant toutes les autres. Dans ces conditions, toute radiation qui viendra du premier corps devra traverser l'écran et, par suite, elle n'appartiendra qu'à cette espèce bien définie que l'écran laisse passer. Elle sera en partie absorbée par le second corps, en partie renvoyée par lui; mais, comme, d'après notre hypothèse, la température de l'enceinte reste toujours constante, la fraction de ces radiations particulières, émanées du premier corps, que le second absorbe, doit être précisément égale à la fraction des radiations émanées du second, que le premier absorbe à son tour; autrement la température de l'un des corps augmenterait aux dépens de la température de l'autre, ce qui est impossible. Un tel écran qui (par rapport aux radiations particulières en question) est formé par l'un des trois corps de l'enceinte, la partage virtuellement (par rapport aux autres radiations) en deux enceintes.

Vous remarquerez qu'au fond ce raisonnement repose sur celui de Carnot, sur ce raisonnement qui conduit à la deuxième loi de la thermo-dynamique. En effet, il est basé sur ce principe que, sans dépense de travail, on ne peut pas refroidir un corps au-dessous de la température de tous les corps ambiants. Lorsqu'un corps se trouve à la température des corps environnants, sa chaleur ne peut pas être employée à produire du travail. Il faut, en effet, dépenser du travail pour refroidir le corps. Or, s'il pouvait se refroidir en émettant plus de chaleur qu'il n'en absorbe, nous aurions pu avoir une enceinte contenant deux espèces de corps, dont les uns s'échaufferaient aux dépens des autres, et de cette manière on pourrait obtenir du travail de corps tous primitivement à la même température et se trouvant dans une enceinte, qui elle, aussi serait maintenue constamment à la même température (1).

Un ou deux mots sur les propriétés différentes des corps. Il y a des corps qui absorbent toutes les radiations qui tombent sur eux. Tel est, par exemple, le noir de fumée ou, en général, tous les corps dits noirs. Puisqu'un corps noir est capable d'absorber toutes les radiatons qui tombent sur lui, il doit, d'après ce que nous venons de dire, émettre toute sorte de radiations, quand il est chauffé. Aucune espèce de radiations ne doit donc manquer, pas une ligne noire ne doit se trouver dans le spectre d'un tel corps rendu incandescent; car, de même qu'il absorbe toutes les radiations sans distinction, il doit les émettre toutes.

(1) Nous avons vu que le principe de Carnot n'est vrai que dans un sens, pour ainsi dire statistique, et qu'il ne tiendrait pas si nous pouvions opérer avec des particules séparées de matière ; l'égalité des pouvoirs émissif et absorbant n'est donc vraie que dans le même sens.

Les corps que nous appelons corps transparents constituent une autre classe. Un corps est transparent lorsqu'il n'absorbe pas de radiations du tout. Si nous avions un corps parfaitement transparent, il n'absorberait aucune radiation et, par suite, étant chauffé, il n'en émettrait point. Si bien que le corps ne pourrait être visible ni par lui-même, en arrêtant une certaine partie de la lumière qui tombe sur lui, ni porté à l'incandescence. En effet, du moment qu'il est incapable d'absorber la lumière, il serait aussi incapable d'en émettre. Il ne pourrait être visible que grâce au déplacement ou à la déformation des images des autres corps vus à travers lui.

Nous avons, enfin, une classe de corps qui se distinguent de ceux des deux classes précédentes en ce qu'ils n'absorbent pas du tout la chaleur, qui ne traverse jamais leur surface : — ce sont des corps qui réfléchissent parfaitement.

Il y a donc des corps noirs, des corps transparents et des corps qui réfléchissent parfaitement. Aucun de ces corps n'est parfait dans son genre ; cependant nous pourrions prendre le noir de fumée comme exemple de la première classe, le sel gemme comme exemple de la deuxième, et un métal poli, comme l'argent, pour représenter la troisième classe. Aucun de ces corps n'est un exemple parfait ; ce ne sont, pour ainsi dire, que des approximations, mais des approximations aussi bonnes que les corps que nous trouvons dans la nature et qu'on a choisis pour matérialiser les idées purement mathématiques de corps absolument rigides ou de fluides parfaits. Ils forment des approximations suffisantes pour permettre de déduire, de nos raisonnements faits sur ces corps, des explications exactes de phénomènes physiques.

Supposons, pour un moment, que nous ayons deux de ces corps à l'intérieur d'une enceinte qui réfléchit parfaitement. Soit l'un noir et l'autre transparent — mais imparfaitement transparent. Le corps noir absorbe absolument toute radiation qui lui arrive et peut renvoyer des radiations de toutes espèces, tandis que le corps transparent ne peut absorber que des radiations d'une seule espèce. Il absorbera ces radiations particulières parmi toutes celles que lui envoie le corps noir; mais ce dernier récupère par réflexion ou transmission toutes les radiations, excepté celles de cette espèce. Ce sera donc la seule espèce de radiations que le corps transparent pourra émettre, et, puisqu'il est à la même température que l'autre corps qui se trouve dans la même enceinte, il doit les émettre dans la même proportion qu'il les absorbe. Nous avons donc là, en partant d'un point de vue un peu différent, une autre démonstration du même principe. Dans ma prochaine conférence, je tâcherai de confirmer ces conclusions théoriques par des expériences.

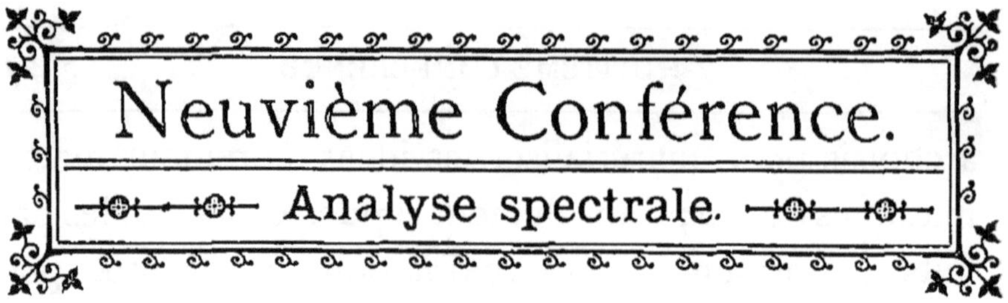

Neuvième Conférence.

Analyse spectrale.

Spectre d'un corps noir incandescent, d'un gaz ou d'une vapeur à l'état d'incandescence. Absorption par une vapeur de parties du spectre d'un corps noir incandescent. Application à la lumière solaire et à la lumière des étoiles. Taches solaires et protubérances. Période de vie de diverses étoiles. Fluorescence.

DANS ma dernière conférence, je suis arrivé aux résultats pratiques des découvertes indépendantes—nous ne pouvons pas les désigner autrement—de Foucault, de Stokes, de Angström, de Balfour Stewart et d'autres, relatives à l'égalité des pouvoirs émissif et absorbant des corps pour une radiation calorifique ou lumineuse déterminée. Je vous ai expliqué en détail par quel moyen on peut étudier séparément les différentes formes de radiations émanant d'un corps incandescent donné, en les isolant les unes des autres, et comment on peut constater l'absence de quelques-unes de ces radiations. Il me reste à vous faire voir ces expériences, et, à cet effet, je me servirai d'une pile assez puissante, qui se trouve ici en bas et qui est réunie, à l'aide de fils conducteurs, à la lampe électrique que vous voyez là. Dans une pile ordinaire, si elle est composée d'un nombre d'éléments assez modéré, de 100 éléments par exemple, l'électricité ne passe pas entre les pôles tant que ces derniers ne sont pas en communication. Mais si, après les avoir mis en communication, on vient à les séparer, il se produit au moment de la rupture une étincelle. Cette dernière échauffe tellement l'air entre les pôles que, si la pile est assez forte, il se produit un courant électrique permanent qui va de l'un des pôles à l'autre et qui maintient à l'état d'incandescence la couche d'air qui les sépare.

Cette portion de courant est si chaude que tous les métaux ordinaires, comme le cuivre, y fondent immédiatement, ou au bout d'un temps très court. C'est pour cette raison que nous employons comme pôles de la pile des morceaux de charbon de cornue — ce dépôt dur qui se forme dans les cornues à gaz. On en a découpé des bâtons rectangulaires qui sont attachés aux pôles de la pile. Lorsque l'arc voltaïque passe à travers l'air chaud entre les deux pôles, les extrémités des deux charbons deviennent fortement incandescentes. On a alors deux corps noirs très chauds, séparés par un corps chaud demi-transparent. Rappelez-vous que, dans ma dernière conférence, je vous ai dit qu'un corps noir a cette couleur parce qu'il absorbe toutes les espèces de radiations lumineuses qui tombent sur lui, et qu'un corps est transparent parce qu'il exerce une très faible absorption sur les rayons qui lui arrivent.

Donc, si notre proposition est vraie — et elle doit l'être au moins dans le même sens que la deuxième loi de la thermo-dynamique — le corps noir devenu incandescent émettra des radiations de toute espèce, de même qu'il est capable de les absorber. Au contraire, les gaz et les corps demi-transparents qui n'absorbent que certaines radiations ne peuvent émettre, quand ils sont lumineux, que ces radiations-là. La différence entre les deux genres de corps peut être constatée par la méthode que je vous ai exposée dans ma dernière conférence. Nous pouvons séparer les unes des autres les différentes espèces de radiations émises à la fois par deux corps appartenant aux deux catégories.

Les radiations, que vous voyez en ce moment et qui forment le spectre lumineux sur l'écran placé devant vous, proviennent presque entièrement de l'une des pointes incandescentes, et vous voyez que le spectre n'offre aucune discontinuité. Vous y voyez, dans la partie lumineuse du spectre, toutes les couleurs, ou mieux, les lumières de toutes les longueurs d'onde, depuis le rouge extrême jusqu'au violet extrême que l'œil peut percevoir. Il y a, dans ce spectre, des irrégularités d'éclat, mais cela tient à ce que la lumière du gaz incandescent vient se mêler à celle du corps noir devenu lumineux. Mais si je passe au spectre du gaz incandescent, en changeant la position des pointes des charbons (comme je le fais en ce moment) à l'intérieur de l'arc, vous voyez sur l'écran, dans l'intervalle obscur entre les deux spectres continus — dont chacun appartient à l'une des pointes de charbon — des lignes brillantes, qui accusent des radiations d'une espèce donnée, et celles-là seulement; tandis que les corps noirs émettent des radiations de toutes les nuances possibles pour ainsi dire, depuis les plus élevées jusqu'aux plus basses visibles. Le gaz incandescent qui forme l'arc entre les deux pôles n'émet qu'une certaine lumière. En ce moment, il est très difficile de dire, sans mesures précises, à quelle vapeur particulière appartient chacune de ces raies; car la composition du gaz incandescent entre les deux pôles dépend à chaque instant des impuretés qui existent dans les pointes de charbon et qui se volatilisent par la chaleur. Je puis bien reconnaître, en partie d'après sa position et sa couleur, mais bien plus encore d'après son éclat, que la raie orangée appartient au sodium, mais il m'est impossible d'affirmer, sans mesures precises, quelles sont dans l'arc les autres substances incandescentes qui produisent les autres lignes brillantes. Seulement si j'introduis dans l'arc certaines substances (en les mettant sur la surface supérieure, plus large, du pôle inférieur), je pourrai voir les lignes qu'elles produisent, s'il en apparaît de nouvelles, ou s'il y a un renforcement de celles qui existent déjà. Pour le voir, je vais prendre un petit morceau de sodium et je le mettrai sur l'un des charbons pour l'y rendre incandescent. Comme ce métal est excessivement volatile, l'espace entre les deux pointes sera immédiatement rempli de vapeur de sodium. Vous voyez immédiatement que la ligne orangée, sur laquelle j'ai déjà appelé votre attention, est très renforcée; les autres sont plutôt plus faibles qu'auparavant. Cela tient à ce que la vapeur de sodium offre bien moins de résistance à l'arc voltaïque que l'air. L'arc est plus long et moins chaud qu'il n'était avant l'introduction de la vapeur de ce métal.

Pour vous montrer la possibilité de reconnaître différentes substances par ce procédé, je prends un fragment d'un métal qui a été découvert à l'aide du spectroscope peu après l'introduction dans la science de cette nouvelle méthode d'observation. Vous voyez qu'aux bandes faibles, qui sillonnent l'espace relativement sombre entre les deux spectres continus, produits par les pôles de charbon, il vient s'en ajouter une nouvelle, très intense et d'un très beau vert. C'est la raie caractéristique de la vapeur du thallium (très rapproché du plomb par beaucoup de ses propriétés physiques et chimiques), dont j'ai mis un très petit fragment sur le charbon inférieur.

La dernière expérience que j'ai à vous faire voir à propos de la même question, est l'inverse de la précédente. Nous prendrons comme source lumineuse l'une des pointes de charbon, c'est-à-dire un corps noir incandescent capable d'émettre toutes les radiations, depuis les plus basses jusqu'aux plus élevées, et nous prendrons la vapeur du sodium, dont nous venons d'observer les radiations, pour milieu absorbant. Vous verrez quelle partie du spectre continu, fourni par le corps noir incandescent, sera supprimée par cette vapeur, et ne pourra pas la traverser. C'est cette expérience qui est une preuve certaine, autant qu'une seule expérience peut servir de preuve, de ce fait, que les pouvoirs émissif et absorbant de tout gaz incandescent sont exactement égaux entre eux.

Je dispose près de la fente de la lampe électrique un bec Bunsen très chaud dans la flamme duquel mon assistant introduira une petite boule de sodium dans une cuillère de fer. Vous voyez d'abord la combustion de l'huile de naphte dans laquelle on conserve le sodium (à l'abri d'oxydation), puis, au bout de quelques instants, vous voyez une flamme monochromatique très intense, dont l'éclat est presque entièrement dû à la vapeur incandescente du sodium. Vous voyez la couleur pâle des visages à mesure que l'éclat de la flamme devient plus intense. J'interpose un carton pour empêcher la lumière directe de cette flamme de tomber sur l'écran à l'endroit où le spectre des pointes de charbon est continu. Je déplace maintenant un peu la lampe Bunsen afin que la lumière venant des pointes traverse la flamme du sodium ; vous verrez immédiatement une bande sombre, presque complètement noire, se former dans le spectre continu, tout-à-fait comme si l'on avait interposé un crayon ou quelque autre corps opaque analogue. Vous voyez que cette bande se trouve exactement sur le prolongement de la bande orangée du sodium que donne encore l'arc voltaïque, et vous la voyez apparaître ou disparaître suivant que je mets la flamme devant la fente ou que je l'en retire.

Il serait facile de multiplier le nombre des expériences de ce genre; mais cela serait trop monotone, car toutes les expériences se réduiraient à faire voir de beaucoup de manières différentes que certains corps portés à l'incandescence émettent des lumières parfaitement définies, et que ces mêmes corps incandescents, mais plus froids que le pôle de charbon d'une lampe électrique, enlèvent dans le spectre, d'ailleurs continu, du charbon, précisément ces mêmes radiations qu'ils émettent eux-mêmes quand ils servent de sources lumineuses. Mais pour que cette expérience grossière puisse devenir une méthode physique bien définie de mesure et d'analyse, il est nécessaire d'avoir recours à des moyens de comparaison plus délicats que ceux dont je viens de me servir. Tout d'abord il est important de remarquer que la fente doit être très étroite. J'ai été obligé de l'élargir pour que vous puissiez voir ses différentes images colorées. Mais, pour faire une bonne mesure, j'aurais dû rendre la fente très étroite, et nous aurions eu alors des lignes colorées parfaitement nettes, pas plus larges que la fente. En ce moment elles ont une largeur d'un demi-pouce ou d'un tiers de pouce, mais il est possible, et pour les mesures physiques précises il est même nécessaire, de les rendre très étroites et de mesurer avec le plus grand soin les positions relatives des unes par rapport aux autres. Un autre détail : il est nécessaire de placer le prisme, ou les prismes, très exactement dans la position du minimum de déviation, comme on dit ; dans ce cas les rayons incidents et émergents font des angles égaux avec les faces du prisme. C'est alors, et alors seulement, que nous sommes en droit de conclure qu'il y a une coïncidence absolue entre les lignes noires d'absorption et les lignes brillantes produites par la même vapeur incandescente, suivant qu'elle sert de source lumineuse ou de milieu absorbant. Quand on veut faire ces mesures avec toute la précision possible en optique moderne, on ne se sert pas de la méthode de projection sur un écran, comme je viens de le faire, mais on emploie un procédé bien plus délicat imaginé par Fraunhofer ; les rayons sont reçus sur l'objectif d'une lunette astronomique et forment à son foyer l'image du spectre. Cette dernière est regardée au moyen d'une loupe, aussi puissante que l'on veut. On peut ainsi séparer les différentes espèces de radiations émises par le gaz incandescent, au moyen d'un grossissement suffisant, aussi bien qu'en multipliant le nombre des prismes. Il est facile de comprendre qu'en se servant de lunettes de plus en plus puissantes et en multipliant le nombre des prismes, cette méthode nous permettra de mesurer avec la plus grande précision, avec le degré d'approximation que l'on veut, les distances relatives entre les différentes lignes spectrales. En appliquant ces méthodes très délicates à la lumière provenant des corps célestes, ou à celle qui émane des sources terrestres connues, nous avons le moyen de reconnaître si les différentes radiations émises ou absorbées ont exactement la même longueur d'onde, c'est-à-dire si elles ont la même position dans le spectre. Nous avons ainsi une méthode physique, aussi parfaite qu'on peut le désirer, pour nous assurer de la présence (quelque part sur le trajet de la lumière qui nous arrive du corps céleste) de la vapeur incandescente d'une substance terrestre connue.

Telle est la base de l'analyse spectrale appliquée à des problèmes relatifs à l'univers physique. Je dirai maintenant quelques mots sur les résultats de cette méthode d'investigation, appliquée au soleil, aux étoiles, aux nébuleuses et aux comètes. La bibliographie de cette question est déjà très étendue, bien qu'elle soit toute récente. Si l'on pense que les applications de l'analyse spectrale datent à peine de quatorze ans (1), on est étonné de voir que sa bibliographie comprend déjà beaucoup de volumes de traités spéciaux et une multitude de mémoires séparés. Il est encore plus étonnant de constater que la plus grande partie des faits qu'ils contiennent sont déjà vulgarisés et méritent toute confiance.

La plupart d'entre vous peuvent donc acquérir, par la lecture, au moins autant de connaissances sur ce sujet que je puis vous en donner dans mes conférences. Je n'entrerai donc pas dans tous les détails de la question, quoiqu'elle forme une partie importante et très intéressante de notre sujet.

(1) Ces *conférences* ont été faites en 1874.

Tout d'abord, voyons ce qu'on observe en examinant la lumière solaire telle qu'elle vient du soleil, sans spécifier aucune portion de sa surface. Prenons un faisceau de rayons solaires et soumettons-le à la même analyse à laquelle nous avons soumis aujourd'hui la lumière de l'arc électrique et celle des pointes des charbons. Il est impossible de représenter exactement le spectre solaire à l'aide d'un dessin coloré ; par conséquent, aucun dessin ne peut remplacer l'observation directe du phénomène. De même aucune description verbale ne peut en tenir lieu ; aussi serai-je très bref. Nous trouvons, dès la première observation, que le spectre solaire est sillonné d'un grand nombre de lignes noires, perpendiculaires à sa longueur : elles ont une position tout-à-fait analogue à celle de la ligne noire que vous avez vue se former il y a quelques moments dans le spectre continu, et dont elle avait supprimé une portion. Nous sommes ainsi amenés à cette conclusion que la lumière solaire a pour origine quelque corps noir, ou un corps opaque, excessivement lumineux par lui-même, et qui doit être à l'état solide ou à l'état liquide, peut-être même à l'état d'un gaz très comprimé. Quoi qu'il en soit, la source lumineuse dans le soleil doit émettre, autant que nous pouvons voir, toutes les variétés de radiations, si bien qu'au point de vue pratique elle est un corps noir. Ces lignes noires ou ces lacunes qui produisent la discontinuité du spectre sont certainement dues à l'absorption exercée par une vapeur (lumineuse par elle-même ou non) qui se trouve quelque part sur le trajet des rayons s'acheminant vers la terre.

L'origine d'une partie de ces rayons était connue depuis très longtemps, depuis sir David Brewster. En effet, il a découvert qu'ils sont dus à l'absorption par l'atmosphère terrestre. Nous savons que cette atmosphère absorbe une grande partie de la lumière solaire. Le soleil levant, lorsqu'il est obscurci par les vapeurs, n'est pas comparable au soleil au zénith. Mais ce n'est là qu'une absorption analogue à celle que produirait un verre coloré d'une nuance neutre, qui affaiblirait considérablement les différents rayons dans des proportions très peu différentes, tout-à-fait comme ils sont affaiblis par la réflexion, lorsqu'on voit l'image du soleil dans une mare. L'image réfléchie du soleil est bien moins brillante que le soleil vu directement ; après deux ou trois réflexions à la surface du verre, on peut la regarder sans que la vue en soit affectée. Mais dans ce cas l'effet n'est qu'un simple affaiblissement de la lumière : il n'y a pas d'absorption spéciale ou élective. L'atmosphère aurait pu affaiblir de la même manière les différentes radiations solaires, dans une certaine proportion constante ; mais Brewster a montré que son action était bien plus considérable. Il a trouvé que si l'on compare le spectre solaire obtenu quand le soleil est très haut, avec celui que fournit le soleil levant ou couchant, on trouve que dans le dernier cas le spectre contient beaucoup plus de raies noires que dans le premier. Or, les deux spectres ne diffèrent l'un de l'autre que par une circonstance: c'est que dans le second cas, où le soleil est près de l'horizon, ses rayons traversent une couche atmosphérique d'une étendue bien plus grande (et ils ont traversé la partie la plus dense de l'atmosphère) que dans le premier cas, où le soleil est très haut. Brewster en a conclu que les nouvelles lignes étaient dues à l'absorption produite par l'air, par la vapeur d'eau ou par une autre vapeur répandue dans l'air.

Il est donc possible de classer les rayons qui manquent, rien que par la simple comparaison de deux spectres solaires, l'un produit par le soleil levant ou couchant, et l'autre à midi, et on peut affirmer que l'absence de certaines raies est évidemment due à l'atmosphère terrestre. Quant aux autres raies, celles-là ne peuvent pas s'expliquer par un phénomène terrestre; il faut donc en chercher la cause, soit dans l'espace qui nous sépare du soleil, soit dans l'atmosphère solaire.

Il est évident que si l'absorption n'était produite ni par l'atmosphère solaire, ni par l'atmosphère terrestre, mais par quelque milieu qui se trouve entre nous et le soleil, ce milieu agirait sur la lumière des étoiles de la même manière que sur la lumière du soleil. Par conséquent, si les raies du spectre solaire qui ne peuvent pas s'expliquer par l'action de l'atmosphère terrestre, étaient dues à un milieu absorbant de l'espace, toutes les étoiles devraient donner des spectres contenant les mêmes lignes noires que le spectre solaire.

Or, on a trouvé qu'il n'en était pas ainsi. Beaucoup d'étoiles ont des spectres complètement différents du spectre solaire, de même que ces spectres diffèrent les uns des autres. Il en résulte donc que le spectre fourni par un soleil particulier ou par une étoile est entièrement dû à l'atmosphère propre du soleil ou de l'étoile, qui contient une vapeur incandescente, — et nous pouvons ainsi étudier la composition chimique de cette atmosphère en recherchant les substances terrestres qui, mises dans la flamme d'un brûleur Bunsen ou rendues incandescentes par l'électricité, peuvent donner dans leurs spectres des lignes brillantes correspondant aux lignes noires observées dans le spectre solaire. Voici une partie du grand dessin fait par Angström, un fragment de sa carte du spectre solaire, pas même la trentième partie de ce qu'il a dessiné. Les nombres placés au-dessus expriment les longueurs d'onde en fractions de millimètre. Ainsi les trois lignes vertes, très visibles, qui forment le groupe *b* de Fraunhofer (voyez le diagramme p. 247) sont représentées ici avec des longueurs d'onde de $0^{m},0005167$, $0^{mm},0005172$ et $0^{mm},0005183$. Cette portion, comme vous voyez, contient un certain nombre de lignes noires. Eh bien, si vous faites passer de la lumière solaire à travers une moitié de la fente et de la lumière d'une substance incandescente à travers l'autre moitié (cette substance peut être rendue incandescente à l'aide de l'arc, de l'étincelle d'induction, ou d'un brûleur Bunsen), et si vous examinez les deux lumières à travers le même système de prismes, vous obtiendrez deux spectres juxtaposés, comme ils sont représentés ici, l'un appartenant à la lumière solaire et l'autre à la substance terrestre. Chaque couple de raies qui aura subi les mêmes actions en passant à travers une grande série de prismes doit avoir la même réfrangibilité, et, par suite, doit provenir de la même substance pour les raisons que je vous ai expliquées.

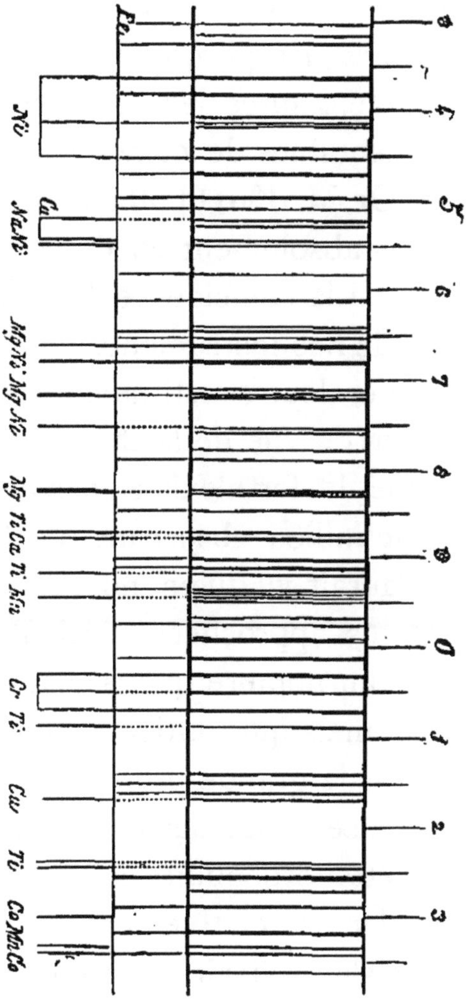

Dans la portion du spectre que vous voyez au-dessous, toutes les lignes correspondent à celles qu'on observe réellement dans le spectre du fer. En regardant bien, vous voyez que chaque ligne brillante du fer coïncide exactement avec une ligne noire du spectre solaire. Vous voyez que, même dans cette petite portion du spectre, il y a trente coïncidences, et dans tout le spectre le nombre des coïncidences entre les lignes brillantes du fer et les raies d'absorption du spectre solaire pourrait s'élever à plusieurs centaines. En photographiant les deux spectres, il est probable, d'après des expériences récentes, que les quelques centaines de coïncidences deviendraient des milliers. Or, M. Kirchhoff a montré que, même si l'on n'était pas absolument sûr de la coïncidence de toutes ces lignes, si la coïncidence était très approchée, mais qu'à l'aide de nos instruments il nous eût été impossible de constater leur exactitude, alors, en traitant la question au point de vue de la théorie des probabilités, les chances que le fer n'existe pas dans l'atmosphère solaire comme milieu absorbant, évaluées par une personne qui n'aurait vu qu'un nombre moyen de coïncidences, au moins approchées, seraient représentées par l'unité contre un nombre que je n'ai pas la prétention de concevoir, mais qui contient trente-cinq chiffres. Vous pouvez voir la grande probabilité qu'il y a en faveur de l'existence du fer dans l'atmosphère solaire ; et si je dis que cette probabilité a été déduite d'un nombre de coïncidences relativement restreint, il devient évident qu'elle s'accroîtrait encore dans des proportions énormes si nous tenions compte de toutes les coïncidences connues. Bien plus encore : les lignes, qui sont intenses dans le spectre du fer, sont respectivement intenses dans le spectre solaire — au même degré de finesse. Il en résulte qu'il doit y avoir beaucoup de fer dans l'atmosphère du soleil. On trouve de même qu'elle doit contenir du nickel. Chaque ligne brillante du nickel que nous observons dans nos laboratoires (les échantillons peuvent avoir une origine terrestre ou cosmique, c'est-à-dire météorique) correspond à des lignes noires du spectre solaire. Et ce qui plus est, le caractère de chaque ligne brillante et de chaque ligne d'absorption correspondante est le même. Les lignes très brillantes correspondent à des lignes très sombres, les larges correspondent aux larges, les étroites aux étroites et les doubles aux doubles. Certaines lignes paraissent produites par deux substances différentes, comme le fer et le nickel par exemple. Cela tient probablement, dans la grande majorité des cas, à des traces d'impuretés qui se trouvent dans les échantillons. Différentes autres substances ont été observées dans cette portion du spectre : du magnésium, du manganèse, du cobalte, du chrome, du sodium, du titane et du calcium. Le nombre de lignes du titane dépasse, de beaucoup même, le grand nombre de lignes du fer que je vous ai citées.

Jusqu'à présent nous avons considéré le spectre de la lumière provenant de toute la surface du soleil. Il se présente maintenant une question extrêmement intéressante : y a-t-il des différences dans les radiations émises par les divers points de la surface solaire, et s'il y en a, quelles sont-elles ? Rappelons-nous qu'à la surface du soleil, on observe des taches, et qu'au moment d'une éclipse totale, on remarque autour du corps noir de la lune des flammes rouges particulières. Il devient alors très curieux de savoir ce que nous obtiendrions si nous prenions la lumière d'une portion limitée de la surface solaire, ce qui est facile à faire à l'aide d'une lentille à long foyer. Nous pouvons alors former une image du soleil d'un pouce environ de diamètre, et placer la fente de notre spectroscope successivement dans les différentes parties de cette image.

On pouvait s'attendre à découvrir par ce procédé quelques faits nouveaux. Vous pouvez apprendre vous-mêmes ces faits en lisant des ouvrages tels que celui de M. Lockyer ; je vais seulement les indiquer très succinctement. Tout d'abord on constate que la lumière provenant des taches donne des lignes d'absorption plus épaisses et plus sombres que la lumière de tout le reste de la surface ; il semble donc qu'à l'endroit des taches il se produise une plus forte absorption.

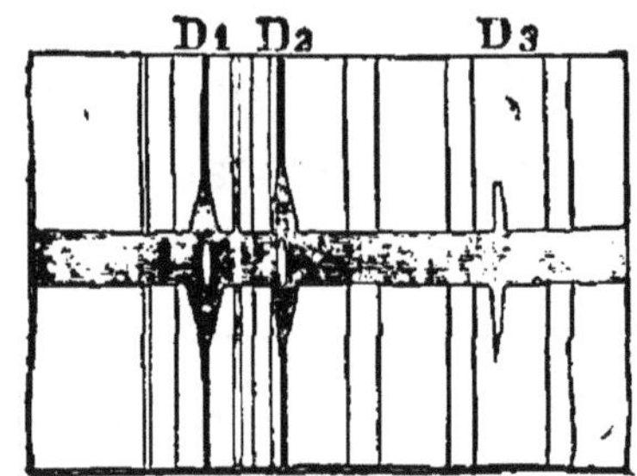

Il y a un milieu plus absorbant à l'endroit où la tache apparaît qu'aux points où se produisent les taches brillantes (facules). Dans la tache particulière dont une portion du spectre est ici représentée, les lignes D_1 et D_2 du sodium ne sont pas seulement élargies à l'endroit de la tache, mais elles sont renversées — c'est-à-dire, elles sont brillantes au lieu d'être sombres — juste au milieu de la tache.

Nous arrivons maintenant à l'examen des flammes

rouges ou protubérances. Nous trouvons qu'en général leurs spectres sont formés simplement de lignes brillantes. Tel est donc le spectre d'une partie au moins de la matière gazeuse qui entoure le soleil ; c'est donc la partie extérieure du milieu absorbant qui produit ces lignes noires ; sans cette absorption le spectre solaire serait continu, et vous pouvez facilement suivre les lignes que le milieu absorbe. Voici, par exemple, une ligne noire (C) dans le rouge (voyez le diagramme page 247, qui montre à la fois le spectre solaire et celui d'une protubérance, obtenus tous les deux à l'aide d'une même fente) ; elle est due à l'hydrogène.

Nous trouvons que ces flammes rouges doivent leur couleur à cette couleur particulière de la ligne de l'hydrogène. Ainsi, la ligne rouge brillante est un des caractères principaux des protubérances. Nous trouvons en outre une ligne jaune, qui coïncide d'une manière très approchée avec les raies du sodium. Personne ne connaît encore la substance qui produit cette ligne particulière. Elle ne correspond à aucune des lignes d'absorption qu'on trouve ordinairement dans le spectre solaire (quoique

vous en aperceviez une trace dans le spectre de la tache que je vous ai fait voir) ; elle doit donc appartenir à une substance qui se trouve dans une condition spéciale, où elle est capable de rayonner et de remplacer l'absorption qu'elle a produite — à quelque substance que nous ne connaissons peut-être pas encore. Il est possible qu'elle ne soit pas une substance terrestre. Il se trouve qu'elle coïncide très approximativement avec la ligne du sodium ; cependant sa lumière n'est pas seulement plus réfrangible, mais il lui manque la propriété caractéristique de la lumière du sodium — celle de donner une ligne double. Nous trouvons encore plusieurs autres lignes dont deux — je pourrais même dire trois — sont dues à l'hydrogène. De sorte que le spectre de ces flammes est produit entièrement par l'hydrogène incandescent. Voici un autre dessin d'une petite portion du spectre solaire et de celui d'une protubérance, qui montre la coïncidence exacte des lignes brillantes et des lignes sombres.

Supposons, maintenant, que nous ajustions notre spectroscope à une lunette astronomique. Si nous regardions la protubérance rouge sans le spectroscope, nous verrions son image, mais elle serait formée en partie par des rayons rouges, en partie par des rayons verts, bleus et violets de l'hydrogène. Si nous ajoutons un spectroscope à la lunette, nous pourrons séparer les différentes couleurs. Il en sera de même des rayons émanant du bord solaire : ils seraient aussi dispersés et séparés les uns des autres ; mais cette dispersion des couleurs offrirait un désavantage par rapport à la couleur d'une ligne monochromatique. En effet, la dispersion peut écarter les lignes monochromatiques les unes des autres aussi loin que l'on veut, mais elle ne les affaiblit pas. Elles conservent toujours la même intensité, si ce n'est que la réflexion à la surface des prismes et la réfraction à l'intérieur de ces prismes les affaiblit un peu. Si vous prenez une portion correspondante de la lumière solaire, qui donne pratiquement un spectre continu, vous pouvez la disperser uniformément sur un espace aussi étendu que vous voulez, et de cette manière affaiblir à volonté son intensité en chaque point. L'autre spectre est au contraire formé de lignes brillantes parfaitement définies, que l'on peut séparer et écarter les unes des autres à volonté , mais qu'on ne peut pas affaiblir. Par conséquent, si intense que soit l'éclat de la lumière solaire, on pourra toujours, avec un instrument de pouvoir dispersif convenable, observer, même par un beau temps, le spectre des flammes rouges.

Ceci est tout-à-fait analogue à l'observation des étoiles qu'on fait à la lumière du jour. Ces observations se font, comme vous le savez, dans chaque observatoire permanent, au moyen de bons télescopes, grâce à l'affaiblissement qu'on peut faire subir à la lumière diffuse du jour, en la dispersant sur une surface de plus en plus grande ; tandis que la lumière de l'étoile vient toujours du même point défini. En effet, jusqu'à présent on n'a pas encore construit de lunette pouvant donner l'image d'une étoile sous forme d'un disque (si ce n'est cette apparence illusoire due à la diffraction) : on peut la grossir autant que l'on veut, la lumière arrive toujours du même point bien défini. L'image garde donc toujours son éclat, tandis que le fond environnant peut être rendu aussi sombre que l'on veut, par la dispersion. De cette manière, en ajoutant un spectroscope à une lunette (ou à un télescope), il est possible, en élargissant la fente, ou en la supprimant complètement, d'étudier le phénomène de ces flammes rouges, et en même temps toutes les matières gazeuses qui se trouvent autour du bord du soleil, sans attendre une éclipse totale. Cette belle méthode a été exposée, d'abord théoriquement par M. Lockyer, ensuite par M. Janssen ; et elle a été mise en pratique presque simultanément par les deux astronomes. Voici le résultat de cette application à une partie du contour solaire.

Nous supposons que le corps du soleil se trouve au-dessous de la figure. Ce que vous voyez, représente des éruptions de gaz incandescent qui se produisent à la surface apparente du soleil. Il devrait y avoir sur la même échelle une autre image, une verte située presque à l'extrémité de la salle, puis une de couleur indigo et finalement une image violette. Mais avec nos prismes nous avons séparé cette image particulière des autres et nous avons ainsi une figure monochromatique de ce qui se passe au-dessus de la surface solaire, et elle est fournie par l'hydrogène incandescent. Si je vous dis que le phénomène représenté sur la première figure s'est transformé en celui de la deuxième figure en quelques minutes, vous comprendrez que ces nuages lumineux subissent des changements excessivement rapides. Si j'ajoute encore que la hauteur de cette protubérance, formée par un courant d'hydrogène s'échappant avec violence d'une déchirure de la surface, est de 70,000 milles environ (112,000 kilomètres), vous verrez sur quelle échelle formidable et avec quelle rapidité prodigieuse ces phénomènes se produisent.

Voici ce que nous pouvons dire du soleil. Si nous comparons les spectres de différentes étoiles avec celui du soleil, nous arrivons à quelques conclusions fort curieuses. Nous trouvons en général quatre groupes de spectres parmi les diverses étoiles fixes, qui ont paru assez importantes pour être examinées séparément. Le premier groupe est produit par les étoiles *blanches et*

bleues. Vous pouvez voir de beaux exemples de ces spectres dans ceux de Vega, de Sirius et du Chien. Toutes ces étoiles blanches ont ceci de caractéristique qu'elles offrent un spectre presque continu, traversé par quelques lignes sombres et larges, dont la plupart appartiennent à l'hydrogène. Ces étoiles se trouvent, selon toutes probabilités, à une température bien plus élevée que celle du soleil. Nous arrivons ensuite au groupe des étoiles *jaunes*, dont notre soleil est un exemple. Leurs spectres offrent un nombre de lignes sombres bien plus considérable que ceux des étoiles blanches ; mais il n'y a rien qui rappelle les bandes nébuleuses, telles qu'on les voit dans le troisième groupe ; encore moins voit-on certaines zones de lignes ombrées, comme on en observe dans les spectres du quatrième groupe. Cette classification semble indiquer la période ou la phase de vie de chaque étoile ou de chaque soleil particulier. Peu après la formation de l'étoile, par le choc d'énormes quantités de matière qui s'accumulent en vertu de leur attraction, on a un spectre très approximativement continu d'un corps solide ou liquide porté au blanc (ou d'un corps formé d'un gaz condensé) ; l'unique (ou à peu près l'unique) absorbant est alors l'hydrogène, qui se trouve en quantité relativement faible; par suite, le spectre n'offre que très peu de lignes d'absorption. A mesure que la masse du corps se refroidit, le nombre des gaz, parmi ceux qui entourent sa surface, dont l'absorption se fait sentir, est augmenté et, en même temps, le nombre des lignes d'absorption devient plus considérable, ainsi que leur variété. Puis, à mesure qu'il se refroidit davantage, on aperçoit des bandes nébuleuses ; elles semblent indiquer la présence de corps composés, qui ne pourraient pas exister dans les étoiles des deux premiers groupes : la température y est assez élevée pour produire la dissociation de ces corps. Dans les atmosphères des étoiles du quatrième groupe, le nombre des corps composés est bien plus considérable. Quelquefois le spectre des étoiles du quatrième groupe est brusquement traversé par des lignes brillantes d'hydrogène, comme cela se présente dans le spectre d'une étoile temporaire, indiquant ou bien un dernier effort d'une décharge de flammes rouges, ou bien un dernier choc accidentel produit par une matière météorique. Nous pouvons ainsi étudier, non pas la succession des phases de vie d'une étoile particulière, mais différentes phases simultanées d'un grand nombre d'étoiles : nous pouvons observer certaines étoiles au moment où elles entrent dans la vie, d'autres plus vieilles, et d'autres encore plus vieilles. Quelquefois, comme par hasard, nous observons qu'une étoile pratiquement morte — à peine visible pour les astronomes — donne lieu à un phénomène extrêmement curieux. Elle s'illumine tout d'un coup et devient aussi brillante que Jupiter. Fort heureusement un tel cas s'est présenté depuis l'extension des travaux spectroscopiques. Il a été observé avec beaucoup de soin par Huggins et, d'après ses observations, l'étoile était devenue invisible, parce qu'elle s'était refroidie, ou du moins qu'elle avait atteint la plus basse phase de refroidissement. L'illumination brusque provenait d'une inflammation d'hydrogène. Des lignes brillantes apparurent tout-à-coup dans son spectre, ce qui prouvait que le gaz incandescent de son atmosphère était à une température au moins supérieure à celle de la surface de l'étoile même. Ce fait m'amène à une autre remarque très intéressante au sujet de lignes d'hydrogène que nous voyons dans le spectre du soleil. Voici une portion du spectre solaire dans des conditions particulières. Il a été produit par une tache solaire, où la quantité totale des radiations est inférieure à celle des points à l'extérieur de la tache. Au-dessous de cette dernière devait flotter un nuage d'hydrogène incandescent, à une température bien plus élevée que celle de la portion rayonnante du soleil à l'endroit de la tache. Ce nuage pouvait donc émettre plus de radiations propres de l'hydrogène qu'il n'en absorbait ; il s'est ainsi comporté comme un milieu radiant au lieu d'être un milieu absorbant ; par suite la ligne verte du spectre solaire, due à l'hydrogène, apparut brillante. Après avoir observé le phénomène, pendant un temps très

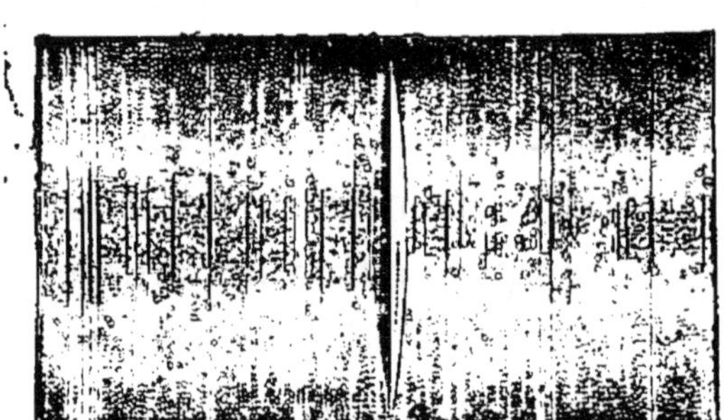

court, sous cet aspect particulier, l'observateur vit que la ligne restait brillante d'un côté et devenait relativement sombre de l'autre côté ; l'une était évidemment due à l'émission, l'autre à l'absorption, mais les deux étaient juxtaposées. Comment se fait-il qu'une moitié était brillante et l'autre noire? La réponse à cette question nous conduit à une étude très intéressante que je suis obligé de remettre à une autre conférence. En attendant, comme j'ai à ma disposition un appareil électrique, je vous ferai voir une autre expérience, qui, il est vrai, ne se rattache pas directement au sujet que je viens d'exposer.

Voici un cube de verre dont la couleur est produite par de l'oxyde d'uranium. Si je le place sur le trajet des rayons émanant de l'arc, il fait voir une belle lumière jaune-verdâtre. Ce qu'il faut remarquer, c'est que le verre violet foncé, mis entre vous et le cube, le rend presque invisible, malgré son bel éclat. Le verre violet est particulièrement opaque pour cette lumière vert-jaunâtre. Jusqu'ici l'expérience n'offre rien de très remarquable. Je couvre l'appareil, portant la lampe électrique, avec ce verre violet, au milieu du faisceau presque invisible qu'il laisse passer, se trouve le cube en verre d'urane qui montre sa couleur caractéristique d'une manière presque aussi éclatante qu'auparavant.

Il est évident que le verre d'urane a altéré la lumière qui le frappe : en effet, celle-ci peut développer la couleur verte après avoir traversé le verre violet, qui est à peu près complètement opaque pour cette couleur. C'est là une des plus belles expériences à l'aide desquelles Stokes a expliqué la *fluorescence ;* d'après lui ce phénomène est dû à une modification que certains corps peuvent provoquer dans la réfrangibilité, ou, plus directement, dans la période de vibration de la lumière.

Voici une autre belle expérience du même genre. J'éclaire très faiblement une feuille de papier blanc avec la lumière que laisse passer le verre violet. A l'aide d'un pinceau trempé dans une dissolution de quinine légèrement acidulée par l'acide sulfurique, je trace ces lettres sur le papier. Celles-ci s'illuminent aussitôt et brillent d'une lumière bleue ; et pourtant la lumière est presque invisible à travers le verre.

Dans les deux expériences la lumière altérée est moins réfrangible, c'est-à-dire d'une durée de vibration plus grande que la lumière incidente. C'est là un autre exemple de la dégradation de l'énergie.

Dans ma prochaine conférence je traiterai tout d'abord le point que j'ai laissé aujourd'hui inexpliqué, à savoir, comment une ligne noire du spectre solaire peut s'élargir, devenir brillante et se modifier ensuite, de manière à rester brillante sur une partie et à redevenir noire sur l'autre.

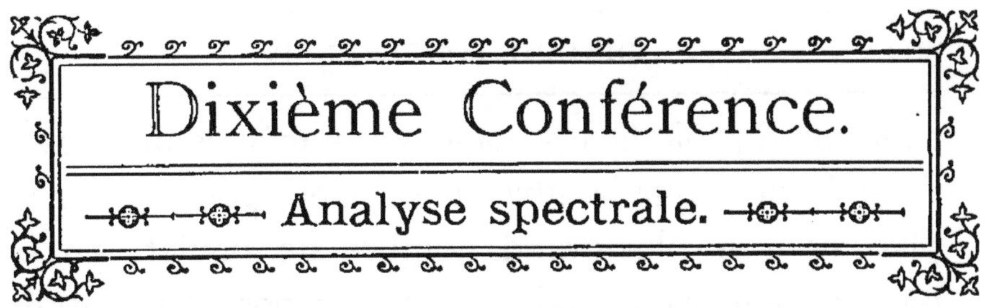

Dixième Conférence.

Analyse spectrale.

Changement de couleur qu'éprouve la lumière par la vitesse relative de la source et de l'observateur. Analogie avec le son. Causes de l'élargissement des lignes spectrales. Spectre de la couronne solaire, des étoiles doubles, des comètes. Nature probable des comètes, de l'anneau de Saturne, de la lumière zodiacale.

VOus vous rappelez qu'à la fin de ma dernière conférence, je vous ai montré le dessin d'une portion du spectre solaire sur lequel on voyait côte à côte une ligne brillante et une ligne sombre, toutes les deux dues à la même substance, à l'hydrogène. Je vous ai dit que l'explication de ce phénomène repose sur un point théorique très intéressant, que je vais vous exposer. Ce point est généralement connu sous le nom de principe de Döppler ; il a pour origine la même idée que celle qui a conduit Römer à la découverte de la vitesse finie de la lumière.

Prenons un phénomène analogue à celui que nous avons à considérer, mais bien plus simple. Supposons, par exemple, que nous ayons à notre disposition un canon de M. Perkin, et qu'à l'aide de ce canon nous envoyions des boulets se succédant à des intervalles d'une demi-seconde et toujours dans la même direction. Une cible qui se trouverait sur le trajet des boulets serait frappée 120 fois par minute. Supposons que la cible se déplace vers le canon, pendant que ce dernier continue à projeter les boulets aux mêmes intervalles : il est évident que la cible rencontrera pendant son déplacement un plus grand nombre de boulets en une minute que si elle était restée au repos. Au contraire, si la cible reculait tout en restant dans le trajet des projectiles, elle rencontrerait un nombre de boulets moins grand. Et si elle reculait avec la même vitesse avec laquelle arrivent les boulets, aucun d'eux ne la frapperait. Un boulet serait près de la cible, mais resterait toujours à la même distance d'elle, la cible et le boulet se déplaçant avec la même vitesse.

On peut observer un phénomène tout-à-fait analogue quand on traverse, en naviguant, une série de vagues. Si le vaisseau se meut dans la direction des vagues, on conçoit qu'avec une certaine vitesse il pourrait se transporter en restant toujours sur la même vague. S'il marche plus lentement, les vagues le dépasseront toujours ; si la vitesse du vaisseau diminue encore, il sera dépassé par un nombre de vagues plus considérable. Au contraire, si le vaisseau suit un mouvement opposé à celui des vagues, il en rencontrera un nombre plus grand que s'il restait au repos ; et plus sa vitesse est grande, plus le nombre de vagues coupées par minute sera considérable. Ce nombre est tout-à-fait illimité, il ne dépend que de la vitesse du vaisseau. L'impression que produit un son dans l'oreille ou une radiation lumineuse dans l'œil dépend entièrement, au point de vue de la question qui nous intéresse maintenant, du nombre d'ondes, sonores ou lumineuses, qui les frappent par seconde. Il en résulte que, si nous nous déplaçions avec une certaine vitesse, de manière à nous rapprocher d'un corps sonore qui rend une certaine note, le nombre d'ondes qui parviendrait à notre oreille par seconde serait plus grand que si nous restions au repos, ou, plus généralement, si nous étions dans un repos relatif par rapport au corps sonore. Comme à un plus grand nombre d'ondes perçues par l'oreille correspond une note plus élevée, il est évident que, dans le cas où nous nous rapprocherions du corps sonore ou que celui-ci se rapproche de nous, nos oreilles seront frappées par un nombre d'ondes sonores plus considérable que si nous restions dans un repos relatif. Si bien que nous entendrions une note plus élevée que la note réellement rendue par le corps. L'expérience a été faite pour la première fois en Hollande à l'aide d'une locomotive, puis elle a été répétée dans d'autres pays. Un clairon qui se trouvait sur la locomotive jouait une certaine note qu'un musicien placé à côté de lui contrôlait avec précision. Comme le musicien se déplaçait en même temps que le clairon, il entendait toujours la même note. Le même son était entendu par d'autres musiciens placés à côté de la ligne, et ils constataient que plus la vitesse avec laquelle la locomotive arrivait vers eux était grande, plus la note jouée par le clairon leur semblait élevée ; et lorsque la locomotive s'éloignait d'eux, après les avoir dépassés, le phénomène contraire se produisait : plus la vitesse était grande, moins la note paraissait élevée. Je suis sûr que vous pourrez constater l'effet dont je parle — au moins ceux d'entre vous qui ont l'habitude de distinguer les sons musicaux — même à l'aide d'un instrument aussi simple que ce diapason et avec la vitesse relativement faible que je puis lui communiquer en le déplaçant avec ma main. Pour que l'expérience réussisse, il serait bon que vous fermiez les yeux, afin de ne pas associer le résultat entendu avec le mouvement que vous me verrez faire ; et moi je tâcherai de faire l'expérience sans le moindre bruit qui pourrait vous indiquer dans quel sens je déplace le diapason, ou même que je le déplace, (on fait l'expérience.) Vous avez entendu la note rendue par le diapason monter à une certaine période, puis, immédiatement après, elle semblait baisser, puis elle montait de nouveau et ainsi de suite. Nous avions donc là un son musical dont la hauteur augmentait ou diminuait alternativement suivant que, pendant le déplacement rapide du diapason, je l'approchais ou je l'éloignais de vous ; et lorsque le diapason gardait la même place, il rendait sa note propre. Eh bien, la même chose arrive avec des ondes lumineuses. Si vous vous déplacez de manière à rencontrer un plus grand nombre d'ondes par seconde, vous aurez une impression de couleur d'un ordre plus élevé que dans le cas où vous resteriez immobiles et que la source ne s'approcherait pas de vous. Vous voyez ainsi que la lumière qui nous arrive d'une étoile peut faire connaître non seulement les substances chimiques qui se trouvent dans son atmosphère à l'état d'incandescence, comme je vous l'ai fait voir dans ma dernière conférence, et montrer si ces substances émettent des radiations ou en absorbent, mais elle peut aussi nous servir d'indice du déplacement de l'étoile, et nous faire voir si cette dernière s'approche ou s'éloigne de nous. Bien plus, si une portion de l'atmosphère de l'étoile se rapproche pendant que l'autre s'éloigne, la lumière qu'elle nous envoie peut nous l'apprendre. La première application de ces idées théoriques à l'étude du mouvement d'une étoile par rapport au système solaire a été faite, au moyen du spectroscope, par M. Huggins, qui a pu observer le déplacement du Chien. Pour déduire des expériences de ce genre (qui montrent seulement la vitesse relative de la terre par rapport à l'étoile dans la direction du rayon, la vitesse relative de Sirius par rapport au soleil), il faut considérer dans quelle partie de son orbite la terre se trouve pendant les observations, car, lorsque la ligne droite qui va du soleil à la terre est perpendiculaire à la ligne qui va de la terre à Sirius, la terre marche vers Sirius plus ou moins vite que le soleil ; et quand elle sera à 180° de cette position, c'est le contraire qui aura lieu : la terre ira dans la direction de Sirius avec une vitesse moins ou plus grande que le soleil. Lorsque la terre occupe dans son orbite une position telle, que Sirius et le soleil sont en opposition, elle se meut perpendiculairement à la ligne qui joint ces deux astres, et son mouvement relatif par rapport au soleil ne modifie pas les phénomènes observés. Dans ce cas, on pourra observer le phénomène total dû au mouvement relatif du soleil et de Sirius. Après avoir corrigé le résultat de la vitesse relative de la terre par rapport au soleil, M. Huggins a trouvé que la vitesse de Sirius par rapport au soleil est environ de 20 milles par seconde (32 kilom.) dans une direction qui tend à augmenter leur distance. De sorte que, depuis l'époque où Sirius fut observé pour la première fois, il s'éloigne toujours du système solaire avec la vitesse de vingt milles par seconde environ, et cependant il nous serait impossible de prouver ou même d'affirmer que cet éloignement a produit une diminution de l'éclat ou du diamètre apparent de cet astre. Il s'éloignait de nous avec cette vitesse formidable, mais pendant tout ce temps il est, ou il était, à une telle distance de nous, que cet accroissement de distance, s'effectuant avec une telle vitesse, n'a produit pendant les époques historiques aucun changement appréciable dans la quantité de lumière qu'il nous envoie.

Le fait de la rotation du soleil autour de son axe a été prouvé à l'aide du même principe. Il est évident que, le soleil tournant autour de son axe dans la même direction que la terre, la portion de son équateur qui est à notre gauche lorsque nous regardons le soleil dans notre hémisphère boréal — c'est-à-dire le côté gauche du soleil — se dirige vers nous, tandis que le côté droit s'en éloigne. La rotation du soleil autour de son axe s'effectue dans la direction appelée positive, c'est-à-dire dans la direction opposée à celle du mouvement des aiguilles d'une montre, en regardant le plan de l'écliptique du pôle nord. Malgré la lenteur du mouvement de rotation du soleil — il met environ vingt-six jours pour effectuer une révolution complète — la vitesse linéaire des points situés sur son équateur est considérable à cause de son énorme diamètre : elle est de plus d'un mille (1 kilom. 6) par seconde. Par conséquent, si nous examinions à l'aide d'un spectroscope la lumière, par exemple, de l'hydrogène incandescent provenant des différentes parties de l'équateur solaire, nous verrions que la lumière émanant de la partie gauche de cet équateur, de celle qui s'approche de nous, serait d'un ordre plus élevé (elle contiendrait des rayons plus réfrangibles, exécutant un plus grand nombre d'ondulations par seconde) que la lumière qui arrive du côté droit et qui s'éloigne de nous.

De sorte que si, à l'aide d'un procédé d'optique convenable, nous pouvions placer côte à côte deux spectres fournis par les lumières qui proviennent des deux extrémités visibles de l'équateur solaire, et qui ont traversé la fente du même spectroscope, nous verrions que, dans l'un des spectres, dans celui qui provient de la lumière émanée du côté gauche, la ligne de l'hydrogène s'est un peu déplacée vers le violet, tandis que dans l'autre, dans celui qui est produit par la lumière du côté droit, la ligne s'est déplacée vers le rouge. La ligne de l'hydrogène occupera donc deux places différentes dans les deux spectres. En mesurant le déplacement de ces deux lignes, on pourrait calculer la vitesse du mouvement des points considérés de l'équateur solaire, comparée à la vitesse de la lumière, quelle que soit la direction de ce mouvement.

Allons maintenant un peu plus loin ; rappelez-vous ces vitesses énormes (dont je vous ai parlé dans ma dernière conférence) avec lesquelles les masses d'hydrogène en flamme s'échappent avec explosion ou avec éruption de dessous la surface visible du soleil. Rappelez-vous que c'est avec une vitesse de quelques centaines de milles par seconde que ces masses incandescentes sont projetées : vous comprendrez aisément que, s'il se produit une tempête analogue aux cyclones de nos régions tropiques, mais dans des proportions bien plus considérables, et si cette tempête est accompagnée d'un torrent descendant de gaz plus froid et d'un torrent ascendant de gaz plus chaud — ces gaz étant de l'hydrogène incandescent, — le courant froid descendant correspondra au milieu absorbant, et le courant chaud ascendant correspondra au milieu rayonnant. Il y aurait donc un gaz absorbant qui s'éloigne de nous, et un gaz qui émet des radiations et qui s'approche de nous ; nous trouverions alors que la ligne d'absorption occupe dans le spectre une position inférieure par rapport à la ligne naturelle de l'hydrogène, tandis que la ligne brillante, correspondant au gaz qui s'approche de nous, occupe dans le spectre une position supérieure. Nous pouvons ainsi nous rendre compte de la ligne double dont j'ai parlé dans ma dernière conférence : la moitié inférieure — celle qui est plus près

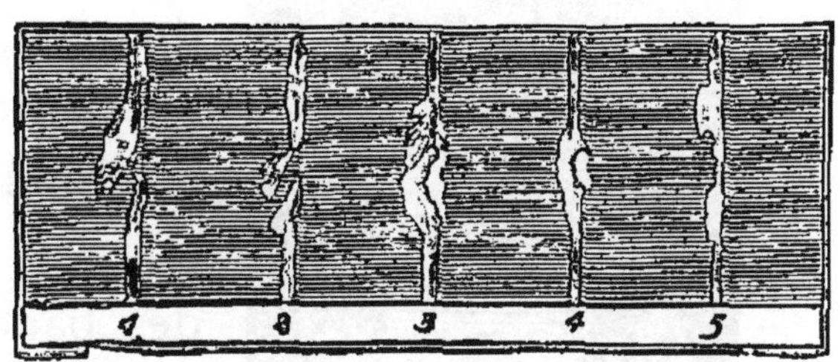

du rouge — est sombre, et elle est due à l'absorption ; le côté brillant est dû a l'émission. Ainsi, le mouvement de ces nuages d'hydrogène peut être aisément constaté, d'après la forme altérée et les déchirures que présentent, soit les lignes d'absorption dans le spectre de la surface solaire, soit les lignes brillantes dans le spectre des régions qui entourent le disque. Les dessins qui sont devant vous offrent des exemples curieux de ces deux phénomènes. Tous les deux représentent les apparences qu'offre la ligne verte de l'hydrogène : sur le premier dessin elle est fournie par le disque solaire et due en partie à l'absorption, en partie à l'émission ; le second représente une protubérance dont une partie se déplace avec une très grande vitesse. (Ces dessins ne représentent pas la protubérance telle qu'elle serait vue dans un télescope au moment d'une éclipse totale ; ils sont produits par la méthode de *dispersion* de Döppler.)

Si l'on songe à la quantité totale de lumière que le soleil nous envoie, dans laquelle l'absorption produite par l'hydrogène dépasse de beaucoup son émission, et aux vitesses relatives différentes des diverses parties de sa surface, on comprend que la cause physique qui

peut élargir les raies de l'hydrogène, est tout-à-fait indépendante de la pression et des courants cycloniques. De cette manière une étoile qui offre des bandes d'absorption très larges, n'a pas nécessairement une atmosphère dense ; il suffit qu'elle tourne rapidement autour de son axe. C'est la seule condition nécessaire pour expliquer ces apparences. Bien plus, lord Rayleigh a appelé l'attention sur ce fait, que même lorsqu'une masse de gaz incandescente est au repos par rapport à l'observateur, ses particules possèdent des vitesses individuelles suffisantes pour rendre impossible l'existence d'une ligne brillante ou sombre très étroite. Même l'hydrogène très raréfié, quand il est très chaud, produit pour cette raison de larges bandes d'absorption ou de larges bandes brillantes. Je dois maintenant vous indiquer deux autres causes qui peuvent conduire aux mêmes résultats.

Avant d'abandonner cette partie de notre sujet, je

dois mentionner que Fox Talbot avait proposé d'appliquer les mêmes principes aux étoiles doubles, dans le but de trouver la distance à la terre du système des deux étoiles, au moins dans le cas où leurs atmosphères contiennent les mêmes éléments absorbants. Si nous pouvons observer une étoile double dont le plan d'orbite relative passe très près de la terre, ou la coupe, nous pourrons faire avec la lumière de ces étoiles les mêmes opérations que j'ai décrites à propos de la lumière venant des deux extrémités de l'équateur solaire. Nous pourrions ainsi évaluer la vitesse relative de l'une des étoiles dans son orbite par rapport à l'autre, ce qui est en réalité la vitesse actuelle de l'une des étoiles dans son orbite autour de l'autre. Connaissant cette vitesse, la période observée et la position apparente de l'orbite, nous pourrons calculer, non seulement la position actuelle de l'orbite, mais aussi à quelle distance cette orbite se trouve de nous, pour qu'elle paraisse aussi petite que nous la voyons. A l'aide de cette méthode convenablement appliquée, nous pourrions évaluer les distances à la terre de certaines étoiles avec une approximation bien supérieure à celle qui est fournie par la seule méthode employée jusqu'à présent, à savoir, par la détermination de ce qu'on appelle parallaxe annuelle. On peut même concevoir que, par cette méthode, on obtienne la distance des étoiles trop éloignées pour que leur parallaxe annuelle puisse être mesurée, ou même observée.

Vous voyez ainsi que la lumière d'un corps céleste peut nous fournir des renseignements très variés, qu'avant l'introduction de l'analyse spectrale, on n'avait pas cherchés et qu'on n'avait même pas espéré d'obtenir par un moyen quelconque. Tout d'abord nous pouvons voir si la lumière qui nous est envoyée provient d'un corps solide ou liquide, ou, dans tous les cas, d'un corps possédant un grand pouvoir absorbant général, ou si elle provient d'un corps tel qu'un gaz incandescent, ayant un pouvoir absorbant relativement faible et spécifique. Nous pouvons aussi affirmer — et c'est là peut-être la plus intéressante des applications de l'analyse spectrale — dans le cas où le corps lumineux serait un gaz incandescent, à quelle pression et à quelle température il doit se trouver pour donner le spectre que nous observons. En effet, nous pouvons faire des expériences avec de l'hydrogène terrestre pris à différentes températures et à différentes pressions, examiner le spectre qu'il fournit dans ces différentes conditions de température et de pression, et comparer les modifications ainsi déterminées dans le spectre avec les différents spectres de l'hydrogène fournis, soit par la lumière solaire prise dans sa totalité, soit par différentes portions de la surface solaire, soit par diverses étoiles fixes. Nous pouvons donc, non seulement assigner la substance chimique particulière qui a produit le spectre, mais encore les conditions physiques particulières dans lesquelles elle doit se trouver pour produire le spectre donné. Nous pouvons en outre, comme nous venons de le voir, indiquer la vitesse avec laquelle le corps rayonnant s'approche ou s'éloigne de nous. La vitesse avec laquelle le corps se déplace dans une direction perpendiculaire au rayon visuel, doit être mesurée par les procédés astronomiques ordinaires, et la méthode spectrale comble ainsi une *lacune* : en effet nous pouvons nous assurer si un corps se meut dans une direction perpendiculaire au rayon visuel, mais ce qui manquait aux méthodes astronomiques ordinaires et ce qui est tout-à-fait nouveau — dans tous les cas lorsque le corps n'a pas de dimensions visibles dans un télescope — c'est de pouvoir mesurer la vitesse avec laquelle le corps s'approche ou s'éloigne de nous.

Il y a encore, en dehors des variations de température et de pression, d'autres causes possibles (qui sont souvent en jeu — au moins nous avons des raisons pour le croire), qui peuvent produire un élargissement des lignes spectrales. Je dois citer en premier lieu l'effet qui peut être produit par les courants d'hydrogène dans l'atmosphère solaire. Si une partie du gaz descend lentement, une autre, immédiatement à côté de la première, plus vite, et qu'un troisième courant marche encore plus vite, la partie qui descend lentement donnera la ligne d'absorption la plus élevée (la plus réfrangible), et celle qui descend en s'éloignant de nous le plus rapidement donnera la ligne la plus basse. On aura ainsi, au lieu d'une seule ligne étroite définie, comme le donnerait l'hydrogène restant au repos, une bande d'absorption large, dont les différentes parties correspondraient aux vitesses différentes des diverses portions gazeuses. Toutes ces bandes d'absorpion se transforment, pour ainsi dire, les unes dans les autres d'une manière continue. Bien que toutes soient produites par la même substance définie, elles se forment dans le spectre à des endroits différents, en donnant naissance à une bande spectrale relativement sombre d'une largeur définie, et cela grâce aux vitesses différentes qui animent les différentes portions de la substance. C'est là une autre manière dont peut se produire l'élargissement des bandes du spectre.

Mais, comme je l'ai déjà dit précédemment, le phénomène en question peut être produit par des variations de température et de pression. Dans une autre conférence j'aurai à vous exposer la théorie moléculaire des gaz ; j'aurai alors à parler des particules qui voltigent avec une très grande vitesse les unes autour des autres, en se heurtant entre elles et contre les parois du vase qui les contient, en produisant ainsi ce que nous pouvons appeler la pression des gaz. En attendant j'anticiperai sur ce qui suit pour vous dire que, lorsqu'un gaz se trouve à la pression atmosphérique ordinaire, chaque particule doit parcourir une distance de 1/300.000^{e} ou de 1/500.000^{e} de pouce en moyenne avant de heurter une autre particule pour être renvoyée dans une autre direction. Mais si l'on raréfie partiellement l'air dans le récipient d'une machine pneumatique le nombre de molécules dans un espace donné se trouve considérablement diminué, et en même temps la longueur moyenne du trajet à parcourir entre deux chocs consécutifs serait augmentée d'une manière notable. Au contraire, si l'on comprimait le gaz, les particules pourraient être tellement rapprochées que l'une d'elles ne pourrait se déplacer de 1/1.000.000^{e} de pouce, par exemple, sans se heurter contre une autre, pour être renvoyée dans une autre direction. Et plus on comprime le gaz, plus le nombre des chocs que subira chaque particule en un temps donné sera grand ; par suite, plus le trajet entre deux chocs successifs sera court. La chaleur a aussi pour effet d'accroître le nombre des chocs, parce qu'elle augmente la vitesse moyenne des particules. Le carré de la vitesse moyenne des particules correspond à ce que nous appelons énergie calorifique du gaz ; il correspond, par conséquent, approximativement à ce que nous appelons température. De sorte que, si vous comprimez un gaz, les particules auront à parcourir des trajets moindres avant de se heurter les unes contre les autres, et si en outre vous chauffez le gaz pendant qu'il est sous pression, elles se déplacent de plus en plus rapidement à travers le faible trajet qu'elles peuvent parcourir sans se rencontrer. Vous rendez ainsi les chocs plus nombreux et plus violents, et la durée du temps employé en chocs devient une portion plus considérable de la durée totale du mouvement. Quand ces collisions se produisent rarement, elles n'occupent qu'une faible portion de la durée totale du mouvement, car la durée actuelle d'un choc est excessivement courte, et pendant le reste du temps la molécule se meut librement. Mais si les rencontres sont très fréquentes, le temps qu'elles occupent dans le mouvement d'une molécule est très notable ; et lorsqu'un gaz a été comprimé à tel point que son état s'approche de l'état liquide, ses particules sont rarement libres de collisions. Finalement, lorsque le corps est arrivé à l'état solide, ses particules sont pratiquement dans un état permanent de collision les unes avec les autres — ou, dans tous les cas, le temps occupé par les chocs est la plus grande partie de la durée totale du mouvement. Pendant le choc une particule gazeuse n'est pas libre; elle est serrée contre une autre, ou contre d'autres particules. Nous pouvons donc nous attendre à ce qu'il se produise quelques modifications dans les périodes de son mouvement. La particule n'est, pour ainsi dire, pas libre d'exécuter ses mouvements vibratoires : elle ne peut se mouvoir qu'autant que les autres molécules le lui permettent, et de cette manière les particules interfèrent les unes avec les autres et modifient réciproquement leurs mouvements. Nous voyons ainsi que, lorsque nous avons un gaz raréfié, on peut s'attendre à ce que le spectre qu'il produit quand il est chauffé, soit dû en général aux vibrations individuelles des particules gazeuses pendant qu'elles s'éloignent librement les unes des autres. Mais si nous le comprimons graduellement, le temps employé en chocs s'accroît et alors on n'obtient plus le spectre pur du gaz — ce que fournit chaque particule isolée — mais nous avons en même temps la modification produite par l'action d'une molécule sur la molécule voisine. A mesure que vous augmentez la pression du gaz et aussi à mesure qu'il s'échauffe, les interférences entre les particules se produisent de plus en plus. Les particules libres ne possèdent en général qu'un certain nombre de formes de vibration bien définies, dont chacune correspond à une ligne spectrale fine — sauf les modifications qui peuvent se produire à cause des vitesses relatives des molécules les unes par rapport aux autres. Quand les chocs ne sont pas nombreux, les modifications sont très faibles, et en général, l'altération dans le sens de l'accroissement de la réfrangibilité est égale à celle qui se produit dans le sens contraire, si bien que les lignes s'élargissent dans les deux sens. Mais à mesure que le nombre des chocs augmente et qu'ils prennent une partie de plus en plus considérable de la durée totale du mouvement, ces effets se répandent sur une étendue de plus en plus grande du spectre. De cette manière, l'accroissement de la température et de la pression a pour effet d'élargir les lignes spectrales, et finalement, lorsque la pression est assez grande pour que le gaz soit réduit à un état équivalent pratiquement à l'état solide, ou, au moins, à celui d'un liquide incandescent, les bandes sont tellement élargies qu'elles se rencontrent, et l'on a ainsi un spectre continu. Il se peut ainsi que la source de la lumière solaire ne soit ni un globe solide ni un corps liquide ; elle peut être simplement un gaz très comprimé et très chaud, occupant une très grande étendue. En fait, il semble même possible qu'aucune partie du globe solaire ne soit encore arrivée même à l'état liquide.

Considérons maintenant quelques-unes des données fournies par l'expérience et ajoutons-les à ce que nous venons de dire sur les autres causes de modifications du spectre solaire. Dans ma dernière conférence, je vous ai parlé du spectre de la partie incandescente du soleil, ainsi que de celui des protubérances visibles pendant une éclipse totale. Nous allons maintenant examiner le spectre de ce qu'on appelle couronne, c'est-à-dire cette lumière blanche comme des perles, qu'on observe autour de la lune pendant une éclipse solaire. Il y a là des parties qui, d'après beaucoup de dessins faits par des observateurs très consciencieux, sont évidemment dues aux corpuscules et aux cristaux de glace qui flottent dans l'atmosphère terrestre. En effet, si l'on considère les dimensions énormes du soleil, il devient tout-à-fait certain qu'il ne peut y avoir d'atmosphère solaire (dans l'acception ordinaire de ce mot) qui s'étendrait au-dessus de sa surface jusqu'à une hauteur égale à 3 fois son diamètre. Si vous considérez l'énorme masse du soleil et l'attraction qu'il peut exercer, vous verrez que l'idée d'une atmosphère solaire ayant une telle étendue est tout-à-fait absurde. Car, malgré la température élevée de la surface apparente du soleil, la densité de l'atmosphère serait tellement grande, par suite de l'énorme pression, qu'une couche d'une certaine épaisseur à sa partie inférieure pourrait avoir une densité supérieure à la densité moyenne du soleil. Celui-ci se trouverait ainsi dans un équilibre instable au sein d'un liquide plus dense que lui-même. A côté de cela, il y a un fait certain, d'un caractère tout-à-fait différent, qui est absolument contraire à cette idée. Ce fait consiste en ce que deux observateurs n'ont jamais fait deux dessins de la couronne qui se ressemblent tant soit peu, si tous deux l'ont dessinée l'un après l'autre, à des intervalles très courts, ou en même temps, à des distances très petites l'un de l'autre. C'est là une preuve certaine qu'au moins la partie extérieure de ce que l'on appelle souvent couronne est un phénomène dû à l'état de l'atmosphère terrestre sur le trajet du rayon visuel de l'observateur. Mais même lorsque l'atmosphère est à l'état de sérénité complète, comme cela est arrivé par un heureux hasard dans l'Inde Australe en 1871, lors de la grande éclipse, quand les meilleures observations ont été faites, on a encore trouvé autour du soleil une lumière d'un blanc d'argent qui s'étendait à une hauteur formant un arc de 15′ à 20′ au plus au-dessus de la circonférence obscure de la lune. Cette lumière a été analysée, et on a trouvé que son spectre est formé de deux éléments :

l'un est de la lumière d'un gaz incandescent, l'autre est de la lumière solaire réfléchie. De sorte que la couronne doit sa lumière à deux sources : à un gaz lumineux par lui-même, dont j'examinerai la composition plus loin, et à des particules disséminées, capables de renvoyer la lumière solaire. En effet, le spectre de la couronne tel que M. Janssen l'a observé avec un instrument disposé à cette intention, — un télescope d'une très large ouverture, comparée à sa longueur, et construit dans le but spécial d'accroître dans des limites énormes la clarté de l'image — était simplement un faible spectre solaire, non continu, mais offrant des lignes noires, tout-à-fait comme le spectre de la lumière de la lune (qui n'est autre chose que de la lumière solaire réfléchie). Le spectre était traversé par les lignes brillantes de l'hydrogène — par la ligne C, la ligne F et la ligne G, que je vous ai décrites précédemment (p. 247) ; mais, à côté de ces raies, il y avait une raie verte qui, jusqu'à présent, ne peut être attribuée à aucune des substances connues. Un examen attentif a montré que cette ligne était visible même dans les régions les plus élevées de la couronne, dans des régions bien plus éloignées du soleil que les régions les plus élevées dans lesquelles les raies de l'hydrogène sont encore visibles. Ceci semblerait indiquer la présence d'un élément gazeux qui, non seulement donne un spectre plus simple que celui de l'hydrogène, mais qui serait aussi un élément plus léger, capable de s'élever bien plus haut, malgré l'action attractive du soleil. Il doit donc y avoir dans la couronne une atmosphère solaire qui s'élève au-dessus de la surface du soleil à une hauteur qui dépasse la moitié de son rayon. Il est possible qu'elle s'étende plus loin, mais en même temps il doit y avoir une matière capable de réfléchir la lumière solaire e- de donner le spectre continu que M. Janssen a obt servé.

Quelques observations de la couronne fort intéressantes, faites en Amérique, ont amené la découverte de trois lignes brillantes, coïncidant avec des lignes observées dans le spectre de l'aurore boréale. Eh bien, c'est un fait très curieux que jusqu'à présent on n'a pas encore découvert une substance terrestre pouvant donner ces lignes, et c'est pour nous un problème du plus haut intérêt que celui de savoir quelle peut être la substance qui, sans doute, rendue incandescente par l'électricité, pendant une aurore boréale, donne cette lumière homogène d'un vert particulier qu'on observe dans toutes les aurores, et qui est la seule qu'offrent la plupart des aurores. Mais l'analogie et la coïncidence précise constatées par un observateur américain de ces trois lignes et les trois lignes observées par un autre Américain dans la couronne solaire, semblent promettre un renseignement curieux sur l'analogie entre les régions supérieures de l'atmosphère terrestre et celles de l'atmosphère solaire.

Je vais maintenant ajouter un ou deux mots à ce

que j'ai dit dans ma dernière conférence relativement aux étoiles doubles. Je vous ai dit que les spectres des étoiles fixes peuvent donnerdes indications sur cequ'on peut appeler périodes de vie; mais en dehors de cela il a été fait quelques remarques intéressantes qui concernent spécialement les étoiles doubles. Tous ceux d'entre vous qui ont vu des étoiles doubles, même dans une lunette moyenne, ont dû remarquer que beaucoup de ces étoiles présentent de très belles couleurs, très souvent des couleurs complémentaires. C'était donc une des applications les plus intéressantes de l'analyse spectrale, de trouver la cause de ces couleurs complémentaires. On peut voir aisément la différence entre les deux étoiles qui constituent une étoile double ; il suffit de comparer les deux spectres en les plaçant l'un à côté de l'autre. La première paire qu'on a examinée a montré que l'une des étoiles avait un spectre à peu près pareil à celui d'une étoile blanche, tandis que l'autre offrait dans son spectre d'énormes groupes de bandes occupant presque totalement les régions bleue et verte. Le groupe est formé d'une étoile blanche et d'une autre pratiquement rouge qui tourne autour de la première. Mais pour une raison optique ou mieux physiologique, dont je n'ai pas à discuter ici la nature, un corps blanc mis en présence d'un corps rouge tend à paraître vert. C'est donc par un simple effet de contraste, pour ainsi dire, que cette étoile apparaît dans une lunette comme une très petite étoile verte accompagnée d'une très petite étoile rouge. Mais si l'on fait appel au spectroscope, il nous montre qu'il y a une raison immédiate — due apparemment à une absorption dans son atmosphère — pour que l'une des étoiles apparaisse rouge ; mais qu'il n'y a absolument aucune raison, en dehors de la raison physiologique que je viens de citer, pour que la principale étoile paraisse verte, car le spectre qu'elle fournit est presque entièrement dépourvu de bandes.

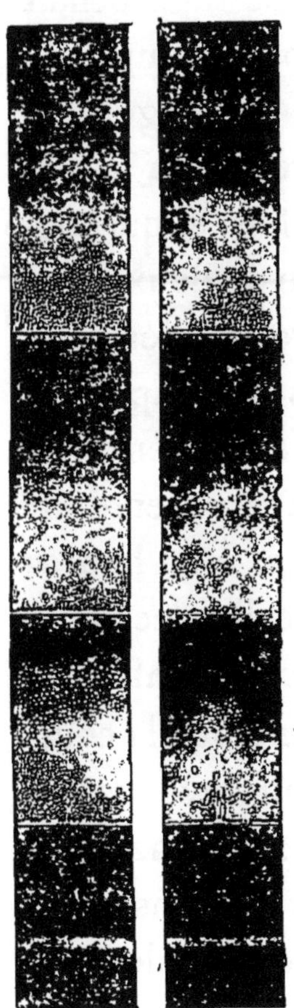

Il faut encore ajouter quelques remarques au sujet des comètes. Les observations spectroscopiques ne sont pas encore bien nombreuses et sont de date relativement récente. Mais, telles qu'elles sont, elles ont montré d'abord que la queue donnait le même spectre que la lune ou tout autre corps éclairé par le soleil ; en d'autres termes, que la queue d'une comète n'est pas lumineuse par elle-même, mais grâce à la lumière diffuse du soleil. La tête d'une comète donne en général un spectre qui indique la présence d'un gaz incandescent ; cela veut dire que son spectre n'est pas continu mais entrecoupé par des lignes noires. Il est composé en général d'un petit nombre de lignes brillantes qui se détachent nettement sur un fond formé par un faible spectre continu. Voici un de ces spectres (voir la figure à côté) : c'est celui de la comète Winneke, du nom de celui qui l'a découverte. Il est formé de trois bandes brillantes, à bords tranchés du côté du rouge et diffus du côté du violet. M. Huggins, qui fit le premier cette observation, fut frappé de la ressemblance de ce spectre (tel qu'il l'a vu dans la lunette) avec celui d'un corps terrestre qu'il avait remarqué auparavant, et, en revoyant ses notes, il trouva que le spectre observé se rapprochait beaucoup de celui des hydrocarbures, par exemple du gaz oléfiant rendu incandescent par une décharge électrique, qu'il avait dessiné. Il eut alors recours à la méthode que j'ai déjà mentionnée plusieurs fois, et qui consiste à envoyer simultanément la lumière de deux sources à travers les deux parties, supérieure et inférieure, d'une même fente, de manière que les deux spectres soient juxtaposés après avoir subi les mêmes séries de réfractions. Le résultat de l'expérience est représenté sur la figure. Le spectre supérieur appartient à un hydrocarbone, tel qu'il est fourni par une étincelle électrique passant à travers le gaz oléfiant ; le spectre inférieur appartient à la comète. Eh bien, de même que la coïncidence des raies noires du spectre solaire avec celles de l'hydrogène a montré l'existence de ce gaz dans l'atmosphère solaire, la coïncidence observée dans le cas qui nous occupe conduit à des conclusions analogues. Il y a trois bandes qui coïncident, et la coïncidence est aussi parfaite qu'il était possible de l'apprécier avec l'élargissement de la fente, et elle ne se manifeste pas seulement du côté brillant, mais encore dans l'affaiblissement graduel des bandes.

Ce phénomène est très remarquable. Il suggère la question de savoir comment le gaz hydro-carboné peut se trouver à l'état incandescent dans la tête de la comète. Il serait très intéressant de dire à ce sujet un ou deux mots, mais nous devons y arriver petit à petit. Une des grandes découvertes astronomiques des temps modernes a été celle qui a montré que les météorites, les étoiles dites filantes, surtout celles d'août et de novembre, suivent dans l'espace un trajet parfaitement défini, et que ce trajet est dans chaque cas la courbe décrite par une comète connue. De sorte que, ou bien les météorites sont des espèces d'appendices des comètes, comme le veulent Schiaparelli et d'autres, ou bien — comme, je crois, il y a plus de raison de le penser — la masse même des météorites forme la comète. Dans tous les cas, il n'y a pas de doute qu'il n'y ait un rapport intime entre les comètes et les météorites. Le trajet des météorites est celui des comètes. Considérons une multitude de ces météorites (chacun étant regardé comme un fragment de pierre) formant, pour ainsi dire, une averse de pierres de macadam, de briques ou même de galets; quel aspect offrirait un tel nuage ? Assurément, il doit avoir des dimensions énormes, car la terre met trois jours et trois nuits à traverser la largeur des couches des météorites de novembre. Rappelez-vous la vitesse avec laquelle la terre se meut dans son orbite, et vous verrez sur quelle énorme étendue ces masses sont disséminées dans l'espace. Si vous vous représentez l'aspect que peut avoir une telle ondée de pierres, lorsqu'elle est éclairée par la lumière solaire, vous verrez de suite que de loin elle apparaîtra comme un nuage de poussière ordinaire, et une analyse mathématique facile montre que sous une épaisseur suffisante, sauf les cas extrêmes, son éclat serait à peu près égal à la moitié de celui que présenterait une masse compacte de même substance également éclairée. Le spectre de sa lumière réfléchie ou diffuse serait celui de la lumière solaire, mais plus faible. Il est facile de s'assurer de cette propriété d'un tel nuage de poussière ou de petites particules, sans calculs, simplement en regardant à la lumière solaire un nuage de poussière sur une route crayeuse. Rappelez-vous que dans des questions cosmiques, nous pouvons considérer des masses grosses comme des briques ou des pavés, comme de simples parcelles de poussière du système solaire, et nous pouvons les supposer éloignées les unes des autres, dans la proportion de leurs volumes, comme les particules de poussière. D'ailleurs, que ce soit une poussière terrestre ordinaire ou une poussière cosmique, que les particules soient grosses comme des briquetons ou des galets, tout cela n'a pas d'influence sur le résultat du calcul. Pourvu que la poussière forme un nuage, aussi dispersée que vous voudrez, et que ce nuage soit assez profond et illuminé par la lumière solaire, il pourra renvoyer la moitié de la lumière qu'il renverrait s'il formait une masse compacte. La lune est précisément une masse compacte éclairée par le soleil, et vous voyez l'éclat qu'elle possède. Une ondée de pierres dans l'espace, se trouvant à la même distance du soleil que la lune, et formée des mêmes matières que la lune, aussi dispersées que vous voudrez, pouvu qu'elle forme un nuage assez épais, n'aurait que la moitié de son éclat. Eh bien, on n'a encore jamais vu une queue de comète dont l'éclat soit comparable à celui de la lune; il est donc parfaitement possible, et, autant que nos moyens actuels nous permettent d'en juger, il est même extrêmement probable, que la queue d'une comète est simplement un amas de ces pierres grosses ou petites.

Vient maintenant la question de savoir comment il se fait que la lumière de la tête des comètes contient des portions dues évidemment à un gaz incandescent, et des portions qui donnent apparemment un faible spectre continu de lumière solaire ou de lumière provenant peut-être d'un solide incandescent. Il me semble que la réponse peut être trouvée dans le choc de ces différentes masses les unes contre les autres. Voyons ce qui se passerait, si deux amas de pierres ou de fragments de fer natif, tels qu'il en tombe par hasard sur la surface terrestre de l'espace cosmique, arrivaient l'un sur l'autre même avec des vitesses terrestres ordinaires, non avec des vitesses planétaires. En comparaison de ces dernières, la vitesse d'un projectile de canon n'est rien. Or, nous savons que lorsqu'un projectile vient frapper une plaque de fer, il se produit un vif éclat de lumière et un énorme dégagement de chaleur, et des éclats volent dans toutes les directions. La seule différence entre les vitesses cosmiques des particules d'une comète, dues aux différents trajets qu'elle parcourt autour du soleil ou à la gravitation mutuelle des parties constitutives du nuage, peut être facilement de 1400 pieds ($427^{m.}$) par seconde, ce qui est à peu près la vitesse d'un projectile de canon. Des masses qui se choquent dans de telles conditions peuvent donner lieu à différents effets : elles deviennent incandescentes, fondent et dégagent des gaz enflammés; elles s'écrasent et se brisent en fragments ou se transforment en poussières dont les différentes particules possèdent des vitesses différentes. Quelques-unes des particules acquièrent des vitesses supérieures à celles qu'elles possédaient avant le choc ; d'autres sont rejetées hors de leurs courbes par l'arrêt brusque de leurs mouvements, ou même sont rejetées en arrière. Cette manière d'envisager la question nous permet d'expliquer les jets brusques de lumière qui s'échappent de la tête d'une comète (en général en avant), et qui semblent soufflés en arrière, tandis qu'en réalité ils sont arrêtés, soit par le choc contre d'autres particules, soit par l'attraction de la comète. D'autres phénomènes très curieux qu'offrent les comètes ont été récemment expliqués par la rotation générale de tout le système. Et il est en effet tout-à-fait improbable qu'une agglomération cosmique formée de pierres ne possède pas un certain moment de quantité de mouvement. Jusqu'aux nouvelles recherches cette hypothèse, fort simple, permet d'expliquer beaucoup de phénomènes observés, même les plus complexes. Je dois cependant vous prévenir que cette hypothèse n'est pas celle qui est généralement admise par les astronomes (1).

Il y a encore différents autres phénomènes dans le système solaire sur lesquels j'aurais voulu appeler votre attention parce qu'ils s'expliquent d'une manière très simple, mais je n'en citerai que deux. Le premier est lappendice merveilleux de Saturne, connu sous le nom d'anneaux de Saturne. Il n'y a pas de doute actuellement que ces anneaux ne soient des nuages de masses séparées. Cela résulte d'abord des observations télescopiques qui ont montré qu'on pouvait voir des étoiles à travers l'un des anneaux de Saturne; ce qui prouve que l'anneau contient de nombreux trous, tout-à-fait comme il s'en trouve, non seulement dans la queue, mais même dans la tête d'une comète, à travers lesquels on peut voir

(1) V. *Prov. R. S. D. 1868-9* et Cosmical Astronomy, V., Good Words, 1875. Des recherches récentes de M. Brédichine ont jeté une lumière nouvelle sur certains points de cette question ; mais elles n'ont ajouté aucun argument nouveau en faveur de l'hypothèse électrique tout-à-fait improbable, à laquelle il est fait allusion dans le texte. Cependant d'après ces recherches il serait possible qu'un effet, dans le genre de celui qui se produit dans le radiomètre, jouât un certain rôle dans la production des flots de poussière venant de la comète et se répandant dans la queue.

une étoile, même de petites dimensions, avec son vrai éclat et sans aucun changement de position par suite de la réfraction. En outre, des calculs mathématiques ont montré que si les anneaux étaient solides ou liquides, ils seraient déchirés au bout de peu de temps sous l'effet des forces énormes qui agissent sur eux. Un solide aurait été brisé en morceaux ou il aurait marché, dans l'une ou l'autre direction, contre Saturne. Un liquide se serait déchiré sous l'énorme effort des vagues qui se produiraient autour de lui, comme celles que produit un vaisseau sur l'eau. Ces vagues iraient toujours en augmentant et finiraient par déchirer l'anneau. Clerk-Maxwell a montré dans son travail pour le concours du prix *Adam* (*Adam's Prize Essay*) qu'aucune hypothèse ne peut rendre compte de la forme et de la persistance des anneaux, excepté celle du nuage de pierres ou de fragments de matière d'une nature quelconque, qui tourneraient autour de la planète; chaque pierre ou chaque fragment étant un membre presque indépendant d'un groupe de satellites, mais agissant les uns sur les autres d'après la loi de l'attraction universelle. Cette attraction mutuelle suffit pour produire entre les parties des chocs avec des vitesses relatives considérables, et il est possible qu'un jour nous trouverons des lignes brillantes dans le spectre des anneaux. De cette manière les anneaux de Saturne, comme tout dans l'univers, se détériorent avec le temps, car, pendant leur mouvement autour de la planète, il doit y avoir des chocs continuels entre les portions séparées de la masse; et de deux portions qui se heurtent, l'une sera accélérée dans son mouvement, mais l'accélération se produira aux dépens du mouvement de l'autre. Cette autre sera chassée, pour ainsi dire, de son orbite, et attirée graduellement vers la planète. Il est donc possible que la découverte récente d'un nouvel anneau de Saturne, à l'intérieur des deux autres, soit simplement due à cette dégradation progressive de tout le système, bien plus qu'aux perfectionnements des télescopes dans ces dernières années. Ce nouvel anneau, appelé anneau de crêpe, était étroit, quand on l'a observé pour la première fois, mais il devient de plus en plus large. Il est formé, pour ainsi dire, des traînards qui ont été mis hors des rangs et qui tombent petit-à-petit sur la surface de la planète.

Le deuxième exemple que je veux encore citer est celui de la lumière zodiacale qui évidemment ne peut pas être une partie de l'atmosphère gazeuse du soleil, ni un solide ou un liquide. Ce doivent être des portions détachées d'un solide ou d'un liquide flottant dans l'espace comme des satellites séparés, tournant autour du soleil dans des orbites qui ne sont pas nécessairement circulaires. Le spectre de la lumière zodiacale a été examiné. Cet examen est toujours d'une difficulté excessive; néanmoins le problème a été récemment réalisé en partie. La lumière est trop faible pour permettre, même à l'observateur le plus habile, opérant avec les instruments les plus perfectionnés, d'affirmer s'il y a des lignes noires dans le spectre ou s'il n'y en a pas. On a trouvé que le spectre était pratiquement continu, c'est-à-dire qu'il est probablement dû à la lumière solaire réfléchie. La lumière zodiacale nous révèle ainsi l'existence de petites masses cosmiques en quantités énormes qui, à une certaine époque, ont été détachées de comètes ou d'amas de météorites et forcées, soit par une attraction planétaire, soit par une résistance, à tourner autour du soleil dans des orbites de diamètres relativement petits. Comme elles ont été entraînées à des époques différentes et proviennent de sources diverses, elles décrivent probablement toutes sortes d'orbites, ayant des excentricités et des inclinaisons très différentes. Il est même possible qu'une moitié tourne dans des directions contraires à celles de l'autre moitié. Les météorites ou aérolithes qui tombent de temps en temps sur la terre, peuvent être des portions de matière ayant la même origine que celles de la lumière zodiacale. Ces fragments disséminés, après avoir résisté, subi des chocs les uns contre les autres, tombent de temps en temps sur la surface du soleil. Ils doivent ainsi former une source, quoique très faible et irrégulière, d'énergie potentielle, qui a pour effet de maintenir dans une certaine limite la chaleur solaire.

Je dois maintenant abandonner cette partie de notre sujet, conformément à ce que je vous ai dit dès le début, qu'après avoir étudié les lois de la chaleur et la thermo-dynamique, nous examinerions quelques-uns des cas importants du transport de la chaleur ou de l'énergie d'un corps à un autre. Nous avons déjà traité la question de l'émission et de l'absorption de la chaleur. Nous arrivons maintenant à l'examen d'un autre cas de transport d'énergie — au cas où l'énergie est constamment transportée d'une portion à une autre du même corps. Nous aurons donc à parler tout d'abord de la conductibilité calorifique. Cette question a été traitée avec beaucoup de développements, comme un problème d'analyse mathématique, bien avant l'époque à laquelle s'arrêtent ces conférences ; mais, depuis cette époque, beaucoup de résultats nouveaux ont été obtenus, et je me propose de faire d'abord brièvement, dans ma prochaine conférence, l'historique du développement de cette question, pour exposer ensuite avec plus de détails les résultats des recherches plus récentes. A côté de la question de la propagation de la chaleur par conductibilité, j'en traiterai d'autres qui n'ont apparemment aucun rapport avec la conductibilité calorifique, mais qui, en réalité, ont les mêmes lois. Telle est, par exemple, la propagation de l'électricité dans un câble sous-marin, ou la diffusion d'un sel ou d'un acide dans l'eau. Mais tous ces phénomènes se comportent de toute autre manière quand on les traite analytiquement : ils dépendent tous de la même équation différentielle (et cela simplement parce que les lois élémentaires de ces phénomènes, qui sont résumées dans cette équation avec toutes leurs conséquences, ont la même forme), si bien qu'il suffit de changer un ou deux mots dans l'énoncé relatif à l'un des phénomènes pour l'appliquer à n'importe lequel des autres.

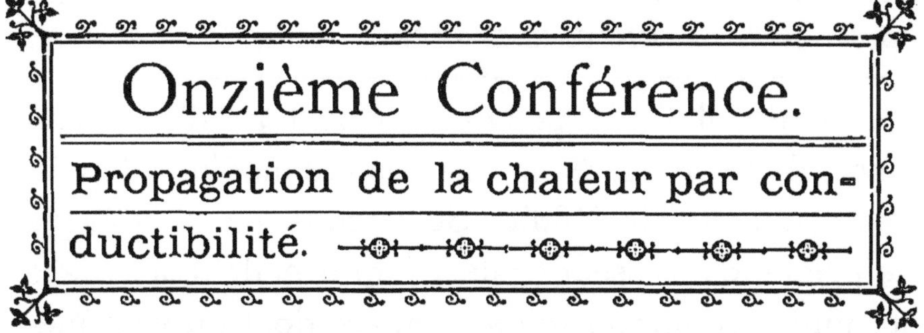

Onzième Conférence.

Propagation de la chaleur par conductibilité.

Théorie mathématique de Fourier. Sa définition du *pouvoir conducteur*. Analogie des conductibilités calorifique et électrique. Méthode de Forbes et ses résultats. Méthode de Angström. Pénétration de la température superficielle dans l'écorce terrestre. Analogie de la propagation de la chaleur et de celle de l'électricité. Analogie de ces phénomènes et de la diffusion. Diffusion de la matière, de l'énergie cinétique et de la quantité de mouvement.

COMME je vous l'ai promis dans ma dernière conférence, je vais examiner le problème de propagation de la chaleur par conductibilité.

Beaucoup des faits qui se rapportent à cette question étaient déjà connus avant la période du temps à laquelle ces conférences se rapportent spécialement. Mais, pendant cette période, la question a été soumise à de nombreuses recherches qui ont conduit à des résultats tout-à-fait inattendus. Pour être plus clair et pour la meilleure intelligence de la question, je vais exposer sommairement tout ce qu'on savait de la question avant les expériences de P. Forbes.

Fourier fut le premier qui a établi les lois de la propagation de la chaleur, sous une forme mathématique parfaitement définie, et qui a inventé une belle méthode mathématique dans le but de traiter certains problèmes de détails relatifs à la même question. Fourier a défini la conductibilité, le pouvoir conducteur d'une substance, d'une manière qui n'a pas été modifiée depuis. Voici comment il la définit : Supposons que nous ayons une plaque d'épaisseur égale à l'unité, et dont la surface est infinie, composée d'une matière dont on veut mesurer la conductibilité. Supposons l'un des côtés maintenu constamment à une température d'un degré supérieur à celle de l'autre côté. Nous savons qu'il y a un flux permanent de chaleur d'un corps chaud à un corps froid ; il y aura donc, dans le cas que nous considérons (après que des conditions permanentes seront établies partout), un flux calorifique d'une vitesse bien définie à travers chaque unité de surface de la plaque, dans une direction perpendiculaire à ses côtés. Comme nous avons supposé que la plaque possède pratiquement une étendue infinie, et que ses faces sont maintenues à une température parfaitement définie, le flux calorifique sera nécessairement, en général, perpendiculaire aux faces de la plaque. D'après Fourier, la mesure de la conductibilité est le nombre d'unités de chaleur qui passent, en une unité de temps, par unité de surface, d'un côté à l'autre de la plaque. Vous voyez comment les différentes unités de mesure s'introduisent. Vous avez une unité de longueur pour l'épaisseur de la plaque ; vous avez à considérer le carré de cette unité — l'unité de surface : c'est la portion de la surface à travers laquelle la chaleur passe. Vous avez l'unité de chaleur, qui est la quantité de chaleur nécessaire pour élever d'un degré la température d'un gramme d'eau. Vous avez encore une unité —le degré— qui est la différence de température entre les deux faces de la barre ; puis vous avez une unité de temps — durée pendant laquelle, d'après l'hypothèse, la transmission de la chaleur s'opère. Dans les conditions où on se place, après un temps très court dans la pratique, quoique théoriquement infini, la température se distribue ainsi d'une manière permanente : la température tombe constamment par degrés uniformes de sa valeur sur l'une des faces à celle de l'autre face. Il en résulte que la vitesse avec laquelle la chaleur se transmet à travers la plaque dépend uniquement de deux choses : de la chute de la température par unité de longueur dans la direction de l'épaisseur de la plaque, et de la conductibilité spécifique ou du pouvoir conducteur de la substance. En partant de ces données, Fourier a établi des formules mathématiques applicables à tous les cas — si compliqués qu'ils soient — de propagation de la chaleur dans un solide dont la conductibilité n'est pas altérée par la température.

La question suivante se pose tout naturellement : la conductibilité spécifique d'une substance est-elle la même à toutes les températures ? Fourier dans ses calculs admet qu'il en est ainsi. Mais Forbes a sérieusement ébranlé cette hypothèse,en montrant qu'il y avait une analogie complète et très intéressante entre le pouvoir conducteur électrique d'un métal et son pouvoir conducteur calorifique. L'expériencea fait voir que les métaux qui conduisent bien l'électricité conduisent aussi bien la chaleur ; bien plus, Forbes a montré que l'ordre des pouvoirs conducteurs électriques est en général le même que celui des pouvoirs conducteurs calorifiques. Cette observation de Forbes, fondée sur les expériences publiées par d'autres physiciens, a été confirmée par les expériences de MM. Wiedemann et Franz, qui les avaient entreprises dans le but spécial de vérifier la proposition de Forbes. Or, il est un phénomène qui dans ces derniers temps a acquis une très grande importance, surtout à cause du développement qu'à pris l'usage des câbles sous-marins — c'est la variation considérable de la conductibilité d'une substance avec la température. Les métaux chauds conduisent en général l'électricité moins bien que lorsqu'ils sont froids. Forbes, en partant de l'analogie des conductibilités électrique et calorifique des métaux, arrive à penser que, la conductibilité électrique diminuant quand la température croît, il doit se produire un effet analogue sur la conductibilité calorifique des corps. Il établit donc une série d'expériencesque malheureusement il n'a exécutée en détail qu'avec un seul métal, le fer. Mais les résultats de ces expériences ont prouvé d'une manière décisive que la conductibilité du fer diminue à mesure qu'il devient plus chaud, et qu'elle diminue presque dans la même proportion que la conductibilité électrique, par la même cause (1).

Je dirai quelques mots sur le procédé par lequel on mesure le pouvoir conducteur, avant de décrire l'appareil de Forbes. Prenons d'abord une analogie : supposons qu'on considère la marchandise disponible dans un certain commerce. Il y a deux manières de se rendre compte de l'état de la marchandise: on peut visiter périodiquement le stock et l'examiner. Mais on peut encore faire autrement : on peut, si cela est possible, voir les achats et les ventes : il en est entré tant pendant une certaine période et il en est sorti tant ; la différence entre les entrées et les sorties exprimera la variation que le stock a subie pendant cette période. Il y a donc deux manières d'obtenir cette variation. Eh bien, la même idée est appliquée à l'étude de la propagation de la chaleur par conductibilité dans un solide. Nous nous figurerons une petite portion, prise à l'intérieur du solide, et, pour la simplicité des calculs, nous supposerons qu'elle a la forme d'un prisme rectangulaire droit. Nous considérerons la quantité de chaleur qui entre par un côté et la quantité qui en sort par l'autre côté,

(1) Toutefois ceci n'est vrai que pour la conductibilité dite *thermométrique*, où la quantité de chaleur transmise par conductibilité est mesurée en fonction de l'accroissement de température qui serait produit dans *l'unité de volume* de la substance conductrice, à la température à laquelle la propagation a lieu. Mais la chaleur spécifique de toutes les substances varie avec la température. De cette manière les résultats de Forbes doivent subir des modifications sérieuses, quand on les réduit à l'unité thermique ordinaire comprise dans la définition de la conductibilité donnée par Fourier.

pendant le même intervalle de temps, et nous appliquerons le même procédé à chaque couple de faces parallèles. On peut former aisément une expression mathématique pour ces différentes quantités, comme je vous l'ai déjà expliqué. Elles contiendront les chutes de température, les pouvoirs conducteurs, qui ne sont pas les mêmes dans toutes les directions, parallèlement aux trois arêtes du parallélipipède. Mais on peut considérer le problème à un autre point de vue. Au lieu de considérer les quantités de chaleur qui entrent et sortent, on peut considérer la variation de température du tout pendant la même période. On voit alors qu'on peut calculer autrement la quantité de chaleur qui entre dans le parallélipipède, au moyen de l'accroissement de température, de sa chaleur spécifique et de sa masse, en admettant, bien entendu, qu'il n'y ait pas de chaleur détruite ou créée à l'intérieur de la portion considérée. La dernière de ces expressions dépend de la vitesse d'accroissement de température à un point quelconque ; la première dépend de la vitesse de décroissement de température par unité de longueur (ce qu'on peut appeler chute thermométrique) dans trois directions choisies, se coupant à angle droit. Les chutes et la conductibilité nous font connaître la quantité de chaleur qui entre ; par conséquent la variation de la chute par unité de longueur et la conductibilité nous font connaître l'excès de la quantité qui entre sur celle qui sort, tandis que l'accroissement de température par unité de temps nous donne une autre expression pour la même quantité. L'objet de toute recherche expérimentale sur cette question est de trouver des relations entre les deux expressions.

L'appareil de Forbes peut être décrit sommairement comme il suit : ces barres que vous voyez là et qui ont été faites pour mes propres expériences, ont les mêmes

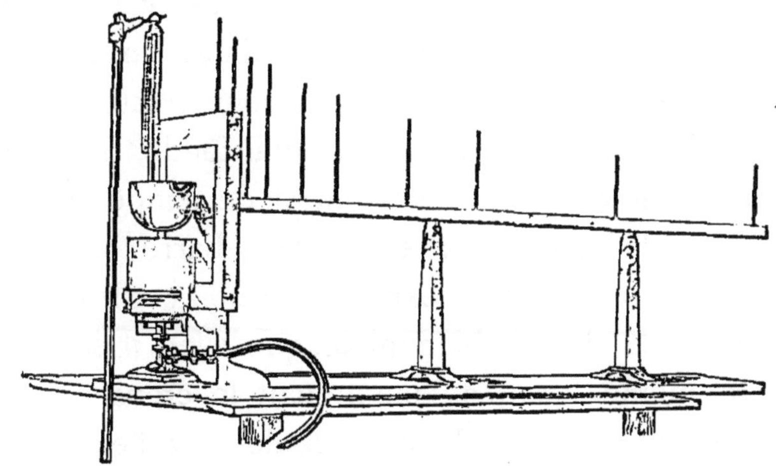

dimensions que celles de Forbes. Elles ont 1 pouce et 1/4 de section et 8 pieds de long ; mais ceci importe peu. Sur la longueur de chaque barre, à des intervalles de 3 pouces d'abord, puis de 6, et finalement d'un pied, on a creusé verticalement de petites cavités. Dans les barres de fer de Forbes, ces cavités étaient simplement remplies de mercure dans lequel plongeaient des réservoirs de thermomètres. Dans les barres de cuivre ou de maillechort, comme celles que vous voyez devant vous, il fallait garnir ces petites cavités de petites coupes de fer, afin que le métal de la barre ne fût pas attaqué par le mercure. Un creuset était adapté à l'une des extrémités de la barre, comme vous le voyez ; ce creuset était rempli d'un métal fondu et, à l'aide d'une forte lampe, on le maintenait à une température autant que possible constante pendant neuf, quelquefois même pendant dix heures. On avait donc fait agir sur l'une des extrémités de la barre une source de chaleur constante, et sur le reste de sa longueur la barre se trouvait en contact avec l'air de la salle. Dans le cas d'une barre de fer, Forbes a remarqué que, même à la plus haute température à laquelle il pût porter le métal fondu, il y avait au bout de huit heures une élévation de température à peine sensible à l'autre extrémité de la barre ; mais j'ai trouvé dans mes propres expériences qu'avec le cuivre, qui conduit la chaleur bien mieux que le fer, il était nécessaire, même lorsqu'on maintenait le creuset à une température modérée, de faire couler, sur l'extrémité opposée de la barre, un courant d'eau froide pour la préserver d'une élévation de température, même au bout de 8 heures d'expérience. Toutefois l'action de l'eau froide sur l'extrémité de la barre éloignée de la source de chaleur, introduit une très légère et très simple modification dans les formules et dans la manière de déduire les résultats définitifs, mais elle n'enfreint pas le raisonnement déduit de l'expérience.

Le premier effet de la chaleur est un accroissement de température, qui est observé d'abord dans les cavités les plus voisines du creuset. Les thermomètres les plus éloignés étaient les derniers à accuser un accroissement de température, et (après qu'un état permanent s'était établi) cet accroissement était le plus faible.

Nous voulons maintenant étudier la vitesse avec laquelle la chaleur se propage le long de la barre. Ce que nos thermomètres nous indiquent, c'est la température aux différents points de la barre. Mais il faut se rappeler, en faisant les déductions, que nos observations portent sur les températures, tandis que nos conclusions sont relatives à la chaleur.

La chaleur se propage donc, petit à petit, de l'extrémité chaude de la barre à l'extrémité froide ; et comme la température de la barre devient supérieure à celle de l'air ambiant, il se produit une perte de chaleur par la surface à cause du rayonnement et aussi par convection, à cause des courants d'air chaud qui partent de la barre. Cet état de choses se continuerait, strictement parlant, indéfiniment, en s'approchant toujours d'un état permanent. Théoriquement, l'état permanent de température ne devrait jamais s'établir, mais pratiquement, dans toutes nos expériences, il s'établit dans des barres comme celles-ci, au bout de 8 ou 9 heures, un état suffisamment approché de l'état permanent. Après cet intervalle de temps, les sommets des colonnes mercurielles dans les thermomètres ont pris des positions presque fixes qui ne varient que de faibles fractions de degré, pourvu que la température du métal fondu soit maintenue à peu près constante et que la température de l'air de la salle reste invariable. Il y a donc un état permanent de température en chaque point de la barre, et c'est là le point essentiel de la méthode. Avec un tel état permanent de température, il y a tout le long de la barre une chute thermométrique constante d'un point à l'autre, et on a trouvé pratiquement qu'on pouvait admettre, sans risquer de commettre une erreur sensible, que tous les points d'une même section transversale étaient à la même température. Le procédé que je viens de décrire peut être appliqué à toute couche transversale mince prise dans la barre, pour étudier le mouvement calorifique dont elle est le siège. Au début, lorsque l'état permanent n'est pas encore établi, il entre par conductibilité dans la couche une plus grande quantité de chaleur qu'il n'en sort par le même phénomène, la chute de température d'un point à l'autre du côté chauffé étant alors beaucoup plus rapide que dans le reste de la barre. Mais une fois la température devenue invariable, cet excès de chaleur peut être perdu dans l'air par rayonnement ou par convection. Si nous pouvions alors mesurer la quantité de chaleur que perd par rayonnement ou convection une partie quelconque de la barre, nous pourrions évaluer l'excès de la chaleur qui entre sur celle qui sort par suite de la différence de température aux deux extrémités de la barre. On observe les températures, de là on peut déduire leur abaissement graduel et la différence entre deux points consécutifs de la barre. En multipliant cette différence par le coefficient de conductibilité (pouvoir conducteur) de la barre et par l'aire de la section, on aura l'excès de la chaleur qui y entre sur celle qui en sort pendant l'unité de temps. Or, cet excès est précisément égal à la perte par la surface pendant le même temps. Forbes fit donc une addition aux expériences ordinaires : il prit une barre séparée de même substance, de même section, et en tout semblable à la première, seulement un peu plus courte. Après l'avoir chauffée, il la laissa se refroidir en notant sa température à des intervalles de temps égaux. C'est ainsi qu'il a calculé la perte de chaleur par unité de surface, à la fois par convection et rayonnement, à chaque température. Ces deux expériences fournissent une équation entre les deux expressions ; l'une contient, à côté des quantités connues, la conductibilité qui est inconnue, l'autre est formée entièrement avec des quantités connues ; on peut donc en tirer la valeur de la conductibilité. Par cette méthode très ingénieuse, mise en pratique à l'aide d'expériences exécutées avec grand soin, Forbes arrive à la conclusion que je vous ai déjà citée, à savoir que la conductibilité du fer diminue très rapidement quand la température augmente. Pour vous donner une idée des difficultés expérimentales, il me suffit de vous dire que le creuset contenant le métal fondu était maintenu ordinairement à une température de 300° C, très souvent pendant plus de huit heures, sans que cette température ait varié de plus d'un degré. Forbes trouva que les coefficients de conductibilité aux diverses températures s'expriment par les nombres suivants, les unités choisies étant le pied, la minute et le degré centigrade :

0° C	0,0133
100° C	0,0107
200° C	0,0082

ce qui fait voir une diminution remarquablement constante avec l'élévation de la température. En examinant ces nombres on trouve qu'ils vérifient presque exactement cette loi empirique, que la conductibilité calorifique du fer est en raison inverse de la température absolue. Cela veut dire qu'en ajoutant 274° à chacune de ces températures, on trouvera que le produit de la température ainsi modifiée par la conductibilité spécifique correspondante du fer, est un nombre presque constant. Le coefficient de la conductibilité varie donc en raison inverse de la température absolue. Si cette loi était générale, elle semblerait montrer que, si l'on pouvait refroidir le fer à 274° au-dessous de zéro, sa conductibilité deviendrait infinie ; au moins, elle prouverait que, lorsque la barre est dépourvue de chaleur, elle possède une conductibilité calorifique énorme. Mais cette conclusion est fondée sur une extension de résultats obtenus pour une certaine série de températures facile à réaliser, à une autre série que nous n'avons aucun espoir de pouvoir jamais réaliser expérimentalement.

Je vais vous indiquer en passant la forme curieuse

que cette proposition demi-empirique, relative à la conductibilité calorifique, peut prendre. Si nous admettons que le principe de la dissipation de l'énergie est vrai non seulement dans des cas où la chaleur est abandonnée à elle-même dans un corps conducteur, mais aussi dans le cas d'une distribution de température maintenue artificiellement, comme cela a lieu dans la longue barre de Forbes, on peut expliquer sans difficulté ce fait, que la conductibilité spécifique doit varier en raison inverse de la température absolue.

En effet, si nous nous reportons au cas de la plaque infinie, nous pouvons conclure que trois couches successives d'égale épaisseur prise dans la plaque auront l'énergie la moins utilisable, lorsque la température absolue de la couche moyenne est la moyenne géométrique des températures des deux autres couches. L'échelle des températures des différentes couches sera alors celle de leurs températures absolues. Cette conclusion est vraie seulement dans l'hypothèse que la chaleur spécifique n'est pas altérée par la température, et elle devra être modifiée d'une manière convenable si l'hypothèse n'était pas justifiée.

Je vais dire quelques mots sur la répétition des expériences de Forbes et sur leur extension à des corps autres que le fer, expériences qui ont été faites, il y a quelque temps, dans mon propre laboratoire. Vous voyez là deux barres de cuivre entre lesquelles il vous serait excessivement difficile de trouver la moindre différence, même à l'aide de l'analyse chimique la plus précise. Les deux barres ont autant que possible les mêmes propriétés quant à leur couleur, leur densité, leur élasticité, leur dureté, etc.; cependant cette énergie mystérieuse que nous appelons chaleur, se propage bien plus facilement dans l'une des barres que dans l'autre. L'une possède une conductibilité d'environ 40 pour cent plus grande que l'autre. Eh bien, la seule différence que nous pouvons constater est celle-ci : dans la fabrication de l'une on avait probablement ajouté à la masse fondue une faible quantité d'oxyde de cuivre, et cette petite trace (qu'il est difficile de mesurer par les procédés chimiques) diminue d'une manière notable la conductibilité calorifique du métal. Ces barres avaient été préparées dans le but de voir si l'analogie des conductibilités calorifique et électrique, que Forbes a établie pour des métaux différents, peut être étendue aux différents spécimens du même métal. Ces barres ont été faites pour moi par M. Willoughby Smith : l'une est faite avec du cuivre ayant une très grande conductibilité électrique, l'autre au contraire avec du cuivre d'une faible conductibilité électrique. Celle dont la conductibilité calorifique est de 40 pour cent supérieure, possède une conductibilité électrique de 73 pour cent supérieure à celle de l'autre (1).

(1) Les expériences avec les barres de cuivre et de maillechort, ici décrites, ont été faites avant ces conférences; mais tout le travail laborieux, que nécessite le calcul, d'après les expériences, des coefficients de conductibilité, n'était pas encore terminé. Le travail complet a été publié dans les *Trans.* R. S. E., 1878.

Vient maintenant un autre phénomène très curieux. Vous avez vu que la conductibilité électrique de tous les métaux purs tels que le fer, le cuivre et autres, diminue quand la température croît. Il n'en est pas de même pour les alliages, tels que le maillechort. Et c'est même pour cette raison que cet alliage est employé dans la fabrication des bobines de résistance — sa conductibilité variant très peu, même pour des variations de température très considérables. Voici une barre de maillechort ayant les mêmes dimensions que les barres de fer ou de cuivre. En faisant avec cette barre les mêmes expériences qu'avec les autres, nous trouvons que sa conductibilité calorifique est bien moins affectée par la température que celle de la barre de fer.

J'ai décrit une méthode moderne qui a servi à mesurer les pouvoirs conducteurs. J'en ai parlé si longuement que je me vois obligé d'exposer plus brièvement une autre méthode également moderne, employée dans le même but par Angström, mais qui avait été employée bien avant lui, dans des observations faites sur une échelle gigantesque

De même que Forbes, il se sert d'une barre seulement ; au lieu de la chauffer constamment à l'une des extrémités et d'attendre qu'un état permanent soit établi dans toute la barre, il produit une variation de température périodique à l'une de ses extrémités. Il la chauffe pendant un certain temps, puis la refroidit pendant un temps égal, et il répète cette opération jusqu'à ce qu'un état permanent d'oscillation de température soit atteint en tous les points de la barre où se trouvent les thermomètres. Il observe à des endroits choisis l'ordre et l'époque de chaque onde de chaleur qui se déplace le long de la barre, en devenant de moins en moins marquée à mesure qu'elle avance. Ceci est tout-à-fait analogue au procédé employé dans la transmission télégraphique par le câble sous-marin. On met pendant quelque temps l'un des pôles de la pile en communication avec l'une des extrémités du câble, puis on l'enlève, puis on rétablit de nouveau la communication et ainsi de suite; des ondes de potentiel électrique circulent dans toute la longueur du câble et des signaux intelligibles sont ainsi transmis à l'autre bout. Angström a opéré exactement de la même manière pour la conductibilité calorifique des barres. Sa méthode a donné approximativement la même conductibilité que la méthode de Forbes pour le fer, le seul métal que les deux savants aient étudié. Pour vous donner une idée de la méthode d'Angström, je prendrai, au lieu du cas compliqué de l'onde se propageant dans la barre, un autre cas plus simple — celui d'une grande plaque de métal chauffée périodiquement à l'une des extrémités et maintenue froide à l'autre. Puis, au lieu d'un métal nous prendrons l'écorce terrestre. P. Forbes a tracé un diagramme (1) des courbes représentant la marche des thermomètres

(1) *Trans.* R. S. E. 1846.

soumis à des observations continuelles. Certains de ces thermomètres avaient leurs réservoirs plongés dans les roches de porphyre du Calton Hill, sur les terrains de l'observatoire ; d'autres, dans les pierres à sable de la carrière de Craigleith, et d'autres dans le terrain sablonneux du Jardin d'expériences. Les courbes représentent la marche des indications de ces thermomètres. Dans chaque localité, le réservoir du premier thermomètre était enfoncé à 3 pieds, celui du second, à six pieds, celui du troisième, à douze pieds, et celui du quatrième, à vingt-quatre pieds au-dessous de la surface du sol. Les observations sont divisées sur le tableau en quatre groupes, dont chacun contient trois courbes correspondant aux indications simultanées, dans les différentes localités, des thermomètres plongeant dans le sol d'une égale profondeur. Ces thermomètres (à l'exception de l'un d'eux, brisé par le froid intense de l'hiver de 1860-1861) ont été observés régulièrement depuis le jour où on les a enfoncés dans le sol. Ces observations ont été interrompus en septembre 1876 à cause de la destruction des instruments par malveillance; mais depuis on a enfoncé une nouvelle série de thermomètres et les observations sont reprises.

Il résulte du diagramme que la marche du thermomètre supérieur de la roche de trap du Calton Hill est représentée par une onde périodique de températures dont la plus basse ne correspond pas au milieu de l'hiver, mais à peu près au milieu de Février. La température était prise à la profondeur de trois pieds au-dessous de la surface du sol. La température la plus élevée à cette profondeur correspond au milieu d'Août. De là elle descend de nouveau jusqu'au milieu de Février de l'année suivante. Un autre point à remarquer, c'est qu'à cette profondeur, l'amplitude de l'oscillation est considérable, car la plus basse température est de 39° F (environ 4° C) et la plus haute de 54 F (12°,22 C) ; il y a donc une différence de 15° F (8°,20 C). Si vous vous rappelez que les trois courbes qui sont tracées l'une à côté de l'autre appartiennent à trois substances aussi différentes que le porphyre, la pierre de sable et le léger terrain sablonneux ordinaire, vous verrez que la coïncidence générale est très marquée. Elles coïncident même dans les faibles variations de température, dues aux périodes que nous appelons « changements de temps », à la surface ; mais les amplitudes et les époques ne différaient pas beaucoup les unes des autres, malgré la variété des terrains.

Remarquez le changement qui se produit dès qu'on descend dans le sol même seulement de trois mètres. L'amplitude de l'oscillation est beaucoup plus faible ; la plus basse température est maintenant de 41° F (5° C) et la plus élevée de 51° F (10°,5 C) ; l'amplitude n'est plus que de 10° F (5°,5 C). Si vous descendez encore plus loin, à une profondeur de douze pieds, vous trouvez une modification analogue (1). En moyenne les thermo-

(1) Les irrégularités qu'on remarque en certains endroits de l'*une* des 3 courbes de

mètres plongeant de douze mètres dans le sol donnent une oscillation allant de 44° F à 49° (de $6^\circ \frac{2}{3}$ C à $9^\circ \frac{4}{9}$); la variation n'est plus que de 5° F ($2^\circ \frac{7}{9}$ C). Mais quand on arrive à 24 pieds, les thermomètres indiquent à peine une variation de 1°,5 F (0°,83 C) pendant toute l'année.

Remarquez en outre que le minimum de température indiqué par le thermomètre plongeant de 6 pieds, a lieu au commencement du mois de Mars au lieu de la mi-Février ; pour le thermomètre plongeant de 12 pieds, il arrive vers le 20 Avril, et pour le plus bas — celui qui plonge de 24 pieds — le minimum tombe presque exactement au milieu de Juillet, cela veut dire que le froid de l'hiver met environ 6 mois à pénétrer à 24 pieds au-dessous de la surface dans un terrain de ce genre.

Ces phénomènes sont tout-à-fait identiques à ceux qui se produisent dans les expériences de Angström, si ce n'est qu'ils s'effectuent sur une échelle bien plus considérable. La seule différence est que Angström avait à tenir compte de la perte de chaleur par la surface de sa barre, perte due au rayonnement, tandis que, dans le cas dont je viens de parler, la chaleur ne peut se propager que dans la direction verticale vers le bas ou vers le haut. Il faut encore remarquer que le caractère des résultats qu'il a obtenus est en général le même que celui

chaque groupe, et non dans les autres, proviennent évidemment de l'infiltration de l'eau de la surface ou à d'autres perturbations purement locales.

des résultats relatifs aux températures de la terre ; les différences entre les divers thermomètres diminuent très rapidement à mesure qu'on s'éloigne de la source de chaleur, et les périodes des maxima et des minima en un point donné arrivent de plus en plus en retard, à mesure qu'on s'éloigne de la source. Supposons que l'écorce terrestre soit une substance uniforme ayant la même conductibilité à toutes les températures ; la loi établie depuis longtemps par Fourier dit que, lorsqu'on descend successivement à des profondeurs croissant suivant une progression arithmétique, les différences de températures indiquées par les thermomètres — pour une onde harmonique simple d'une période quelconque telle qu'une période annuelle, par exemple — décroissent suivant une progression géométrique. Par exemple, si, à une profondeur de trois pieds, vous avez une oscillation de 20°, et à une profondeur de 6 pieds, une oscillation de température de 10°, vous n'aurez plus, en descendant encore de trois pieds, qu'une oscillation de 5° et ainsi de suite. De même, le temps auquel se produit ce qu'on appelle une phase particulière de l'onde des températures (soit le maximum ou le minimum) décroît proportionnellement à la profondeur ; de sorte que, si le maximum est en retard d'un mois à une profondeur de 3 pieds, il sera en retard de deux mois à une profondeur de six pieds, de quatre mois à douze pieds et ainsi de suite — un mois de retard pour trois pieds de profondeur. Mais il ne faut pas oublier qu'il n'en serait ainsi que dans l'hypothèse où la conductibilité serait la même à toutes les températures.

En exécutant l'expérience de la barre, d'après la méthode d'Angström, l'onde de température qui passe à travers les thermomètres ne donnerait pas en général pour ses composants harmoniques simples des différences décroissant suivant une progression géométrique, quand les distances à la source croissent en progression arithmétique ; de même les périodes de maximum ne sont pas en retard de quantités égales pour des intervalles égaux pris le long de la barre. Mais il en serait ainsi, si la perte superficielle était très faible et si la conductibilité restait la même à toutes les températures. Les écarts sont donc dus à ces causes, et, d'après ces écarts, on peut calculer la grandeur des causes perturbatrices.

Les mêmes propositions que je vous ai énoncées relativement à la distribution de la température et au flux de chaleur qui en résulte, restent encore vraies si, à la place du mot « chaleur, » nous mettons le mot « électricité, » et à la place du mot « température, » le mot « potentiel » — qui correspond, dans la théorie de l'électricité, exactement au mot « température » dans la théorie de la chaleur. De sorte que, si nous écrivons une formule mathématique pour exprimer la propagation de l'électricité dans un corps quelconque, cette formule s'applique également bien à un cas correspondant de la propagation de la chaleur. Il n'y a aucune différence entre les formules jusqu'au moment où il s'agit de les interpréter, et alors un certain symbole représente le potentiel dans un cas, et la température dans l'autre.

Cette analogie fournit un des plus curieux exemples d'une imitation, sur une très petite échelle, de ce qui se produit sur une très grande. Je prends un petit morceau de cuivre d'un pouce environ de longueur, et je mets l'une de ses extrémités en communication avec une soudure thermo-électrique et un galvanomètre, de manière à mesurer exactement la moindre variation de température qui peut se produire à cette extrémité, et l'autre, en contact avec la flamme d'une lampe, tout-à-fait comme on met l'extrémité la plus rapprochée du câble transatlantique en communication avec le pôle d'une pile voltaïque. Si je fais des signaux avec la lampe, comme le télégraphiste en envoie à travers le câble à l'aide de la pile, le galvanomètre accusera, dans les deux cas, exactement les mêmes effets, les faibles dimensions du conducteur calorifique étant nécessitées par le temps qu'il faut employer pour altérer d'une manière sensible la température de l'autre extrémité de la barre. Il faut, en effet, prendre une barre très courte, pour produire les phénomènes pendant des durées comparables, mais, dans les deux cas, vous pouvez obtenir exactement les mêmes effets. Et ce n'est pas seulement aux extrémités que la température et le potentiel sont proportionnels à chaque instant, mais en tous les points semblablement placés sur les deux conducteurs.

Un autre exemple d'un phénomène analogue est fourni par ce que vous voyez ici — par la diffusion d'une dissolution saline dans l'eau. Prenons un vase cylindrique très haut, tel que celui-ci, et remplissons-le d'eau pure, préalablement bouillie afin de chasser tout l'air qu'elle pourrait contenir; puis, quand l'eau est tout-à-fait au repos, répandons avec précaution au fond du vase, à l'aide d'un entonnoir très long, une couche horizontale d'une dissolution saline fortement colorée, telle qu'une dissolution de bichromate de potasse, facilement soluble dans l'eau. Nous trouverons que, malgré la pesanteur, une certaine quantité de sel monte petit à petit de la dissolution plus dense, à travers la colonne d'eau qui la surmonte. Mais de même que la vitesse de propagation de la chaleur d'une portion d'un corps à l'autre, dépend de l'excès de température, et que le mouvement de l'électricité dépend de la chute du potentiel, de même la vitesse avec laquelle le sel se diffuse d'une couche à l'autre dépend de la chute de concentration de la dissolution. Si deux couches contigües ont la même concentration, il n'y a pas de transport de sel, parce que l'une des couches cédera à l'autre autant qu'elle en reçoit. Mais lorsque, des deux couches en contact, l'une est plus dense que l'autre, alors, en chaque unité de temps, il passera plus de sel de la solution plus dense à la moins dense qu'il n'en passe en sens contraire de la dissolution la plus faible à la plus concentrée. Comme ce phénomène suit la même loi que la propagation de la chaleur et de l'électricité, il est possible — au moins, on peut concevoir — que toute recherche sur la propagation de ces deux agents, trouve son application dans un certain cas de diffusion d'un solide dans un liquide qui peut le dissoudre. Or, en réalité, dans tous ces cas, nous avions affaire à la diffusion, soit de quelque espèce particulière d'énergie appelée chaleur ou électricité, soit de la matière même, et la loi de la diffusion reste exactement la même dans les trois cas. Nous désignons par conductibilité, ou pouvoir conducteur, le nombre qui exprime la quantité de chaleur ou d'électricité qui passe, en un temps donné, à travers l'unité de surface avec une différence donnée de température ou de potentiel ; dans le même sens, nous pouvons employer le mot *diffusibilité* d'une substance dans un liquide. C'est encore une quantité numérique définie dont la valeur doit être déterminée par l'expérience dans chaque cas particulier. Elle dépend non seulement de la nature du sel soluble, mais aussi de la nature de la substance dans laquelle on le dissout. Le produit de la diffusibilité par la différence de concentration nous donne la quantité de sel qui traverse, en une unité de temps, une unité de surface du liquide.

La matière et l'énergie ne sont pas seules susceptibles d'être diffusés ; — il peut y avoir aussi diffusion de la quantité de mouvement (momentum). Je terminerai aujourd'hui par une discussion sommaire de cette question, qui sera une bonne introduction au sujet que je me propose de traiter dans ma prochaine conférence. Je prendrai d'abord une analogie publiée, je crois, pour la première fois, par Balfour Stewart, quoique d'autres en aient eu l'idée. Considérons un train de chemin de fer passant devant une station, et supposons qu'un certain nombre de personnes qui attendaient sur la plate-forme, montent dans le train pendant qu'il passe sans s'arrêter, et que d'autres en descendent. Qu'en résultera-t-il pour le mouvement du train? Certaines parties du train (car les voyageurs forment virtuellement des parties du train) qui possèdent une certaine quantité de mouvement pour avancer avec le train, en descendent ou le quittent en emportant avec eux leur quantité de mouvement. Le train, considéré comme un tout, possède une quantité de mouvement moindre qu'auparavant. D'autre part des voyageurs qui n'avaient aucune quantité de mouvement sont montés dans le train pendant qu'il passait devant eux, de sorte que, par ce fait, le train n'a rien gagné en quantité de mouvement, mais sa masse a augmenté. Lorsque la masse d'un corps augmente sans que sa quantité de mouvement s'accroisse, sa vitesse doit diminuer. Mais la descente du train d'un certain nombre de voyageurs n'a pour effet ni d'augmenter ni de diminuer la vitesse du train, à moins qu'en descendant ils ne lui donnent une secousse. S'ils sautent en avant, de manière à imprimer à eux-mêmes une vitesse supérieure à celle du train, celui-ci en sera un peu retardé, parce que les voyageurs gagneraient ainsi une certaine quantité de mouvement aux dépens de celle du train. S'ils sautaient en arrière, de manière à détruire, si cela était possible, tout leur mouvement en avant au moment où ils quittent le train, le mouvement de ce dernier en serait accéléré. Mais si nous supposons simplement qu'ils sautent perpendiculairement au train, de sorte qu'en subissant les conséquences du saut, ils quitteraient bien le train exactement avec la même vitesse qu'ils avaient auparavant, la quantité de mouvement diminuera parce que, tout en possédant la même vitesse, sa masse a diminué de celle des passagers qui sont descendus. Mais quant à ceux qui sont montés dans le train, s'ils sont montés perpendiculairement au train de manière à n'avoir aucune quantité de mouvement dans la direction des rails, ils diminueront nécessairement sa vitesse, parce qu'ils ne peuvent pas altérer sa quantité de mouvement, mais ils font varier sa masse, et, s'il montait dans le train un nombre de voyageurs assez grand pour augmenter sa masse tout d'un coup dans des proportions énormes, sa vitesse pourrait se réduire à une valeur aussi petite que l'on veut.

Poussons la comparaison un peu plus loin. Supposons que deux longs trains passent l'un à côté de l'autre et que des voyageurs passent de l'un dans l'autre et réciproquement. Il est évident que si cette opération pouvait être prolongée assez longtemps, elle finirait par détruire toute différence de vitesse entre les deux trains ; ce n'est que dans le cas où les deux vitesses seraient égales, que le passage réciproque des voyageurs de l'un des trains dans l'autre ne produirait aucune altération dans leur vitesse.

Cet exemple est facile à concevoir, et il nous aidera à comprendre une question qui, jusqu'à ces derniers temps, paraissait encore très obscure, notamment la manière dont un frottement peut se produire entre deux portions d'air ; comment deux courants, dont chacun est formé de particules détachées volant librement les unes entre les autres, peuvent produire le même effet que des solides frottant l'un contre l'autre. Il nous permet, dis-je, d'expliquer la cause du frottement dans les fluides, dans tous les cas dans les fluides gazeux, s'il ne permet pas tout-à-fait d'expliquer le frottement dans les liquides. Bien entendu, l'explication du frottement des solides repose sur de tout autres principes. Dans les conférences qui me restent encore à faire, j'aurai à vous expliquer le mouvement moléculaire produit dans les gaz par la chaleur, et je serai obligé de me reporter en partie à ce que je viens de vous exposer.

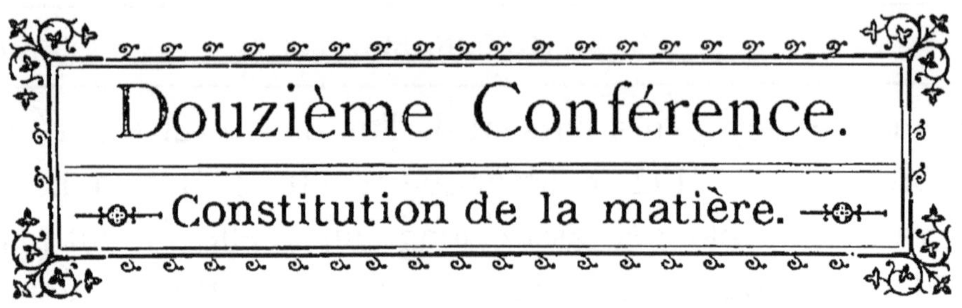

Douzième Conférence.

Constitution de la matière.

Limite de la divisibilité de la matière. Notions purement relatives représentées en physique par les mots *grand* et *petit*. Hypothèses diverses sur la constitution des corps. Atome solide. Centres de forces. Constitution continue, mais hétérogène. Atomes tourbillonnants. Digression sur le mouvement des tourbillons. Corpuscules de Lesage. Preuve de la structure grenue de la matière. Dimensions approchées des molécules, déduites de la dispersion de la lumière et du phénomène de l'électricité de contact.

Comme je vous l'ai promis dans ma dernière conférence, j'ai l'intention d'examiner aujourd'hui les résultats récents relatifs à la nature ultime ainsi qu'à la constitution de la matière. C'est là un problème qui occupa les intelligences des philosophes depuis les temps les plus reculés. Vous connaissez certainement tous quelques-unes des idées que Lucrèce ou d'autres ont émises sur cette question, que ces idées leur soient propres ou non. Même à présent, elles offrent encore quelqu'intérêt dans beaucoup de cas, mais, à une époque relativement moderne, ce genre de spéculations a conduit à des recherches plutôt métaphysiques que physiques. Au fond c'est une question de « oui » et de « non » pour la divisibilité infinie de la matière. Ce problème, si simple qu'il puisse paraître aux métaphysiciens, est encore aussi loin de nous, physiciens, qu'il l'était au temps de Lucrèce. Nous sommes un peu mieux renseignés sur la nature des particules ou molécules de la matière, mais quant à la question des atomes — c'est-à-dire, quant à savoir si, en continuant à diviser une portion de matière, nous arriverions finalement, après une suite d'opérations suffisamment prolongée, à des portions de matière qui ne seraient plus susceptibles d'une division ultérieure — c'est là une question dont la solution semble s'éloigner de nous très rapidement, à mesure que nous cherchons à nous en approcher.

Il y a une proposition qui sert de préliminaire à toutes les recherches de ce genre, et quoiqu'elle paraisse évidente à quiconque est digne du nom de mathématicien, elle n'est pas aussi évidente pour un esprit, même très subtil, s'il n'a pas quelqu'instruction mathématique. Cette proposition peut s'énoncer ainsi : *il n'y a pas de grandeur absolue, il n'y a que des grandeurs relatives.* Aux êtres humains les objets paraissent petits quand ils sont à peine visibles à l'œil nu, très petits quand, pour les rendre visibles, il faut avoir recours à un puissant miscroscope. La distance d'une étoile fixe à la terre, comparée à celle du soleil, est énorme ; mais, *au point de vue absolu,* on ne peut pas affirmer qu'une portion de matière, qui, dans le plus puissant de nos microscopes, nous paraît aussi petite que la plus éloignée des étoiles dans un télescope, ne soit pas aussi complexe dans sa structure que cette étoile, même si elle dépassait en grandeur notre soleil.

Rien n'est moins scientifique que d'affirmer (à l'instar des écrivains quasi-scientifiques de nos jours) que, lorsque la science aura réalisé ses derniers grands progrès, nous serons plus près d'une conception de la nature intime de la matière. L'ignorance pure peut seule affirmer qu'il peut y avoir une limite à la somme des connaissances que les êtres humains peuvent acquérir avec le temps sur la constitution de la matière. Aussi loin que nous puissions avancer, il y aura toujours devant nous quelque chose qu'il faudra attaquer de nouveau. Les petites particules séparées de gaz sont, chacune, sans doute, moins complexes dans leur structure que tout l'univers visible ; mais c'est là une comparaison de deux *infinis*. Rappelez-vous ce que je viens de vous dire et évitez la science populaire qui est d'autant plus pernicieuse, que les ignorants qui la propagent sont très prétentieux.

Je commencerai par un exposé sommaire de deux ou trois opinions plausibles ou justifiables qui ont été émises par différents philosophes sur la constitution intime de la matière. La première dont j'ai à vous parler, repose sur la notion de l'atome parfaitement solide. On la rencontre, non seulement un peu avant Lucrèce, mais aussi à toutes les époques postérieures, même dans les travaux de Newton. Nous le voyons se livrer à des spéculations sur cette question, à propos de sa tentative infructueuse d'expliquer ce fait extraordinaire que la vitesse du son, calculée par des procédés mathématiques très exacts, se trouvait être d'un neuvième plus petite que sa valeur réelle. Newton suggère cette idée que les particules d'air pourraient bien être de petits corps sphériques solides, qui à la pression atmosphérique ordinaire seraient l'un de l'autre à une distance égale à neuf fois leur diamètre, et, alors, dit-il, le son pourrait se propager instantanément à travers ces atomes, ou particules solides d'air, mais, entre chaque couple de particules, il se propage avec la vitesse calculée. C'est là sans doute une idée très ingénieuse qui lui permit de vaincre la difficulté ; en effet, elle revient à réduire l'espace que le son a à parcourir aux $\frac{9}{10}$ de l'espace réel. Il avait donc ainsi le moyen d'ajouter $\frac{1}{9}$ à la vitesse calculée du son. En fait, cela revient à faire parcourir au son, pendant un temps donné, $\frac{1}{9}$ de l'espace en plus de celui que donnent les calculs mathématiques. Malheureusement pour cette explication, elle suppose que le son se déplace plus vite dans l'air dense que dans l'air raréfié à la même température. Or, ceci est incompatible avec les résultats des mesures directes.

L'explication véritable de cette différence entre la vitesse vraie du son et celle qui résulte des calculs de Newton, a été donnée par Laplace. Il a montré que, pendant le passage d'une onde sonore à travers l'air, les compressions et les dilatations alternatives se produisent si brusquement, que l'air n'a pas le temps d'abandonner la chaleur engendrée par la compression, ou de regagner la perte de température subie par la dilatation. Par suite la force élastique de l'air s'accroît plus que s'il était comprimé à la température constante, et elle diminue aussi plus qu'elle ne le ferait si on dilatait l'air en maintenant sa température invariable. D'après ce que je vous ai dit dans ma 5e conférence, les compressions et les dilatations qui accompagnent la propagation du son ont lieu suivant une courbe adialatique. Il a été trouvé que la quantité de chaleur dégagée dans la compression, ou celle qui est absorbée par la dilatation, est exactement suffisante pour rendre compte de ce neuvième de la vitesse, qui manquait à Newton. De sorte que, malgré l'autorité de Newton à l'appui de l'hypothèse des particules solides, dans lesquelles le son ou un autre mouvement se propagerait instantanément, la raison pour laquelle il l'a introduite est, comme nous voyons, insuffisante pour la justifier ; nous retombons donc dans notre première difficulté.

Il y a cependant un point qu'il est bon de noter avant d'abandonner ces spéculations de Newton. Si les particules de matière sont de petits atomes solides dont les dimensions sont dans un rapport fini quelconque avec les distances qui les séparent, la compressibilité de tout corps doit avoir une limite. Par exemple, si l'idée de Newton est exacte, si les particules d'air ont, à la pression atmosphérique ordinaire, un diamètre égal environ au neuvième de leur distance réciproque (c'est-à-dire au neuvième de la distance des deux centres), il est évident qu'en comprimant une masse d'air également suivant les 3 dimensions, de manière à les réduire au dixième de leurs valeurs primitives, on amènerait les particules des différentes couches en contact les unes avec les autres. Cela veut dire que, lorsqu'une masse d'air prise à la pression atmosphérique ordinaire, est comprimée et amenée au 1/1000 de son volume primitif, les particules sont en contact les unes avec les autres, comme les boulets de canon disposés en piles ; et comme, d'après l'hypothèse de Newton, ces particules sont infiniment dures, il serait impossible de comprimer la masse davantage. L'air ne pourrait donc pas être réduit par compression à un volume inférieur au millième de celui qu'il occupe à la pression et à la température ordinaires (1).

Or, nous savons que l'air a été comprimé par Natterer et par d'autres bien au delà de cette limite ; donc, à ce point de vue encore, l'explication ou l'idée de Newton ne saurait être soutenue. Toutefois, il est évident que s'il y a de petites particules infiniment solides, comme les atomes, elles doivent dans tous les corps se trouver à une certaine distance les unes des autres,

(1) Ceci suppose les particules disposées dans un ordre cubique, de sorte que chacune n'est en contact qu'avec 6 autres. Mais elles pourraient être serrées davantage, si on dispose chaque groupe de 3 sphères suivant un ordre triangulaire, en sorte que chacune d'elles soit en contact avec 12 autres. Dans ce cas la densité serait plus grande que dans le premier cas, dans le rapport de $\sqrt{2}$ à 1. De cette manière le groupe de particules sphériques de Newton pourrait être comprimé et réduit à 1|1414 partie de l'espace qu'elles occupaient primitivement (Proc. R. S. E. Février 1862). Ceci, du reste, n'enfreint par les remarques précédentes.

car aussi loin que l'expérience nous a guidés, nous avons pu nous assurer qu'il n'y a pas de portion de matière qui ne puisse être comprimée davantage par une pression suffisamment grande, et, bien entendu, la compression d'un groupe de particules infiniment solides doit supposer nécessairement l'existence d'interstices entre elles, afin qu'elles puissent être plus rapprochées.

Une autre école de philosophes et d'expérimentateurs, reculant devant la notion d'atomes solides, a admis l'idée suivante. Tout ce que nous savons des atomes peut s'expliquer très bien, si nous abandonnons complètement la notion d'atome—si nous laissons de côté toute idée de matière dans le sens ordinaire de ce mot. Admettons simplement l'existence d'un centre de force — une de ces fictions mathématiques auxquelles nous sommes habitués par nos livres. Supposons qu'à la place de l'atome, il y ait un simple point géométrique qui puisse exercer des forces répulsives et attractives ; ou mieux, supposons que de telles forces partent d'un certain point ou tendent vers lui, mais qu'en ce point même, il n'y ait rien excepté une masse — qui s'y trouve d'une certaine manière inexpliquée. Ce point se comporterait vis-à-vis des corps extérieurs tout-à-fait comme un atome. Mais ici nous rencontrons une autre difficulté très grande — celle d'expliquer l'inertie. Cette hypothèse a été adoptée et développée en détail par Boscovich et, jusqu'à une certaine limite, elle a été adoptée plus récemment par Faraday. Elle repose, comme je vous ai dit dès le début, sur une fiction purement mathématique, qui souvent est extrêmement commode dans certaines recherches physico-mathématiques relatives aux phénomènes qui ont lieu à l'intérieur des corps dans leurs différents états : solide, liquide et gazeux.

Il y a encore une troisième idée d'après laquelle la matière d'un corps quelconque, aux endroits où il ne contient pas de pores dans le genre de ceux d'une éponge (qui, bien entendu, n'occupent pas tout l'espace limité par son contour), remplit l'espace d'une manière continue mais très hétérogène. Si, même dans un corps tel qu'une éponge, nous prenons une portion très petite, afin qu'elle ne contienne pas de pores, une telle portion, d'après cette idée, sera continue mais très hétérogène.

Pour rendre cette idée plus claire, essayons de l'amplifier : appliquons-la sur une échelle plus grande. Supposons une masse énorme, comme une pyramide, par exemple, ou comme toute la terre, construite avec des briques et du mortier, ou mieux, supposons une énorme masse de moellons, faite avec des pierres irrégulières dont les interstices seraient remplis de mortier. Ou bien prenons un corps de dimensions intermédiaires, supposons la lune construite avec des matériaux de ce genre. Vue dans les plus puissants de nos télescopes, elle paraîtrait très homogène dans sa texture. Il nous serait impossible de remarquer son hétérogénéité, le passage des briques au mortier ou des pierres au mortier, à moins que nous puissions améliorer nos télescopes en sorte que leur grossissement soit augmenté dans des proportions tellement énormes, qu'à présent nous ne pouvons même pas l'espérer. Et tant que nous ne pourrons pas obtenir une tranquillité dans l'air, infiniment supérieure à celle qui ait jamais été notée par les astronomes (même quand, d'après l'idée de Newton, ils ont fait des observations du sommet des montagnes), encore que nous possédions le pouvoir optique énorme qui est nécessaire, celui-ci serait incapable de nous montrer que la lune n'est pas homogène dans toute sa masse, et qu'examinée de plus près elle est très hétérogène.

Eh bien, ce que la lune nous offre à la distance de 240.000 milles (384.000 kilom.) — distance énorme à un certain point de vue, mais très petite en comparaison d'autres distances, même dans le système solaire — une simple goutte d'eau nous l'offre d'une manière tout-à-fait analogue. La difficulté n'est pas sa distance, mais la petitesse de son hétérogénéïté que nous voulons évaluer. Aucun microscope, si grossissant qu'il soit, ne pourrait nous révéler la moindre hétérogénéïté dans une quantité d'eau, et cependant elle doit exister, mais elle est si faible que sa grandeur est tout-à-fait inconcevable, je vous en donnerai bientôt plusieurs preuves.

Toutefois, comme en ce moment je ne fais que classer les différentes hypothèses, les plus plausibles, sur la constitution intime de la matière, je laisserai pour un moment de côté tous les exemples.

Enfin la seule hypothèse que j'aie encore à vous citer est celle qui a été récemment émise par sir W. Thomson. D'après lui, ce que nous appelons matière ne serait en réalité que des portions tournantes de quelque chose qui remplit tout l'espace, c'est-à-dire un mouvement tourbillonnant d'un fluide répandu partout.

Les propriétés particulières du mouvement tourbillonnant ont été établies pour la première fois, à l'aide d'une analyse mathématique, par M. Helmholtz (1), il y a une quinzaine d'années seulement. Il publia alors une des plus belles recherches où il posa la base d'une branche d'hydrocinétique, que jusqu'alors les mathématiciens n'avaient pas abordée à cause des difficultés qu'elle offrait.

En ce qui concerne le mouvement d'un liquide parfait, incompressible, M. Helmholtz a établi un grand nombre de propositions excessivement intéressantes et toutes nouvelles, et c'est sur ces propositions que sir W. Thomson a fondé son idée d'atomes tourbillonnants.

Il est nécessaire que je vous donne un exposé très succinct des résultats de M. Helmholtz, afin que vous puissiez suivre plus facilement l'explication de l'idée de sir W. Thomson ; et je le fais avec d'autant plus d'empressement, que cette idée est, ou au moins me

(1) Journal de Crelle, 1857.

paraît être, la plus féconde en conséquences de toutes les hypothèses qui aient été émises sur la nature intime de la matière.

En particulier, elle nous donne au moins une explication apparente de ce fait extraordinaire, que chaque atome d'une substance quelconque, en quelque lieu que nous le trouvions — sur la terre, sur le soleil, dans les météorites qui nous arrivent des espaces cosmiques, ou dans les étoiles ou nébuleuses les plus éloignées — possède exactement les mêmes propriétés physiques. Nous sommes si convaincus par l'expérience et l'observation, qu'une particule d'hydrogène dans la nébuleuse la plus éloignée dans le système stellaire le plus écarté de nous, vibre (quand elle est chauffée) exactement d'après les mêmes modes fondamentaux, d'après les mêmes périodes, que dans un tube de Geissler dans nos laboratoires, qu'une exception *apparente* à ce principe, comme nous avons vu, nous sert même de point de départ dans nos recherches sur le mouvement relatif de ces corps par rapport à la terre, et dans certains cas, elle peut nous fournir une méthode inappréciable pour évaluer leurs distances réelles de la terre.

Comme exemple préliminaire, je vous montrerai la formation d'un anneau tourbillonnant circulaire; je vous indiquerai une ou deux de ses propriétés les plus importantes, et nous passerons très rapidement sur l'appareil qui sert à le produire.

Comme vous voyez, l'appareil est fort simple : c'est

une caisse de bois, ayant à l'un de ses côtés une large ouverture circulaire, et dont le côté opposé a été enlevé et remplacé par une serviette fortement tendue. Afin de rendre visible l'air chassé de la caïsse, on la charge d'abord de gaz ammoniac en arrosant le fond avec une dissolution ammoniacale. On a ainsi introduit dans la boîte une certaine quantité de gaz ammoniac qu'on rend visible en y ajoutant du gaz chlorhydrique. Pour cela on place dans la caisse une soucoupe contenant du sel marin sur lequel on a versé un peu d'acide sulfurique du commerce. Ces deux gaz se combinent et forment du sel ammoniac solide ; de cette manière le gaz visible qui s'échappe de la boîte, est formé de particules de sel ammoniac, particules tellement petites qu'elles restent suspendues dans l'aïr comme la fumée à cause du frottement du liquide. Regardez maintenant l'effet d'une poussée brusque de l'air produite du côté de la boîte, opposé à l'ouverture. Vous voyez un anneau circulaire tourner et se déplacer librement dans la salle comme si c'était un corps solide indépendant.

Je vais maintenant essayer de vous montrer l'effet de l'un des anneaux tournant sur un autre, comme je l'ai fait voir à M. Thomson, ce qui lui suggéra immédiatement sa théorie. Remarquez que, lorsque deux anneaux tournants se choquent l'un contre l'autre, ils se comportent comme deux anneaux solides élastiques. Ils vibrent très rapidement après le choc, comme s'ils étaient faits de caoutchouc. Il est facile, comme vous voyez, d'imprimer à l'anneau une vibration de ce genre sans choc contre un autre. Il suffit pour cela de remplacer l'ouverture circulaire dont nous nous sommes servis, par une autre, elliptique ou même carrée. La circonférence du cercle est la forme d'équilibre du tourbillon simple, en sorte que, si l'on donne au tourbillon une forme qui n'est pas circulaire, il vibre autour de la forme circulaire comme autour d'une position d'équilibre stable. Une autre expérience curieuse consiste, comme vous voyez, à faire passer un anneau *à travers* un autre. M. Helmholtz montre théoriquement que,

lorsque deux anneaux se déplacent de manière que leurs centres restent sur une même ligne et que leurs plans soient perpendiculaires à cette ligne, alors : 1°, si tous les deux suivent la même direction, celui qui est en arrière se meut plus vite, pendant que celui qui est en avant se dilate et se meut plus lentement, de sorte qu'ils passent alternativement l'un à travers l'autre ; 2°, s'ils sont égaux et suivent des directions contraires, tous les deux se dilatent indéfiniment, et se déplacent de plus en plus lentement sans jamais s'atteindre.

En fait, l'un se comporte vis-à-vis de l'autre comme son image réfléchie dans un miroir plan. Et vous voyez en ce moment ce qui se passe lorsqu'un anneau tournant vient à se heurter directement contre une surface plane solide.

Le premier anneau tournant que vous avez vu traverser la salle, contient précisément cette portion particulière de l'air mélangé de poudre de sel ammoniac, qui a été expulsée de la caisse par le premier coup de soufflet. Ce n'était pas seulement de la poudre de sel ammoniac qui traversait l'air, mais une certaine portion définie d'air plein de fumée, si nous pouvons nous exprimer ainsi, de l'intérieur de cette caisse. Cet air, en vertu de son mouvement tourbillonnant, est devenu, pour ainsi dire, une substance différente de l'air ambiant et se déplace à travers ce dernier tout-à-fait comme un corps solide.

D'après les résultats des recherches de M. Helmholtz, si l'air était un fluide parfait, c'est-à-dire si, dans l'air, il n'y avait pas ce frottement propre à tous les fluides, cet anneau tournant continuerait son mouvement indéfiniment (1). Bien plus, la portion du fluide qui contenait la fumée, qui était, pour ainsi dire, marquée par la fumée, resterait toujours formée des mêmes particules de fluide, pendant qu'elle se déplacerait à

(1) Bien entendu, dans l'air, le frottement propre aux fluides, qui dépend de la diffusion, empêche ce phénomène de se produire. Mais, dans l'expérience, ces causes n'avaient pas sensiblement altéré l'anneau (de six ou huit pouces de diamètre) pendant les premiers 20 pieds de son trajet.

travers le reste de l'air. En sorte que les particules qui seraient marquées par la fumée, seraient, par le fait de leur rotation distincte, séparées de toutes les autres particules d'air de la salle, et par aucun procédé, excepté par l'intervention d'un pouvoir créateur, on ne pourrait les forcer à s'unir avec le fluide de la salle.

A mon avis, ce point est un des phénomènes les plus frappants qui servent de base à l'idée d'atomes tourbillonnants. Si nous avions un fluide parfait, il nous serait impossible d'y produire des anneaux tournants, et si un tel anneau y existait, il nous serait impossible de le détruire. Aucun des procédés que nous possédons ne nous permettrait de créer un anneau ou de le détruire, car, pour y arriver, le frottement des fluides est essentiellement nécessaire. Or, dans un fluide parfait, d'après sa définition même, il ne doit pas y avoir de frottement.

De cette manière, en admettant l'hypothèse de sir W. Thomson, et en supposant, d'après cette hypothèse, l'univers rempli de quelque chose que nous n'avons pas le droit d'appeler matière ordinaire (quoiqu'elle possède de l'inertie), mais que nous pouvons appeler fluide parfait : si, à des portions quelconques de ce fluide, on a imprimé un mouvement tourbillonnant, elles garderont éternellement ce mouvement. Elles ne peuvent pas l'abandonner, elles le garderont toujours comme un caractère distinctif, ou au moins jusqu'à ce que l'action créatrice qui l'a produit, le leur enlève de nouveau. *Ainsi cette propriété de rotation peut être la base de tout ce qui frappe nos sens comme de la matière.*

Parmi les propriétés que, d'après M. Helmholtz, un filament tourbillonnant doit posséder, il faut noter d'abord celle-ci : chaque section transversaledu filament est animée d'un mouvement de rotation. Un filament tourbillonnant peut avoir une infinité de formes, à côté de la forme simple que je viens de vous montrer. Malheureusement il nous est impossible de former, même avec un fluide imparfait, comme l'air ou l'eau, un filament tourbillonnant d'un caractère plus compliqué que celui d'une simple circonférence de cercle. Théoriquement un filament tourbillonnant peut exister avec un nombre quelconque de nœuds et de spires à travers les nœuds ; mais pratiquement nous ne pouvons pas imaginer un appareil qui permette à l'air, plein de fumée, de s'échapper sous la forme d'un tel tourbillon noué. Si nous pouvions imaginer l'appareil nécessaire et produire ainsi le tourbillon offrant des nœuds, alors, tant que le frottement de l'air ne serait pas sérieusement mis en jeu, le tourbillon garderait sa forme, aussi bien que le tourbillon circulaire que j'ai chassé de la boîte ; bien plus, il posséderait la même élasticité par rapport à une forme d'équilibre défini, comme les tourbillons circulaires en possèdent : vous avez eu l'occasion de le constater. Non seulement ils maintenaient toujours la portion de l'air dans un état de tourbillon, mais ils avaient aussi une forme définie, en vertu de laquelle elles possédaient de l'élasticité, en sorte que, lorsque la forme était altérée, pendant un moment, par un choc brusque entre deux tourbillons, chacun oscillait autour de sa forme définie, à laquelle il finissait par retourner.

Dans un tel anneau tournant (comme vous comprendrez aisément, si vous vous rappelez la manière dont il sortit de l'ouverture circulaire de la boîte), le mouvement des particules d'air s'effectue ainsi : supposons que l'anneau avance vers vous, alors chaque portion de l'air du côté interne marche en avant, et chaque portion du côté externe marche en arrière, de sorte que le tout tourne autour de la ligne circulaire passant au milieu de l'anneau (lieu des centres des méridiennes du tore). Tout l'air est en mouvement autour de cette ligne suivant une loi simple, que toutefois je ne pourrais vous expliquer sans calculs — excepté dans le cas particulier de l'air entouré par l'anneau et qui se déplace plus vite que l'anneau lui-même.

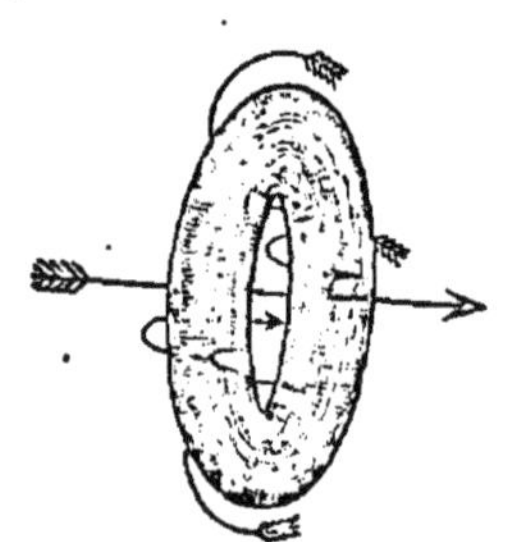

Après la conférence, j'offrirai, à ceux d'entre vous qui le désireraient, l'occasion de s'en convaincre eux-mêmes. Chacun de vous verra qu'en se plaçant de manière à avoir sa face sur le trajet de l'un de ces anneaux tournants, il n'aura aucune sensation avant que l'anneau ne soit presque en contact avec lui, et au moment où l'anneau vous arrivera contre la face, vous sentirez un souffle brusque d'un courant d'air traversant le centre de l'anneau. Donc cet anneau tourbillonnant, non seulement contient des éléments tournants qui, par là, sont complètement distincts des autres éléments du fluide, mais est encore associé à d'autres mouvements qui ont lieu dans le reste de l'air et en particulier à un courant d'air rapide qui avance à travers son centre dans la direction de son propre mouvement.

M. Helmholtz a montré que, si des filaments tournants existent dans un milieu continu, il doit se produire l'une des deux choses suivantes : ou bien ils ont la forme d'anneaux, c'est-à-dire qu'ils sont sans fin et qu'après un nombre quelconque de nœuds et d'enlacements les bouts se réunissent, ou bien les bouts libres se trouvent dans la surface de séparation des deux milieux. Eh bien, vous pouvez former facilement un demi-anneau tournant. Je dirai même que beaucoup d'entre vous ont vu ce phénomène plus d'une fois sans s'en rendre compte. Vous avez certainement tous remarqué que, lorsqu'après avoir promené une petite cuiller à la surface d'une tasse de thé, vous retirez la cuiller du liquide, il y a un couple de petits tourbillons qui se promènent dans le thé en tournant dans des directions opposées, et tous les deux avancent (avec leurs côtés en regard) dans la direction de l'endroit où la cuiller a été retirée. Ces deux petits tourbillons sont simplements les extrémités d'un demi-anneau tournant. Dans ce cas, il peut y avoir des extrémités, parce que les deux extrémités se trouvent dans la surface libre du liquide. Un anneau tourbillonnant ne peut pas avoir d'extrémités : il doit être un anneau ou un nœud sans fin, à moins que les deux extrémités ne soient dans la surface libre du liquide. Et, si nous adoptons, avec M. Thomson, l'idée d'un fluide parfait remplissant l'espace infini, tous les anneaux tourbillonnants, et par suite tous les atomes de matière, doivent être nécessairement sans fin ; c'est-à-dire que leurs bouts doivent être réunis après un nombre quelconque d'enlacements et de nœuds.

En second lieu, M. Helmholtz fait voir — bien que cela soit compris dans ce que nous avons déjà vu — qu'un tel anneau est indivisible : il est impossible de le couper. De sorte que, si vous voulez, vous pouvez essayer de le couper avec la lame la plus fine, vous n'y parviendrez pas : l'anneau s'éloigne simplement du couteau ou tourne autour de lui, et, dans ce sens, il est un atome. C'est une chose qui ne peut être coupée ; non que vous ne puissiez le couper, mais vous ne pouvez pas parvenir à essayer de le couper.

Cette idée d'atomes tourbillonnants nous permet d'expliquer beaucoup de propriétés de la matière ; malheureusement elle nous conduit à une série de difficultés mathématiques (peut-être devrais-je plutôt dire heureusement) d'un ordre incomparablement supérieur à celles que nous offrent toutes les autres hypothèses sur la nature de la matière (au moins au début).

Le fait est que le travail de M. Helmholtz, publié il y a 15 ans, était la première tentative de s'avancer notablement dans le sujet vaste et difficile de l'hydrocynétique, sans faire préalablement l'hypothèse que le mouvement pourrait en partie ne pas être rotatoire.

Le problème du mouvement tournant des fluides est si rebutant, au point de vue purement mathématique, que personne ne l'avait jamais abordé sérieusement avant que M. Helmholtz n'eût donné ces propositions fondamentales. Si belles qu'elles soient, elles ne sont qu'un premier pas. En effet, rechercher ce qui se passe lorsqu'un atome tourbillonnant circulaire se heurte contre un autre et lorsque le mouvement n'est pas symétrique autour d'un axe, est un problème qui peut occuper pendant toute la vie une ou deux générations des meilleurs mathématiciens de l'Europe ; à moins que, pendant ce temps, une méthode mathématique bien plus puissante que celles dont nous disposons actuellement, ne soit imaginée dans le but de résoudre ce problème spécial. Sans doute, il y a là une difficulté formidable, mais c'est la seule qui, pour le moment, semble arrêter le développement de cette belle idée, et c'est l'affaire des mathématiciens de vaincre des difficultés de ce genre. Mais il y a encore une autre difficulté. En général, les atomes tourbillonnants, lorsqu'ils se trouvent à des distances modérées les uns des autres, ne manifestent rien qui puisse faire supposer une attraction mutuelle. Ce résultat peut être établi grâce aux progrès modernes réalisés dans les mathématiques. Comment cette théorie pourrait-elle expliquer la gravitation universelle ? La théorie des atomes tourbillonnants, même si elle était complète en elle-même, devrait être rejetée, s'il était prouvé qu'elle est incapable d'expliquer cette grande loi de la nature, d'après laquelle chaque particule ou atome de l'univers attire tout autre atome proportionnellement à leurs masses et en raison inverse du carré de leur distance. Eh bien, la seule explication plausible de la pesanteur qui ait été proposée, est celle de Lesage de Genève, qui l'a donnée au commencement de ce siècle. Il a montré que la gravitation universelle pourrait s'expliquer en admettant, ce qui n'est pas improbable, qu'à côté des grosses particules de matière (j'aimerais peut-être mieux dire des particules de grosse matière, mais vous verrez que le terme de grosses particules de matière intervient d'une manière spéciale dans l'hypothèse qui nous occupe), à côté donc des grosses particules de matière, qui sont les atomes tangibles de la matière sensible, si grand que soit leur nombre, il y a une quantité infiniment plus grande d'atomes bien plus petits qui s'élancent dans toutes les directions avec des vitesses énormes. Lesage a montré que, s'il en était ainsi, les effets de leurs chocs contre les plus grandes particules de matière seraient de placer chaque couple de particules dans les mêmes conditions que s'ils s'attiraient mutuellement suivant la loi de la pesanteur. Lorsque deux de ces particules sont placées à une certaine distance l'une de l'autre, chacune protége l'autre d'une partie de l'ondée qui le bombarderait autrement. Si vous n'aviez qu'une seule particule, elle serait bombardée également de tous les côtés. Mais si, en présence de cette particule, vous en avez une autre, celle-ci protégera la première jusqu'à une certaine limite dans la direction de la droite qui les joint ; et la première, à son tour, protége la seconde, en sorte que, finalement, chacune des deux particules sera bombardée du côté opposé à sa voisine bien plus que sur le côté en regard. Par suite, l'excès de bombardement des côtés extérieurs sur celui des côtés inférieurs tendra à mettre les deux particules en contact. Maintenant il est facile d'établir par le calcul que ce résultat est équivalent à une attraction en raison inverse du carré de la distance ; c'est donc d'accord avec la loi de la gravitation universelle. Mais il faut encore supposer que les *masses* de matière ont la forme de cages, en sorte qu'il passe à travers un nombre de molécules bien plus grand qu'il ne s'en heurte contre elles ; autrement l'attraction de deux corps ne serait pas proportionnelle au produit de leurs masses.

Cette hypothèse supplémentaire exige que la théorie de Thomson puisse expliquer la source de l'énergie de ces plus petites particules, qui doivent être des tourbillons plus petits. Cette explication n'est pas encore fournie, quoique la théorie ait fait certains progrès. Après quelque développement ultérieur, on pourra peut-être dire que cette théorie a passé les premières épreuves, et, si elle est admise comme possible, il faudra laisser au temps et aux mathématiciens le soin de décider si elle explique réellement tous les faits trouvés par l'expérience. S'il en est ainsi et si, en outre, elle nous permet de prédire d'autres phénomènes qui, à leur tour, seront vérifiés expérimentalement, elle aura acquis tous les droits à notre confiance qu'une théorie physique peut avoir.

Quoique la question de l'existence ou de la non-existence des atomes ne soit pas encore résolue, nous pouvons, dans tous les cas, établir, à l'aide de la chimie, un fait d'une immense importance pour la question bien plus simple de l'hétérogénéité, dont je vous ai parlé un peu plus haut.

Prenons l'eau, qui est la plus commune des substances. Nous savons qu'une goutte d'eau peut être divisée et redivisée, et qu'on peut pousser cette division très loin. Que la goutte puisse être divisible jusqu'à l'infini ou non, nous ne le savons pas; mais ce que nous savons, c'est qu'elle ne peut être soumise qu'à un nombre limité de divisions ; passé cette limite, les parties séparées ne sont plus semblables comme les portions d'un entier. A l'aide d'une pile galvanique, nous pouvons décomposer l'eau en ses éléments gazeux. Ceci montre immédiatement qu'il doit y avoir une limite à la division d'une goutte d'eau — un point qu'on ne peut pas dépasser sans produire autre chose que de l'eau. La goutte doit être susceptible d'une division finie, quoique excessivement minutieuse, en parties presqu'égales et semblables les unes aux autres, mais si petites que si l'une de ces parties était encore divisée, les moitiés ou les parties ne seraient plus semblables. Arrivée à une certaine limite, la similitude disparaîtrait nécessairement, mais à une limite bien au-delà de celle qu'un microscope peut nous faire voir. Finalement on doit atteindre un état de division où une séparation ultérieure transformerait chaque particule en quelque chose d'autre que de l'eau — où on enlèverait une partie de l'oxygène ou une partie de l'hydrogène à une des portions, en laissant à l'autre trop de l'un des éléments et trop peu de l'autre.

Une fois arrivés à ce point, nous serions parvenus à ce que nous pourrions appeler les éléments de la structure grenue du total. Sans faire aucune hypothèse sur les atomes, il est évident que ces grains existent et que nous pouvons les atteindre bien avant d'atteindre les atomes. Nous ne savons pas encore si l'oxygène et l'hydrogène sont composés d'atomes ou non. Mais nous pouvons affirmer que l'eau ou toute autre substance composée est formée de parties ultimes — ultimes dans ce sens, que si vous les soumettez à une division ultérieure, elles cessent d'être des parties de cette substance.

Prenons de ces parties semblables de la substance, un nombre suffisant pour en former une masse. Soumettons chacune des particules aux opérations qui la rendent différente de ce qu'elle était auparavant, en lui enlevant une partie de ses éléments constitutifs, — et mélangeons-les de nouveau ensemble ; — nous n'aurons plus la substance primitive. Nous obtiendrions autre chose, en admettant qu'on obtienne un composé chimique stable et non un simple mélange. Cela montre donc que, sans aller jusqu'à l'infini, nous pouvons arriver à un point où l'hétérogénéité commence à s'introduire.

Il est très important pour la science de déterminer à quel moment commence l'hétérogénéité. Prenons le premier exemple que je vous ai donné ; supposons la lune construite comme un mur de pierres et de mortier ; en combien de pièces devrait-on la briser pour que ces dernières ne fussent plus, en moyenne, semblables entre elles ? Une pièce massive de maçonnerie, grande comme cette salle, pourrait à peine être distinguée d'une autre pièce de maçonnerie de même dimension, si, dans chacune, les briques étaient disposées dans le même ordre et si le mortier avait dans les deux la même épaisseur. Une fraction de brique pourrait dépasser plus d'un côté que de l'autre, ou il y aurait quelque autre différence de ce genre, mais, en somme, une masse de maçonnerie de mêmes dimensions, c'est-à-dire une masse dont les dimensions, par rapport à celles de chaque brique, seraient très considérables, pourrait être considérée comme pratiquement homogène, ou, dans tous les cas, comme directement comparable à une autre pièce des mêmes matériaux et de mêmes dimensions. Mais si nous pouvions briser la masse, après que le mortier est devenu aussi solide que les briques, en fragments formant environ le dixième des briques primitives — nous aurions alors des pièces tout-à-fait distinctes : l'une serait formée entièrement de mortier, une autre entièrement de brique, et une troisième en partie de brique et en partie de mortier. C'est alors qu'on aurait obtenu une hétérogénéité, et une hétérogénéité bien marquée, car deux parties peuvent n'avoir rien de commun, l'une étant entièrement en mortier, l'autre entièrement en brique, quoique toutes les deux soient prises dans la même masse solide, et autant que possible dans la même portion et le même volume.

Il est donc évident qu'il y a là une recherche très importante à faire. Il s'agit de savoir à quelle limite commence l'hétérogénéité et si elle est déjà à notre portée, jusqu'à un certain point. La question n'est pas encore résolue d'une manière définitive, mais certains auteurs en ont donné des solutions approchées en partant de points de vue différents. Loschmidt fut, je crois, le premier qui en a donné une évaluation approchée. D'autres en ont fourni depuis (qui s'accordent très approximativement avec la sienne) en partant du même point de vue; et, tout récemment, sir W. Thomson nous a donné non seulement une évaluation numérique reposant sur le même principe, mais, à côté de cela, il en a donné trois autres, reposant sur des principes et des raisonnements tout-à-fait différents, et ces évaluations s'accordent entre elles et avec les résultats plus anciens, au moins aussi bien qu'on peut le désirer au début d'une nouvelle recherche.

C'est là une des découvertes modernes les plus importantes, et je ne m'excuse pas de m'étendre longuement sur les différents arguments, sur les expériences qui leur servent de base, et sur les résultats auxquels ils nous conduisent.

Je prendrai donc d'abord une preuve qui repose sur une recherche dont la vraie valeur a pu à peine être comprise à l'époque où elle a été publiée. La recherche en question a été publiée bien avant la période de temps que mes conférences embrassent. C'est un travail du grand mathématicien français Cauchy sur le mouvement de la lumière dans les solides et les liquides. Il y montre que pour rendre compte de ce qu'on appelle dispersion — c'est-à-dire du phénomène fondamental découvert par Newton, de le décomposition de la lumière blanche par la réfraction, — il est absolument nécessaire, au moins dans son hypothèse, de tenir compte de l'effet de la distance entre les particules de matière (en admettant qu'il y ait des particules) sur le mouvement du milieu luminifère. Il montre que la séparation des couleurs de la lumière blanche ne peut avoir lieu que si les distances entre les particules de la substance dans laquelle la lumière se propage, sont comparables à la longueur d'onde de la lumière, ou, au moins, si cette distance n'est pas infiniment petite par rapport à cette longueur d'onde.

Ainsi, à notre point de vue moderne, le résultat de Cauchy nous montre simplement que la matière ne peut pas être homogène. Si la matière était absolument homogène, il pourrait y avoir réfraction, mais il n'y aurait pas de dispersion. Toutes les espèces de lumières se propageraient dans le verre avec la même vitesse, comme elles se propagent dans l'air extérieur. Par conséquent, le simple fait que les différentes espèces de lumière peuvent être séparées les unes des autres par le passage à travers un prisme, nous fait au moins supposer que la matière du prisme est hétérogène, et que la grandeur des dernières parties hétérogènes ne dépasse pas la longueur d'onde de l'une des lumières que cette hétérogénéité nous permet de séparer.

Prenez cet argument pour ce qu'il vaut, il nous donne au moins une approximation des dimensions des éléments de la structure grenue. En effet, la longueur moyenne d'une onde de lumière visible est environ $0^{mm},0005$ ou $0^{mm},0006$. Mais les dimensions des grains intégrants de la matière sont propablement inférieures à la longueur d'onde. Autrement, la dispersion, dans l'hypothèse de Cauchy, serait bien plus considérable que nous ne la trouvons. Cependant nous ne pouvons pas supposer qu'elle soit de beaucoup inférieure à la dix-millième partie de la longueur d'onde de la lumière.

Cela veut dire que, sur le trajet qu'embrasse l'une de ces ondes lumineuses, dont la longueur est d'environ $0^{mm},0006$ ou 1/1650 de millim., il ne peut y avoir plus de 10.000 alternations de brique à mortier, pour ainsi dire, et de nouveau de mortier à brique. Par suite, en prenant comme facteurs 10.000 et 1650, nous pouvons dire que, dans un millimètre, cette hétérogénéité ou cette alternation — appelez-la comme vous voudrez — de molécules et d'intervalles, ne peut se produire plus souvent que 16.500.000 fois. 16.500.000 par millimètre seraient donc la première approximation, très grossière, de la valeur de l'hétérogénéité ou de la structure grenue de la matière.

La preuve suivante de l'hétérogénéité de la matière est peut-être celle qui se place à côté de la preuve de Cauchy, au point de vue de la simplicité de l'explication, quoiqu'elle ne vienne pas immédiatement après dans l'ordre chronologique. Elle repose sur ce qu'on appelle électricité de contact des différents métaux.

Je vais d'abord vous montrer, au moyen de l'un des électromètres de M. Thomson, l'expérience fondamentale de l'électricité de contact. Je fais ainsi parce que cette expérience, bien connue au temps de Volta, a été toujours contestée depuis, et, à l'heure actuelle, elle n'est admise comme vraie que par un nombre relativement petit de physiciens. Voici l'électromètre, un de ces instruments auxquels j'ai fait allusion dans ma conférence d'ouverture, dont l'invention a été provoquée par les besoins pratiques du temps, et qui ont exercé une influence énorme sur l'amélioration de nos moyens d'investigation en physique. D'abord, pour vous montrer qu'il y a là une action électrique, supposez que je prenne ce plateau de zinc, supporté par un manche isolant, entouré en bas de tubes contenant de la pierre ponce imbibée d'acide sulfurique très concentré et mis en communication avec l'intérieur de cet appareil, et que je le touche avec mon mouchoir. Vous voyez que ce contact a pour effet de produire une déviation de la tache lumineuse qui sert d'index, et la déviation est assez grande pour que la tache quitte l'échelle. Nous savons aussi qu'un corps électrisé mis en contact avec le sol perd son électricité libre. Et vous voyez maintenant qu'en touchant le plateau avec mon doigt, son électricité s'en va, le plateau se décharge, et la tache lumineuse revient à son point de départ. Nous étudierons plus tard l'espèce d'électricité qui s'était dégagée dans cette expérience. En attendant, je prends un plateau de cuivre, que je tiens dans mes mains par le manche de verre ; je le touche d'abord pour lui enlever l'électricité libre qu'il pourrait contenir ; je touche de même le zinc pour le décharger, puis je mets les deux plateaux en contact. Je sépare le plateau de cuivre de celui de zinc, et vous voyez une déviation de la tache lumineuse à gauche du zéro. Je touche avec mon doigt le cuivre, puis je l'applique de nouveau sur le plateau de zinc. En l'enlevant, j'ai une déviation encore plus grande. J'aurais pu continuer l'expérience et communiquer au zinc des quantités d'électricité de plus en plus grandes. Il est évident que cette électricité est de sens contraire à celle que nous avons produite sur le zinc, en le touchant avec le mouchoir. Mais nous allons maintenant voir quelle espèce d'électricité nous avons. Pour montrer que nous avons là une charge électrique naturelle, je touche le zinc, et vous voyez que la charge

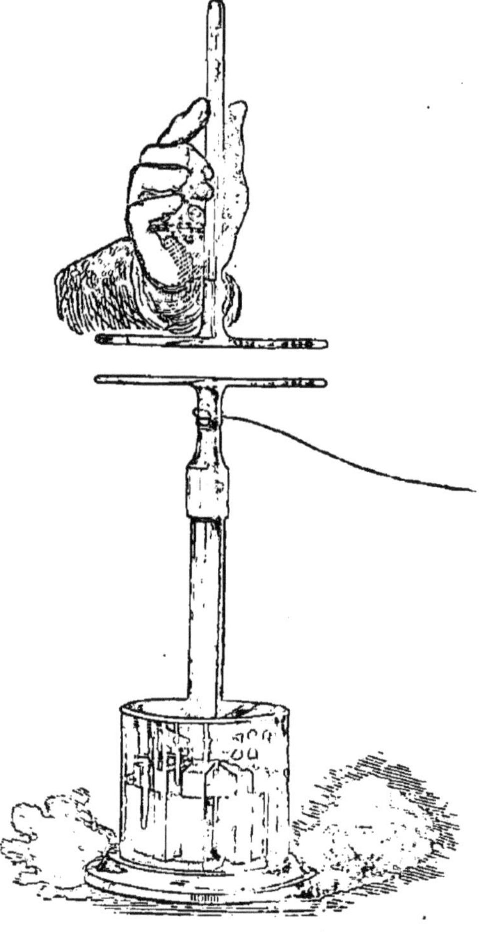

disparaît, et que la tache lumineuse est revenue au zéro. Faisons varier l'expérience, en mettant le plateau de cuivre à la place du plateau de zinc et le plateau de zinc à l'endroit de celui de cuivre. Nous constaterons l'électrisation du plateau de cuivre, quand nous l'aurons touché avec le plateau de zinc. J'établis le contact, puis je le supprime et vous voyez maintenant une déviation à droite au lieu d'en avoir une à gauche. Je recommence, en touchant le zinc avec le doigt, chaque fois que je l'enlève du cuivre, et vous voyez la déviation augmenter toujours.

Nous avons établi ainsi, autant qu'une vérité peut être établie par une expérience physique, que lorsqu'un plateau de zinc, ou un plateau de cuivre, sont mis en contact l'un avec l'autre, puis séparés, l'un d'eux est, d'après le langage usité en cette matière, chargé d'électricité positive, et l'autre d'électricité négative. Pour trouver l'espèce d'électricité de chacun des plateaux, il suffit de prendre un bâton de cire à cacheter, qui se charge, lorsqu'il est frotté avec un morceau de flanelle, d'électricité dite résineuse ou négative. Si cette électricité est de même espèce que celle dont le plateau de cuivre est chargé, en approchant ce bâton électrisé du plateau de cuivre, il repoussera cette électricité dans l'électromètre et la déviation actuelle augmentera. Au contraire, si l'électricité de la cire était de nom contraire à celle du cuivre; le bâton approché du plateau attirerait une certaine quantité d'électricité en dehors de l'électromètre et la déviation de la tache lumineuse diminuerait. Je frotte la cire et je la présente au plateau de cuivre : vous voyez que la déviation augmente. Donc le cuivre se charge d'électricité résineuse ou négative, quand on le met en contact avec le zinc, tandis que ce dernier métal se charge, dans la même opération, d'électricité vitreuse ou positive. La grandeur de la charge dépend dans cette expérience de la grandeur des surfaces métalliques en contact ; mais j'aurais pu produire le même effet d'une autre manière, en rapport plus direct avec la question qui nous occupe. Nous perdrions trop de temps à refaire l'expérience, mais si, au lieu de mettre les surfaces des plateaux directement en contact, je les avais mises à une petite distance l'une au-dessus de l'autre, et réunies au moyen d'un fil métallique, j'aurais produit exactement le même effet.

Passons maintenant à l'application de cette expérience à notre problème. Lorsque deux corps sont électrisés, l'un positivement et l'autre négativement, ils s'attirent. Par conséquent, le seul fait de mettre ces métaux en présence l'un de l'autre et de les réunir par un fil métallique très fin, met en jeu cette force attractive entre les plateaux, qui est tout-à-fait indépendante de la pesanteur, mais due uniquement à l'hétérogénéité des deux métaux. Si les deux plateaux étaient du même métal, aucun effet de ce genre ne se serait produit.

C'est à l'aide de cette expérience de Volta, mise hors de doute par sir W. Thomson au moyen de son électromètre, que ce physicien éminent a trouvé une autre valeur pour la grandeur de l'hétérogénéité de la matière. Voici son raisonnement. Il y a une certaine force d'attraction entre les plateaux de zinc et de cuivre, quand ils sont mis en contact métallique, quelque minces que soient les plateaux et le fil qui les relie. Si nous pouvions mesurer la valeur de l'attraction électrique entre les plateaux de zinc et de cuivre, nous pourrions évaluer le travail effectué par cette attraction, en laissant le plateau de zinc s'élever jusqu'au plateau de cuivre. Une certaine force agit le long d'un certain trajet, et nous pouvons calculer le travail effectué par la force. Supposons que nous prenions un très grand nombre de plateaux de zinc et de plateaux de cuivre excessivement minces. Mettons d'abord en bas un plateau de zinc et approchons de lui un plateau de cuivre qui ne le toucherait que par un coin : il y a une attraction électrique entre les deux plateaux. Laissons le plateau de cuivre tomber sur celui de zinc : un certain travail sera effectué. La surface supérieure se trouve alors être de cuivre. Approchons de cette surface un nouveau plateau de zinc, répétons l'expérience, et ainsi de suite : finalement nous aurons une pile de plateaux de zinc et de cuivre superposés. On peut calculer le travail qui serait effectué dans ce cas, mais il est facile de voir que la quantité de travail ne dépend pas de l'épaisseur des plateaux de zinc ou de cuivre. En sorte qu'on peut rendre les plateaux aussi minces que l'on veut, la quantité de travail effectuée par la pile de plateaux de zinc et de cuivre, quand son épaisseur augmenterait d'un centimètre, serait d'autant plus grande qu'il y aurait plus de plateaux dans cette épaisseur. Il faut donc les rendre de plus en plus minces, et plus nombreux dans la même proportion : alors on obtiendra, avec la même masse, un travail électrique de plus en plus grand, et, en poussant l'opération assez loin, on aurait une quantité de travail suffisante pour fondre toute la masse de zinc et de cuivre, si le travail était obtenu sous forme de chaleur. Nous voici arrivés à notre application. Il résulte du raisonnement que je viens de faire que, si du zinc et du cuivre, réduits en poudres fines, étaient mélangés ensemble, il serait possible, s'il n'y avait pas de limite à leur division, de rendre les poudres tellement fines, que, mélangées ensemble, elles prendraient feu ou, au moins, fondraient. Or, nous connaissons par l'expérience la quantité de chaleur qui se dégage lorsqu'on mélange du cuivre et du zinc pour former leur alliage — le laiton — de sorte que nous pouvons calculer quelle doit être la petitesse de leurs particules physiques pour que, mélangées ainsi ensemble, elles dégagent une quantité de chaleur qui ne soit pas inférieure à celle qui est observée. Le calcul dépend de beaucoup d'éléments dont nous n'avons pas encore de mesures précises, de sorte que les nombres que nous pouvons donner ne sont qu'approchés ; mais nous pouvons supposer que l'erreur ne dépasse pas 30 ou 40 pour cent, ce qui suffit pour une première approximation dans une question aussi difficile. Il semble que si l'épaisseur des plateaux de zinc ou de cuivre était réduite seulement à $0^{mm},000.000.036$, il se dégagerait, si on les empilait alternativement, une quantité de chaleur qui serait plus qu'équivalente à celle qui est produite dans l'action chimique, pendant la fusion. Nous voyons donc, en traitant la question à ce point de vue, que $0^{mm},000.000.036$ est bien au-dessous de l'épaisseur à laquelle on peut réduire — en admettant que ce soit possible — un plateau de zinc ou un plateau de cuivre, sans qu'ils cessent d'être du zinc ou du cuivre tels que nous connaissons ces métaux. Cela veut dire que les dimensions des grains dans ces métaux dépassent considérablement $0^{m},000.000.036$. Ce fait, comme vous voyez, est parfaitement d'accord avec la valeur de $0^{mm},000.000.063$, que nous avons trouvée par une autre méthode, en partant du travail de Cauchy. Mais il y a encore deux autres procédés, pour arriver à la même approximation, que je comparerai avec les précédents dans ma prochaine conférence.

Treizième Conférence.

Constitution de la matière.

Dimensions approchées des derniers grains (grains intégrants) de la matière, déduites des phénomènes capillaires et des propriétés des gaz. Conséquences mathématiques de cette hypothèse qu'un gaz est formé de particules qui se choquent constamment. Diffusion des gaz. Résultats des recherches de Maxwell. Raison physique de la dissipation de l'énergie. Résultats d'Andrews relatifs à la continuité entre l'état gazeux et l'état liquide. Conclusion.

VOus vous rappelez que, dans ma dernière conférence, je vous ai exposé en détail deux méthodes à l'aide desquelles sir W. Thomson a évalué, d'une manière approchée, les dimensions des derniers éléments de la matière. Il me reste à vous expliquer brièvement, au début de ma conférence d'aujourd'hui, les deux autres méthodes.

Rappelez-vous que la première méthode repose sur la dispersion de la lumière blanche ou sur la séparation, au moyen du prisme, des différentes couleurs qui la composent; la deuxième méthode s'appuie sur des considérations relatives à la quantité de chaleur qui serait dégagée par l'action électrique des particules de différentes matières, au moment de la combinaison de ces dernières.

La troisième méthode repose sur les forces mises en jeu lorsqu'on étend une lame liquide, par exemple —

pour prendre le cas le plus simple — lorsqu'on souffle une bulle de savon. Pour la dilater, c'est-à-dire pour élargir sa surface, il faut dépenser du travail, et si on laisse une portion de la bulle ouverte dans l'air, les forces de contraction de la lame elle-même tendent à la réduire à des dimensions de plus en plus petites et à chasser ainsi l'air contenu dans la bulle. Nous voyons donc par là que la lame liquide se comporte, dans une certaine mesure, comme une membrane élastique, qui exige pour se tendre une certaine dépense de travail. Mais, de même qu'un gaz n'a pas de limite supérieure de dilatation, une lame d'eau de savon n'a pas de limite inférieure de contraction.

Or, il est très facile, connaissant la tension de la lame, de calculer le travail qu'il faut dépenser pour l'étendre d'une certaine surface donnée à une autre surface donnée ; et en mesurant la hauteur à laquelle l'eau de savon monte dans un tube capillaire, nous pouvons calculer la tension superficielle du liquide. La valeur obtenue ne sera que la moitié de la tension de la lame dans la bulle, car il faut vous rappeler que la lame, vu sa faible épaisseur, offre deux surfaces tendues, entre lesquelles se trouve une couche d'eau. De l'expérience avec le tube capillaire, nous pouvons déduire la valeur de la tension superficielle par millimètres de longueur. De là nous pouvons calculer la quantité de travail nécessaire pour aplatir une seule goutte d'eau de manière à en former une lame d'une épaisseur donnée. En effet, la quantité de travail est égale au produit de la tension rapportée à un millimètre de longueur, par la surface.

On a trouvé qu'en soufflant une telle lame de façon à la rendre de plus en plus mince, elle devient de plus en plus froide ; il en est de même si l'on dépense du travail contre les forces moléculaires. Ce résultat est d'accord avec ce fait que la tension superficielle de l'eau diminue quand la température croît, et qu'il faudrait lui fournir de la chaleur pour la maintenir à la température de l'air ambiant. Vous voyez donc que nous avons des données qui nous permettent de calculer la quantité de travail nécessaire pour étendre une goutte d'eau en une lame d'une épaisseur donnée, tout en la maintenant à une température constante.

Ce calcul a été fait en donnant d'avance l'épaisseur de la lame, et on a vu que si l'on étend la lame jusqu'à ce que son épaisseur soit égale à $0^{mm},000.000.050$ (en supposant qu'on puisse y arriver), il faudrait dépenser, en dehors de la quantité de travail nécessaire pour vaincre les forces moléculaires, encore la moitié de cette énergie sous forme de chaleur, pour empêcher la température de baisser. En sorte qu'au total, en comptant la chaleur qu'il a fallu fournir à la lame, la quantité de travail dépensée dans cette opération serait telle, que, fournie à la goutte d'eau sous forme de chaleur, elle aurait pu élever sa température à 1100° cent. Or, cette quantité de chaleur transformerait instantanément toute l'eau en vapeur. Il est donc tout-à-fait inconcevable qu'on puisse étendre une lame d'eau jusqu'à la rendre aussi mince, sans réduire de beaucoup sa tension moléculaire. Mais si la tension moléculaire est réduite, nous arrivons évidemment à un état où, dans l'épaisseur de la lame, il n'y a plus que quelques molécules ou particules, car, aussi longtemps que l'épaisseur de la lame contient un grand nombre de particules, toute la tension de la lame reste sans altération sensible.

La seule manière de concilier ces deux résultats contraires, est d'admettre que nous nous sommes trompés en supposant qu'une lame pouvait devenir extrêmement mince tout en gardant sa tension moléculaire primitive. Donc, si l'on pouvait étendre une lame, jusqu'à ce que son épaisseur soit égale à $0^{mm},000.000.025$, cette dernière ne pourrait contenir qu'un très petit nombre de particules d'eau. Vient, enfin, le quatrième argument fondé sur une propriété des gaz. En ce moment je ne vous indiquerai que le résultat, car j'ai l'intention de consacrer la conférence de ce matin, ou au moins une grande partie de cette conférence, à la considération du mouvement des molécules gazeuses. Le résultat auquel sont arrivés plusieurs savants, qui se sont occupés du mouvement moléculaire des gaz, montre que la distance moyenne entre plusieurs particules gazeuses prises à la température et à la pression atmosphérique ordinaires, doit être comprise entre $0^{mm},000.004.4$ et $0^{mm},000.002.53$, ce qui donne (d'après une méthode que j'indiquerai tout-à-l'heure) pour le volume réel des particules une valeur plutôt un peu supérieure à 0^{mm},000.000.05.

Vous voyez donc ainsi que toutes ces évaluations approchées donnent des nombres qui diffèrent, certes, beaucoup les uns des autres, mais tous s'approchent d'une manière très concordante d'une valeur peu différente de 0^{mm},000.000.05, et qui serait la distance entre les centres de deux particules contiguës de matière dans un liquide, ou bien la mesure de ce que j'ai appelé dans ma dernière conférence les grosses particules de ces portions de matière qui nous paraissent absolument homogènes à l'œil nu, et même dans les plus puissants microscopes.

Nous avons maintenant une connaissance suffisante des dimensions de ces gros grains, et il est aussi possible de trouver approximativement les volumes des molécules séparées, au moyen des propriétés des molécules constitutives mobiles d'un gaz. On peut trouver, non seulement les distances de l'une à l'autre, mais la grandeur de chaque molécule isolée par rapport à la distance moyenne de deux de ces molécules. Cette grandeur peut être calculée, comme je vous l'expliquerai tout-à-l'heure, en partant de la théorie du choc de particules élastiques, ou de particules qui se repoussent avec une force variant en raison inverse d'une puissance de leur distance réciproque.

La manière la plus simple de vous exposer ce résultat consisterait, peut-être, à vous expliquer sommairement la nature du mouvement. Chaque particule décrit une ligne droite d'un mouvement uniforme, mais, après avoir parcouru une certaine distance, elle en rencontre une autre ; elle prend alors une autre direction, et, quelque temps après, elle se heurte contre une troisième, et ainsi de suite. Mais il y a une distance moyenne qu'elle parcourt entre deux chocs successifs. Nous appellerons cette distance *trajet moyen libre*, et la longueur de ce trajet, divisée par le diamètre de l'une des particules, est égale, d'après la théorie, au rapport de tout l'espace occupé par le gaz, à huit fois ou huit fois et demie le volume total des particules (1).

Partons de ces considérations, qui sont le résultat mathématique déduit de cette hypothèse, que les particules gazeuses sont des corpuscules solides qui se choquent constamment les uns contre les autres. Si, par un moyen quelconque, nous pouvons évaluer le parcours moyen que l'une d'elles doit faire avant d'en rencontrer une autre, nous aurons un des termes de la proportion dont nous parlons plus haut.

Nous connaissons aussi un autre terme, l'espace occupé par le gaz ; quant au volume total des particules, il dépend de leur nombre et de leurs diamètres. On peut avoir une valeur approchée de ce volume en admettant qu'à l'état liquide, les particules sont presque en

(1) D'après Clausius c'est 8 fois ; il admet que toutes les particules ont la même vitesse ; mais Maxwell, en tenant compte de la loi de la distribution des vitesses entre les particules, donne $\sqrt{72}$ ou 8,5 environ.

contact. On peut ainsi établir une équation dans laquelle le diamètre d'une particule est exprimé en fonction de quantités qui sont toutes connues, au moins approximativement.

Ce calcul a été fait, et on a trouvé que le diamètre d'une particule ne doit certainement pas s'écarter de beaucoup d'un cent-millionième de millimètre.

Connaissant le diamètre d'une particule et la distance moyenne de deux particules voisines, nous pouvons calculer le nombre de particules dans un centimètre cube d'un gaz quelconque, à la température et à la pression ordinaires.

Ainsi, nous pouvons affirmer, en nous fondant sur les mesures et le calcul, que le nombre de particules dans un centimètre cube d'air, dans les conditions atmosphériques ordinaires, est représenté approximativement par le nombre 10^{20}. Ce nombre pourrait être représenté par l'unité suivie de 20 chiffres (1).

Quoi qu'il en soit, l'unité multipliée par vingt fois dix donne un nombre très voisin du nombre des particules dans un centimètre cube d'un gaz à la température et à la pression ordinaires.

Vous voyez maintenant comment différents savants ont été amenés, comme je vous en parlais dans ma pre-

(1) C'est une excellente méthode pour écrire de grands nombres (quand on ne peut pas indiquer exactement les chiffres significatifs) : elle consiste à indiquer seulement les deux ou trois principaux chiffres et à compléter le reste par des puissances de dix ; au lieu d'énoncer les millions, les billions et ainsi de suite, on n'énonce que les 3 premiers chiffres d'un nombre en indiquant le nombre de figures qu'il contient.

mière conférence, à comparer le vrai volume des grosses particules d'une goutte d'eau à celui de la goutte elle-même.

Soit 3^{mm} le diamètre d'une goutte d'eau, et supposons que les nombres que nous venons de donner représentent les diamètres des particules isolées, ou les dimensions des grains. Quel devrait être le volume d'un corps qui serait à la terre dans le même rapport que l'une de ces particules est à cette goutte d'eau? On trouve que le volume de ce corps doit être compris entre le volume d'une cerise ou d'une petite prune et celui d'une balle de cricket. Prenez une prune moyenne parmi les grosses, ou bien une petite orange, vous aurez alors l'approximation suivante : la grosse prune est à la terre ce qu'une grosse particule est à la goutte d'eau. De sorte que, si nous pouvions grossir une goutte d'eau jusqu'à lui donner le volume apparent de toute la terre, vue à la distance à laquelle on peut voir une seule prune, nous pourrions voir la structure grenue de la goutte.

Ce que je viens de dire m'a amené à anticiper un peu sur la structure moléculaire des gaz. Nous avons une preuve certaine que les gaz sont formés de particules de matière parfaitement libres, détachées les unes des autres, qui voltigent constamment dans toutes les directions. La meilleure preuve et la plus simple qu'il en est ainsi, résulte de la considération du phénomène du mélange de deux gaz, la manière dont l'un se diffuse dans l'autre. Par exemple, lorsqu'une substance volatile quelconque peut s'échapper sous forme de vapeur et de gaz dans une salle, on trouve qu'elle se mélange petit à petit, mais d'une manière complète, avec l'air de la salle. Cette diffusion a lieu même si l'on a soin d'empêcher tout courant d'air ; de sorte que, finalement,

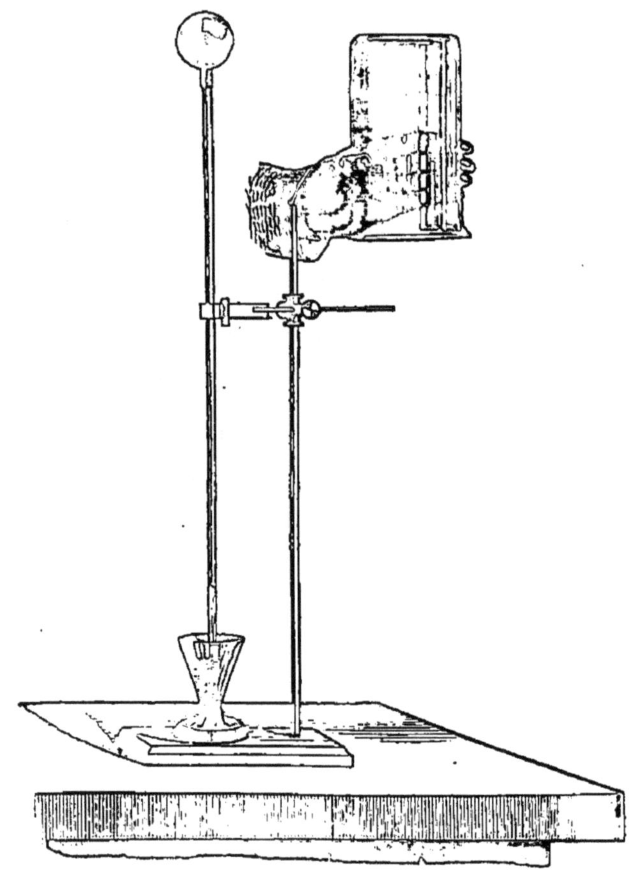

le gaz ou la vapeur se répand uniformément dans toute la masse d'air de la salle, quelque grande qu'elle soit.

Mais, à l'aide d'une expérience simple et très belle

due au Dr Graham, le défunt directeur de la Monnaie, je puis vous montrer d'une manière très frappante la mobilité et l'indépendance complète, pour ainsi dire, des différentes particules d'un même gaz ou de gaz différents. L'appareil consiste en un tube de verre terminé à son extrémité supérieure par une sphère creuse de terre poreuse. Il ressemble à un tube thermométrique ordinaire ; seulement la sphère qui termine le tube n'est pas en verre, mais en terre poreuse. En ce moment, tout l'appareil plein d'air est plongé aussi dans l'air. Remarquez que l'extrémité inférieure ouverte étant plongée dans l'eau colorée afin de la rendre plus visible, l'eau se maintient à l'intérieur, aussi bien que possible, au même niveau qu'à l'extérieur, parce que la pression du gaz à l'intérieur du tube est exactement la même qu'en dehors dans l'atmosphère. Voyons ce qui se passe ici ; pourquoi la pression est-elle la même à l'intérieur qu'à l'extérieur du tube ? C'est qu'il y a un courant de particules d'air pénétrant dans le tube à travers les pores de cette terre, et un autre courant correspondant de particules identiques qui en sortent à travers les mêmes pores.

Bien entendu, nous ne pouvons ni noter les particules gazeuses séparées ni les voir, et nous n'avons aucun moyen de reconnaître un groupe de ces particules. Pour nous assurer de la marche du phénomène, établissons une différence matérielle entre l'intérieur et l'extérieur de cette sphère poreuse. Plaçons la sphère, avec l'air qu'elle contient, dans une atmosphère de gaz d'éclairage. En déplaçant ce verre, j'obtiens facilement une certaine quantité de gaz d'éclairage. Je sens le gaz qui s'échappe par-dessous le verre et j'en conclus que ce dernier en est plein. Observez maintenant l'effet qui se produit au moment où j'entoure le vase poreux rempli d'air de cette atmosphère gazeuse. Vous voyez que les bulles commencent à s'échapper immédiatement à travers le liquide. De grandes quantités de gaz s'échappent du liquide et du verre ouvert. Si maintenant j'enlève l'atmosphère de gaz d'éclairage, vous voyez le liquide monter presque instantanément dans le tube, de sorte que la pression à l'intérieur a immédiatement diminué notablement par rapport à la pression extérieure. La dénivellation dure assez longtemps, jusqu'à ce que l'équilibre soit rétabli entre les pressions intérieure et extérieure. Mais, pour ne pas perdre notre temps à cette expérience, quoiqu'elle soit très frappante, je vais couvrir de nouveau la sphère avec le verre, dont l'atmosphère contient encore du gaz d'éclairage. Regardez, la pression augmente instantanément à l'intérieur ; le liquide coloré tombe immédiatement. Dès que j'enlève le verre, la pression diminue instantanément et le liquide monte dans le tube.

Cet effet peut être reproduit autant de fois que l'on veut, en couvrant alternativement la sphère avec le verre et en le retirant ensuite. Il est évident qu'on ne peut expliquer cette expérience que par ce fait, que, lorsqu'on entoure la sphère avec le verre plein de gaz d'éclairage, il entre dans la sphère plus qu'il n'en sort. Il se produit d'abord un fort courant gazeux qui s'échappe de l'extrémité inférieure du tube, ce qui ne peut avoir lieu que s'il se produit à l'intérieur un accroissement de pression, c'est-à-dire une augmentation de la quantité de gaz. En d'autres termes, la diffusion du gaz d'éclairage vers l'intérieur, à travers la terre poreuse, doit se faire plus rapidement que vers l'extérieur, et vous pouvez voir vous-mêmes avec quelle vitesse la diffusion s'opère, puisque la quantité de gaz qui entre à travers cette surface relativement faible, suffit pour produire un courant rapide de bulles gazeuses à l'extrémité inférieure du tube. Rappelez-vous que ce que nous voyons ici n'est qu'un effet différentiel, car si le gaz d'éclairage pénètre constamment dans le vase, l'air en sort de même ; en sorte que nous observons seulement l'excès de la quantité de gaz d'éclairage qui entre sur la quantité d'air qui sort.

Vous comprenez facilement qu'on peut imaginer des méthodes pour mesurer exactement les vitesses relatives avec lesquelles différents gaz traversent des substances poreuses de ce genre.

C'est peut-être la démonstration la plus frappante que nous puissions donner de l'énorme vitesse avec laquelle les particules gazeuses peuvent se mouvoir. C'est aussi une preuve complète de leur indépendance réciproque — sauf les moments où elles se rencontrent et se choquent.

L'idée que les particules gazeuses sont dans un mouvement rapide et que les gaz exercent des pressions sur les autres corps par leurs chocs, est très ancienne. Elle a été exprimée par D. Bernouilli, peu de temps après Newton ; elle a été reprise plus tard par Herapath ; mais c'est à Joule que nous devons les premières découvertes précises à ce sujet. Joule a calculé la vitesse que doivent posséder les particules d'un certain gaz, pour qu'on puisse expliquer la pression qu'une masse donnée de ce gaz exerce sur les parois du vase qui le contient.

Prenons un vase d'un litre de capacité, et remplissons-le d'hydrogène à la température et à la pression ordinaires ; le gaz produit, par suite des chocs répétés de ses particules contre les parois du vase, une certaine pression définie qui, à la pression ordinaire, s'élève à 1033 gr. par centimètre carré. Or, nous connaissons la masse d'hydrogène contenue dans ce vase. Avec quelle vitesse doit se produire cette pluie, ou mieux cette grêle de particules à l'intérieur du vase, pour que ces chocs presque innombrables, se continuant pendant un temps défini, puissent développer la pression définie observée ? C'est là une question purement dynamique, et le résultat que Joule a déduit est certainement très frappant. Selon lui, la vitesse des particules d'hydrogène, calculée d'après ses données, serait de 1846 mètres par seconde à 0°C. Vous voyez de suite que cette vitesse est bien supérieure à celle d'un projectile de canon, ou même à celle d'un projectile quelconque que nous pouvons lancer sans inconvénient. Malgré cette énorme vitesse des particules séparées d'hydrogène, il y en a dans un seul centimètre cube un si grand nombre, qu'aucune ne peut parcourir librement la distance d'un centimètre sans être constamment choquée par d'autres.

Le nombre de ces chocs, en une seconde, peut être calculé d'après la vitesse de diffusion d'un gaz dans un autre. Prenons un vase formé de deux grands récipients remplis de gaz et réunis par un tube de longueur et de diamètre connus, muni d'un robinet. Ouvrons ce robinet et laissons les gaz se mélanger. Nous pouvons, au bout d'un temps connu, fermer le robinet et mesurer, par un procédé chimique, le contenu de chaque récipient. Nous pouvons ainsi déterminer la quantité de l'un des gaz qui a passé dans l'autre dans un temps donné. Nous pouvons recommencer l'expérience et la laisser se continuer pendant un temps différent du précédent, et construire ainsi une table des résultats d'expérience, donnant les quantités de l'un des gaz qui ont passé dans l'autre pendant les durées de leur contact. A l'aide d'une telle table, on peut calculer la distance moyenne qu'une particule de l'un des gaz peut parcourir librement entre les particules de l'autre, sans subir de choc.

Chaque particule avance un peu, puis elle est repoussée de côté ou en arrière, puis elle avance encore un peu, et ainsi de suite. Mais la pénétration moyenne peut être déduite de la vitesse avec laquelle l'un des gaz se mélange à l'autre, et de là nous pouvons déterminer la distance moyenne qu'une particule parcourt librement entre deux chocs successifs.

En faisant des calculs analogues à celui de Joule, mais plus étendus, grâce à l'emploi de meilleurs méthodes mathématiques, telles que les méthodes de la théorie des probabilités, Clausius, le premier, et un peu plus tard, mais d'une manière plus profonde, Clerk-Maxwell, et encore plus récemment Boltzmann, sont arrivés à des résultats très remarquables relatifs au mouvement des ondées de particules qui se heurtent les unes contre les autres. L'un de ces résultats est que dans une masse d'hydrogène, à la température et à la pression ordinaires, chaque particule subit en moyenne 17.700.000.000 de chocs par seconde, c'est-à-dire que 17.700.000.000 de fois par seconde son trajet est entièrement changé. Et cependant les particules se meuvent avec une vitesse de 112 kilomètres environ par minute. Il se présente ainsi un problème très curieux : étant donné qu'une particule en mouvement change arbitrairement de direction 17.700.000.000 de fois en une seconde, et que cette particule se meut avec une vitesse de 112 kilom. par seconde, où se trouverait-elle au bout d'une minute, après être partie d'un point donné ? Dans l'air, le nombre des chocs subis par une particule n'est environ que la moitié de celui que subit une particule d'hydrogène, et la vitesse moyenne d'une particule d'air n'est que le quart environ de celle d'une particule d'hydrogène.

Vous voyez donc à quelles quantités excessivement petites, ou mieux à quels nombres énormes — car nous avons affaire plutôt à de grands nombres qu'à de petites quantités — une telle question conduit. Je vous ai déjà dit qu'en physique les termes *grand* et *petit* ne sont que relatifs, autant qu'ils concernent des dimensions ou des durées. Mais des moyennes, comme celles que nous considérons, n'ont de valeur que lorsque le nombre des cas individuels est très grand.

La solution du problème précédent donne le moyen, comme on l'a montré récemment, d'expliquer presque tout ce que nous savons sur les propriétés des gaz, et peut-être même sur celles des vapeurs.

La principale exception se rattache aux chaleurs spécifiques des gaz, mais la difficulté semble provenir de généralisations prématurées de la théorie.

Comme les résultats directs des recherches de Maxwell sont d'une très haute importance, je vais vous indiquer les trois principaux. Voici le premier. Si l'on a un mélange de particules de différentes espèces, comme, par exemple, dans l'air, il y a des particules d'oxygène et d'azote mélangées ensemble, et qu'après s'être choquées les unes contre les autres pendant un temps suffisamment long, elles atteignent un état moyen qu'elles n'abandonnent plus jamais, l'énergie moyenne du mouvement de chaque particule est la même pour chaque gaz. De sorte que, si l'une de ces particules appartient à un gaz léger, c'est-à-dire à un gaz dont les particules sont plus légères ou moins massives que celles de l'autre, elle aura une vitesse moyenne plus grande. De cette manière, l'énergie de mouvement d'une particule de l'un des gaz est la même que celle d'une particule d'un autre gaz. Ce résultat a été obtenu à l'aide d'un calcul mathématique ordinaire, en généralisant la théorie du choc des sphères élastiques, et en l'appliquant, à un point de vue statistique, à une ondée au lieu de l'appliquer à un nombre fini de sphères. Pour pouvoir appliquer cette théorie, par un procédé statistique, à des groupes, il est nécessaire de faire intervenir la théorie des probabilités à côté des méthodes ordinaires de ces problèmes de mécanique. Nous sommes ainsi amenés à classer les particules en groupes, dont chacun est formé de particules animées de vitesses comprises entre certaines limites. Les vitesses propres de ces groupes varient depuis zéro jusqu'à l'infini, mais le nombre des particules appartenant à ces groupes extrêmes est petit, comparé à celui des particules formant les groupes dont la vitesse est plus voisine de celle qui correspond à l'énergie moyenne. Cette énergie moyenne est la même dans chacun des deux gaz mélangés.

Le second résultat, qui se déduit aussi de la théorie du choc des particules élastiques, consiste en ceci : si vous avez, comme dans le cas de l'air, de l'oxygène et de l'azote mélangés dans une proportion quelconque, leur état définitif de distribution, après qu'ils se seront mélangés et qu'on les aura abandonnés pendant un temps suffisant pour qu'ils prennent un état à peu près permanent, est le même que si chaque gaz s'était distribué dans une colonne verticale indépendamment de l'autre, d'après sa propre loi de pression et de densité. L'oxygène et l'azote de l'air, au point de vue de la pesanteur, sont libres de se distribuer, d'après cette loi du mélange, depuis la surface de la terre jusqu'aux limites de l'atmosphère. Par suite, quelle que soit la proportion de ces gaz dans un centimètre cube près de la surface de la terre, la proportion de l'azote irait plutôt en augmentant à mesure qu'on s'élèverait dans l'atmosphère, s'il n'y avait pas de vents et d'autres causes qui tendent à les mélanger.

Un autre résultat est relatif à la température d'une colonne gazeuse verticale. Il est évident que des particules plus chaudes doivent se mouvoir plus vite que d'autres plus froides, parce que la température d'un gaz dépend de la vitesse de mouvement de ses particules. Or, Maxwell a montré que la pesanteur n'a aucune tendance à placer les particules qui se meuvent plus vite, dans une position particulière, et celles qui se meuvent plus lentement, dans une autre position. En d'autres termes, une force extérieure, telle que la pesanteur, ne tend pas à rendre la partie inférieure d'une colonne gazeuse plus chaude que la partie supérieure ou inversement. Si, pendant un instant, vous troublez l'état de choses qui est presque devenu permanent ou qui a atteint l'état moyen, par exemple en faisant intervenir de la chaleur, alors vous rendez une portion du gaz physiquement plus légère que l'autre, et là, bien entendu, la pesanteur intervient et toute la partie devenue plus légère monte au sommet de la colonne ; mais si vous abandonnez le gaz à lui même, la pesanteur n'aura aucune tendance à amener les particules à mouvement plus rapide — c'est-à-dire les plus chaudes — ou les particules les plus lentes — c'est-à-dire les plus froides — plus bas ou plus haut. Mais, que la pesanteur agisse ou non, il y aura toujours le même rapport moyen entre les particules rapides et les particules lentes, dans chaque centimètre cube et dans tout l'espace. Le raisonnement de Carnot, appliqué à ce problème, montre que, du moment que ce résultat est vrai pour le gaz, il doit aussi être vrai pour les liquides et les solides. De sorte que la pesanteur n'a pas d'influence *directe* sur la distribution de la température. Elle peut exercer une action indirecte, souvent même d'une manière très marquée, comme dans le phénomène de la convection.

Il y a un autre point extrêmement important dans cette question statistique relative aux particules gazeuses, que je dois vous expliquer. Il s'agit de savoir comment il se fait que, dans tout l'espace énorme de l'atmosphère terrestre où les particules d'oxygène et d'azote effectuent leurs mouvements les unes entre les autres, il n'arrive nulle part que, dans un centimètre cube, les particules d'azote en expulsent pour un instant, ne fût-ce que par hasard, toutes les particules d'oxygène. Si un tel phénomène pouvait avoir lieu, il aurait pu arriver que, vu l'énorme étendue de l'atmosphère par rapport au volume d'une seule particule, certaines régions aient été complètement remplies d'azote et d'autres d'oxygène. Eh bien, la beauté de cette méthode statistique consiste précisément en ce qu'elle nous explique pourquoi un tel phénomène, quoique absolument possible en lui-même, ne peut jamais se présenter. Toute chose possible offre une certaine probabilité, numériquement évaluable, mais si cette probabilité, exprimée en nombres, est aussi petite que celle du phénomène accidentel en question, on ne peut espérer qu'elle se produise jamais. Et non seulement nous ne pouvons nous attendre à la voir jamais se réaliser, mais, bien plus, nous pouvons dire hardiment, en nous fondant sur l'expérience, que jamais ce phénomène ne se présentera, quel que soit le temps pendant lequel les observations aient été faites, ou l'étendue de l'espace dans lequel elles aient été établies. Prenez une caisse divisée en deux parties égales, l'une contenant de l'azote et l'autre de l'oxygène, et laissez les deux gaz se mélanger : la probabilité qu'à un moment donné tout l'azote se retrouvera — ne fût-ce que pendant un instant — dans l'espace qu'il occupait primitivement, et que tout l'oxygène réoccupera son espace primitif, peut être mesurée, mais elle est si infiniment petite que nous savons parfaitement par l'expérience qu'elle ne pourra jamais se réaliser. Et la raison repose simplement dans le nombre énorme de particules remplissant un centimètre cube. S'il n'y avait qu'une ou deux particules d'azote et d'oxygène dans chaque centimètre cube de l'atmosphère de cette pièce, alors la chose ne serait pas seulement réalisable, mais elle serait réalisée un grand nombre de fois pendant la durée d'une après-midi ; et si nous pouvions voir les particules, nous verrions fréquemment des espaces d'un centimètre cube, peut-être même des espaces plus grands, occupés entièrement par des particules d'oxygène ou par des particules d'azote. Le contenu d'un certain espace pourrait ainsi varier à chaque instant, et ces espaces dépourvus d'oxygène ou d'azote se rencontreraient souvent, uniquement à cause du petit nombre de particules relativement à l'espace observé. Mais quand il faut considérer le nombre de 10^{20} dans chaque centimètre cube, vous voyez que le nombre de particules est si grand, que s'il y avait à un moment quelconque la moindre possibilité pour qu'une petite portion de l'espace contînt uniquement des particules d'oxygène ou des particules d'azote, ce phénomène ne serait possible que pour une si faible fraction de centimètre cube, que ce ne serait même pas la peine d'en parler. Il serait impossible de l'observer. Sans doute il se produit dans une très petite fraction de centimètre cube, fraction plus petite que 0,000.000.000.000.000.001. Même dans cette salle, il peut y avoir de telles portions entièrement occupées par des particules d'azote ou par des particules d'oxygène, mais pendant un instant seulement, quelque chose comme 0,000.000.000.001^e de seconde, mais il n'y a aucune probabilité raisonnable pour que le phénomène puisse avoir une durée un peu plus longue ; et cela toujours pour cette raison, que le le nombre des particules est énorme. En effet, plus le nombre des mouvements indépendants est grand, plus est grande la probabilité qu'ils sont de plus en plus conformes à la distribution moyenne des vitesses et à la distribution moyenne des espèces de particules.

La seule question que j'aie encore le temps de commencer est l'examen de certaines expériences très remarquables faites récemment par M. Andrews, et qui sont une extension de celles qui avaient été faites par Faraday et par Cagniard de la Tour, sur le rapport entre l'état gazeux et l'état liquide de la matière. Nous venons de voir que l'état gazeux s'explique complètement (ou à peu près complètement) par l'hypothèse de molécules indépendantes, absolument libres les unes des autres, excepté au moment des chocs. Les liquides possèdent, comme les gaz, les propriétés de se diffuser les uns dans les autres; seulement la vitesse de diffusion des liquides est très faible, comparée à la vitesse de diffusion des gaz. Nous pouvons donc concevoir qu'à l'état liquide, les particules sont libres les unes des autres dans une certaine mesure, mais elles sont loin d'être aussi libres qu'à l'état gazeux. De sorte que la distance entre les particules, comparée à leur diamètre, est bien plus petite qu'à l'état gazeux, et le parcours moyen qu'une particule liquide peut faire avant de se heurter contre une autre, est excessivement faible, même en comparaison du parcours moyen dans le cas des gaz. C'est pour cette raison que dans un liquide la diffusion est beaucoup plus lente, une particule ne pouvant faire qu'un faible trajet avant que la direction de son mouvement ne soit complètement changée. M. Andrews a montré expérimentalement qu'il était possible de passer d'une manière continue — c'est-à-dire sans changement optique apparent — de l'état parfaitement gazeux d'un corps à l'état parfaitement liquide, et c'est là certainement une des découvertes expérimentales modernes les plus remarquables. Une partie des phénomènes avait été obtenue, il y a longtemps, par Cagniard de la Tour, mais ils n'avaient pas été soumis à une étude expérimentale complète. Il prit un tube de verre étroit, y mit une certaine quantité d'éther de manière à remplir la moitié du tube, en laissant l'autre moitié au dessus du liquide, pleine de vapeur, puis ferma l'extrémité du tube à la lampe et chauffa le tube. Il fit voir qu'on pouvait transformer en vapeur tout le liquide, de sorte que ce dernier disparût complètement, et cela à une température pas très élevée. Cagniard de la Tour conclut de ces expériences que l'éther sulfurique pouvait être complètement réduit en vapeur, par l'effet combiné de la chaleur et de la pression dans un volume un peu supérieur au double de celui du liquide. La véritable explication a été donnée pour la première fois par Andrews : il a montré, par ses expériences sur l'acide carbonique, que lorsque le liquide disparaît dans le tube chauffé; il s'établit un état de la matière qui n'est ni l'état liquide net, ni l'état gazeux bien caractérisé. Cagniard de la Tour fit la même expérience avec l'eau et il trouva que, pour ce liquide, il fallait des tubes tellement résistants et une température tellement élevée, qu'en partie à cause du danger d'explosion, en partie parce qu'à cette température-là l'eau attaque le verre, l'expérience n'a pu être faite avec précision.

Andrews étudia la question d'une autre manière : il comprima différents gaz maintenus à des températures fixes pendant toute la durée de la compression, et nota le rapport entre le volume et la pression ; puis, laissant la température monter un peu, tout en la maintenant constante, il recommença la même opération. De cette manière, il a pu, par des expériences directes, très précises, construire des tables donnant la relation entre le volume et la pression de ces gaz pour toutes les températures comprises entre les limites dans lesquelles l'expérience était possible. Je puis vous expliquer le résultat de ses expériences, en vous traçant quelques-unes des ses courbes. De ce que je vous ai dit, dans une conférence précédente, et de ce que je viens de vous dire, vous pouvez voir que M. Andrews a étudié en détail les *lignes isothermiques*, pour toutes les substances qu'il a soumises à l'expérience. Ses premiers résultats ont été obtenus avec le gaz acide carbonique, et c'est de ce gaz que je vais vous parler. Mais, pour que l'explication soit plus facile à comprendre, supposez que je prenne d'abord la vapeur d'eau.

Prenons un cylindre contenant une petite quantité

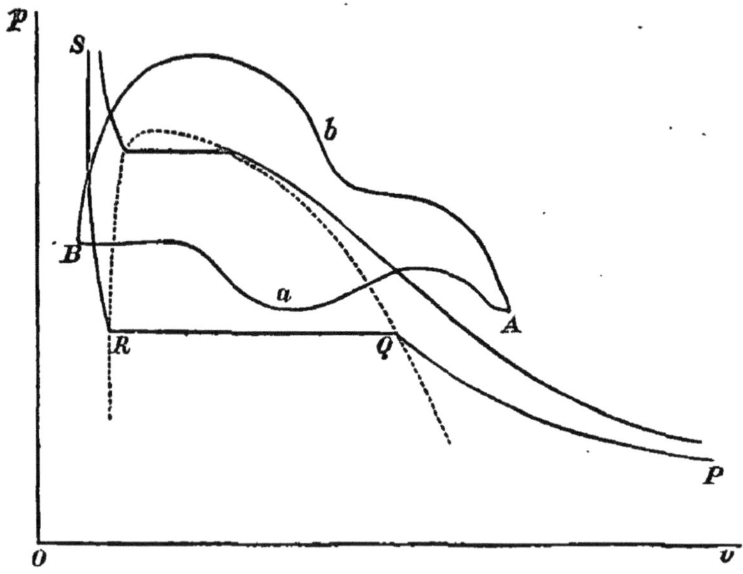

de vapeur d'eau surchauffée à une température quelconque, et comprimons-la progressivement en maintenant sa température constante, par exemple, en la maintenant à la température de l'ébullition de l'eau. A mesure que nous comprimons la vapeur, son volume diminue, sa pression croît, et elle s'approche de plus en plus de l'état de saturation jusqu'au moment où elle occupe le volume correspondant à la saturation complète. Si, à ce moment-là, nous augmentons un peu la pression, tout en ayant soin de ne pas faire varier la température en même temps, nous savons ce qui se passera : la pression ne changera pas, mais une certaine quantité de vapeur se condensera sous forme d'eau. En continuant ainsi à comprimer, la force élastique de la vapeur ne variera pas, mais une quantité de vapeur de plus en plus considérable se liquéfiera jusqu'à ce qu'elle soit toute liquide. Si maintenant, la température restant constante, nous continuons à comprimer, nous éprouverons une résistance énorme, parce que nous comprimons de l'eau liquide qui remplit toute la partie du cylindre sous le piston. La courbe indiquera maintenant de grands accroissements de pression pour de faibles diminutions de volume. Elle est représentée par la ligne $P\ Q\ R\ S$ sur la figure.

A l'état de vapeur, la pression est faible, tandis que son volume est grand. Elle augmente à mesure qu'on la comprime, jusqu'à ce qu'on arrive à une pression bien définie, où, à la température donnée, l'eau commence à se déposer. Alors, on peut comprimer autant que l'on veut au de-là de cette limite; la pression ne varie plus et notre courbe reste parallèle à la ligne horizontale jusqu'à ce que toute la vapeur soit transformée en eau. A partir de ce moment, la pression qu'on exerce ne fait que comprimer l'eau, mais très faiblement, de sorte qu'en réalité notre courbe reste presqu'une droite verticale.

Ceci arrive dans le cas où la température correspond au point d'ébullition ordinaire de l'eau. Mais supposons qu'on fasse la même expérience avec la même quantité de vapeur à une température plus élevée : il faudrait exercer une pression bien plus considérable pour provoquer une condensation partielle de la vapeur, et l'eau, s'il s'en déposait, occuperait un volume un peu plus grand, de sorte que, pour ces deux raisons, la partie horizontale de la courbe, correspondant à l'état où le cylindre est rempli en partie d'eau, en partie de vapeur, serait plus petite que précédemment. En répétant l'expérience à des températures de plus en plus élevées, les parties horizontales des courbes deviennent de plus en plus petites, et finalement nous arriverions à une température à laquelle l'eau du cylindre ne peut plus se trouver en partie à l'état liquide, en partie à l'état de vapeur.

Vous pouvez voir que si l'on trace une courbe passant par les extrémités des portions horizontales des différentes courbes isothermiques (elle est tracée au pointillé sur la figure), on indiquera la région à l'intérieur de laquelle la quantité donnée d'eau peut exister, partie à l'état de vapeur, partie à l'état liquide.

Nous pouvons maintenant, en réglant convenablement la température et la pression, faire varier le volume de la vapeur en la faisant passer à travers des séries quelconques d'états intermédiaires possibles. Ces séries peuvent être représentées par une courbe sur le diagramme de Watt. Prenons deux points *A* et *B*, tous les deux à l'extérieur de la courbe pointillée et situés de part et d'autre de cette courbe, de sorte que *A* représente un état où l'eau se trouve entièrement sous forme de vapeur, tandis qu'en *B* elle est complètement à l'état liquide. Nous pouvons passer de l'un de ces états à l'autre par un chemin possible quelconque, mais, pour notre but actuel, nous n'avons qu'à considérer deux de ces chemins : le premier, *A a B* sur la figure, coupe la courbe pointillée en deux points ; le second, *A b B*, passe entièrement en dehors de cette courbe. En suivant le premier chemin nous n'avons que de la vapeur exclusivement jusqu'au moment où nous entrons dans la région limitée par la courbe pointillée, du liquide exclusivement dès que nous sortons de cette région, et du liquide en présence de la vapeur, à l'intérieur de cette région. Ici la chose est évidente — le passage de la vapeur au liquide s'opère à vue d'œil. Mais si nous suivons le second trajet, nous passons de l'état de vapeur parfait *A* à l'état de liquide parfait *B*, sans que nous puissions indiquer à quel point du trajet ce changement se produit.

Vous pouvez partir de l'état de vapeur parfait et

arriver à l'état liquide parfait, mais, pendant toute la durée de l'opération, il est impossible d'indiquer le moment où la transformation a lieu. Et vous pouvez très bien voir que, dans le cas où les opérations s'effectuent à une température telle, que la courbe correspondante traverse, sur la figure, la région où la substance peut exister à l'état liquide en présence de sa vapeur, le changement ne peut alors se produire que brusquement et d'une manière visible à l'œil. Mais en dehors des limites indiquées par la courbe pointillée, on peut faire passer le fluide de l'état gazeux à l'état liquide, ou inversement de l'état liquide à l'état gazeux, sans qu'aucun phénomène optique accuse une solution de continuité entre les deux états.

On peut présenter ce fait sous une forme encore plus curieuse : supposons qu'on fasse parcourir au fluide un cycle complet d'opérations, depuis l'état représenté par *B* jusqu'à l'état *A*, et de *A* en *B*. Commençons, par exemple, par le trajet inférieur, *B a A*, et revenons en suivant le trajet supérieur *A C B*. Nous partons de l'eau; le long de la portion *a*, nous avons de l'eau et de la vapeur saturée, puis de la vapeur surchauffée jusqu'en *A*. En revenant par le trajet *A T B*, nous n'avons pas les mêmes phases, quoique, arrivés en B, nous ayons de nouveau de l'eau comme au début.

La théorie dynamique des gaz n'a pas encore expliqué ce phénomène d'une manière complète, mais le moyen de lui appliquer cette théorie a été, je crois, indiqué d'une manière satisfaisante. Un fait très fécond en conséquences a été mis en évidence par M. Andrews ; il a montré que la courbure de la surface capillaire d'un liquide en contact avec sa vapeur diminue, à mesure que la température s'approche du *point critique*, c'est-à-dire de la température au-dessus de laquelle la coexistence du liquide et de sa vapeur devient impossible. La courbure devient nulle quand ce point est atteint. Selon toute probabilité, il nous suffira d'une petite extension de nos procédés statistiques pour expliquer même ce phénomène, qui est peut-être un des faits les plus curieux qu'une recherche nous ait jamais révélés sur les rapports entre les liquides et les gaz.

Avant de terminer, je tiens à vous dire que j'aurais voulu attirer votre attention sur un grand nombre d'autres questions, si le temps me l'avait permis. Je puis m'excuser de ne les avoir pas traitées, sur le manque de temps et le désir qui m'a été exprimé d'exposer avec détail certains points particuliers et certaines questions de priorité. Il m'a été impossible de développer tout le programme que je m'étais d'abord tracé, dans le temps que je pouvais lui consacrer.

Je mentionnerai seulement quelques-unes des questions qui faisaient partie de mon programme, et vous verrez que, si j'ai étudié un grand nombre de points intéressants, j'en ai laissé de côté beaucoup d'autres qui ne le sont pas moins. Telle est, par exemple, l'intéressante explication des voyelles et des qualités des notes musicales — toutes ces belles recherches d'acoustique de M. Helmholtz. Vient ensuite toute la question de l'électricité de contact, que je n'ai fait qu'effleurer en vous montrant une seule expérience dans ma dernière conférence. Il y a encore la question de l'électricité atmosphérique, dont l'importance croît chaque jour; la thermo-électricité, qui forme presque tout une branche nouvelle de physique ; le phénomène de la double réfraction dans les liquides visqueux, découvert par Clerk-Maxwell; le rapport entre les taches solaires et le magnétisme terrestre; la question de l'existence des marées à l'intérieur de la terre (si la terre est assez plastique pour que la lune puisse provoquer des marées dans son intérieur) ; les différentes preuves de la rotation de la terre ; le rapport entre le magnétisme et la lumière mis en évidence par l'expérience de Faraday et par les recherches de Maxwell ; l'échauffement des corps qui se meuvent dans ce que nous appelons *vide ;* le mouvement des corps légers produit par le rayonnement, la dispersion anormale, et ainsi de suite. Rien que pour énumérer ces différents sujets, il faudrait presque doubler la durée de cette conférence. Ceci montre mieux que tout autre commentaire, que nous avons affaire à une branche de la science dont le caractère, comme je vous l'ai dit dès le début, est une extension continuelle et de plus en plus rapide.

TABLE DES MATIÈRES.

Première Conférence.

Introduction.

Deuxième Conférence.

Historique de l'idée d'énergie.

Troisième Conférence.

Établissement du principe de la conservation de l'énergie.

Quatrième Conférence.

Transformation de l'énergie.

Cinquième Conférence.

Transformation de chaleur en travail.

Sixième Conférence.

Transformation de l'énergie.

Septième Conférence.

Sources de l'énergie et son transport.

Huitième Conférence.

Émission et Absorption.

Neuvième Conférence.

Analyse spectrale.

Dixième Conférence.

Analyse spectrale.

Onzième Conférence.

Propagation de la chaleur par conductibilité.

Douzième Conférence.

Constitution de la matière.

Treizième Conférence.

Constitution de la matière.

FIN.

Imprimé par Desclée, De Brouwer et Cie, LILLE.

www.ingramcontent.com/pod-product-compliance
Ingram Content Group UK Ltd.
Pitfield, Milton Keynes, MK11 3LW, UK
UKHW021902260726
13966UKWH00006B/180